로켓 과학

III 탄도탄의 모든 것

로켓 과학 III

_탄도탄의 모든 것

초판 3쇄 발행일 2024년 2월 20일
초판 1쇄 발행일 2019년 2월 28일

지은이 정규수
펴낸이 이원중

펴낸곳 지성사 출판등록일 1993년 12월 9일 등록번호 제10-916호
주소 (03458) 서울시 은평구 진흥로 68, 2층
전화 (02) 335-5494 팩스 (02) 335-5496
홈페이지 www.jisungsa.co.kr 이메일 jisungsa@hanmail.net

ISBN 978-89-7889-412-8 (94500)
978-89-7889-300-8 (세트)

탄도탄의
모든 것

로켓 과학

III

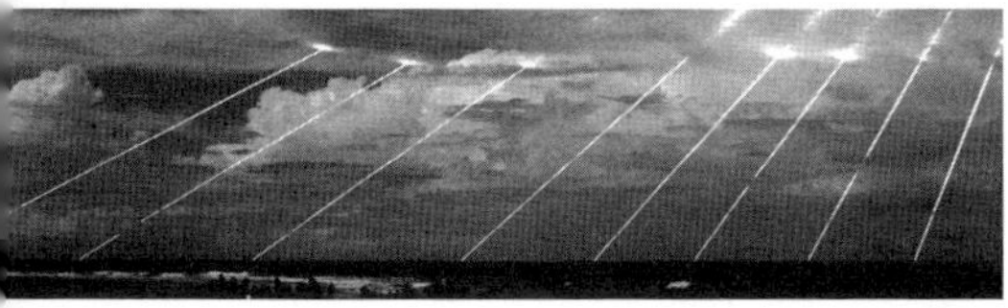

정규수 지음

지성사

일러두기

1. 책은『 』로, 작품(시, 소설, 그림, 노래, 영화) 제목과 논문은「 」로,
   신문과 잡지는 < >로 구분했다.
   단, 각주에서는 책명과 신문, 잡지는 이탤릭체로, 논문은 따옴표로 구분했다.
2. 본문에 인용한 외래어 표기는 국립국어원의 표기 원칙에 따랐다.
3. 참고문헌과 그 밖의 참고자료는 각주에 달았고, 이에 따로 정리하지 않았다.
4. 본문에 표기된 용어 가운데 우리말로 옮기기에 적절하지 않은 용어는
   그대로 영어 발음으로 표기했다.

들어가는 글

'로켓 과학' 시리즈를 시작한 지 어느덧 4년이 흘렀다. 이 책은 세 권으로 구성된 시리즈의 마지막 권이다. 『로켓 과학 I: 로켓 추진체와 관성유도』에서는 로켓엔진과 로켓 시스템에 관한 기본적인 과학기술, 관성감지기, 중력 및 람베르트 유도 원리에 대한 기본적인 지식을 소개했다. 로켓은 수백kg에서 140여 톤에 이르는 다양한 탑재물을 7~9km/s로 가속하는 수단으로 발전했고, 그 역할을 기대 이상으로 훌륭하게 수행하고 있다. 제1권이 로켓 그 자체에 관한 내용이라면 제2권과 제3권은 각각 로켓의 응용에 관한 내용이다.

로켓은 인공위성과 탐사체space probe를 우주로 쏘아 올리거나 10,000km 이상 떨어진 표적으로 폭탄을 운반하는 일회용 운반수단으로 탄생했다. 위성 발사와 탄두 운반을 제외하면 로켓은 별로 쓸모없는 고가의 무용지물일 뿐이다. 이러한 이유로 최근까지 어느 나라를 막론하고 로켓의 사용처는 오직 국가일 수밖에 없고, 로켓 관련 연구개발은 정부 주도로 추진되었으며, 로켓을 사용하고 관리하는 일도 정부 주관하에 이루어지고 있다.

로켓은 톤 단위 화물을 싣고 단시간에 수천km 거리를 이동할 수는 있지만, 이동 후 안전하게 지상에 착륙할 마땅한 방법이 없기 때문에 통상적인 의미의 운송수단이 되기에는 물리적으로나 경제적으로 무리가 따른다. 그러나 지상에 안전하게 다시 내려놓지 않아도 되는 화물이라면 로켓은 이상적인 운송수단이 될 수 있다.

로켓의 이러한 특성으로 로켓에 탑재할 수 있는 탑재물은 두 가지 중 한 가지로 한정된다. 그 하나는 실용위성, 과학위성 및 우주탐사를 위한 탑재물이다. 우주정거장을 왕복하거나 달 탐사를 하고 돌아오는 우주인과 같은 특수한 경우를 제외하면 탑재물을 회수하는 경우도 드물다. 위성을 우주궤도에 올리거나 행성 탐사체를 목표행성으로 운반하는 수단은 로켓 외에는 달리 대안이 없다.

로켓으로 운반하는 또 다른 탑재물은 탄두다. 전 세계의 주요 표적을 30~40분 안에 타격할 수 있는 빠른 속력과 정밀도로 로켓은 가장 이상적인 탄두 운반수단으로 떠올랐다. 탄도탄은 우주발사체와는 달리 폭격기라는 대안이 있지만, 마하 2의 초음속 폭격기라도 속도는 탄도탄의 10분의 1 미만이며, 속력이 느린 탓에 요격될 확률이 높고, 승무원은 비행시간 내내 위험에 노출된다. 명령 수령 후 목표 완수까지의 시간을 의미하는 반응시간reaction time이 너무 길어 미션 완료 가능성이 낮은 반면, 상황 대처능력이 뛰어나므로 탄도탄과 상호 보완관계를 유지하고 있다.

현재 10,000km 이상을 비행하는 폭격기를 보유할 수 있는 기술과 경제력을 가진 나라는 적어도 당분간 미국과 러시아뿐일 것으로 판단한다. 이러한 기술적, 경제적 문제와 군사 외교 전략적인 배경으로 탄도탄은 가장 선호하는 장거리 타격 수단으로 자리 잡게 되었다. 우주 탑재물이나 탄두를 운반하는 수단으로 사용하는 경우 로켓이 일회용이란 사실은 그리 큰 약점이 되지 않는다. 어떤 기준으로 봐도 로켓은 값비싼 운반수단이지만, 현재로서는 우주 탑재물을 궤도로 운반할 수 있는 다른 선택이 없으므로 로켓이 유일한 우주 운송수단이 되었고, 반응시간이 가장 빠르고 미션 성공 가능성이 가장 높아 로켓은 이상적인 탄두 운반수단이 되었다.

50년 전의 공상과학소설 내용의 대부분이 지금은 현실로 바뀌었다. 전 세계가 실시간으로 연결되어 통신, 방송, TV, 항법, 기상, 인터넷, 교육, 천문학, 행성 과학 등 일상의 모든 분야에서 단시간 안에 우리의 생활이 지금처럼 풍성해진 것은 로켓 덕분이다. 하지만 내 살아생전에 이 세상이 끝날지도 모른다는 불안감을 안겨준 것 또한 로켓이다. 민수용 발사체나 위성도 처음에는 모두 미국과 구소련의 군비 경쟁에서 비롯되었다. 1960년대에는 탄도탄으로 개발한 로켓의 탄두를 인공위성으로 대체하고 유도 프로그램을 약간 바꾸어 우주발사체로 사용했다.

시간이 흐르면서 민수용과 군수용의 페이로드 차이와 경제성을 고려한 전용 우주발사체와 탄도탄은 설계단계부터 달라지긴 했지만, 근본적으로 탄도탄과 우주발사체는 영원한 빛과 그림자의 관계에서 벗어날 수 없다. 우주발사체를 가진 국가는 탄도탄도 쉽게 개발할 수 있고, 한번 습득한 지식을 흔적 없이 지우는 것은 없었던 지식을 처음으로 습득하는 것보다 훨씬 더 어렵기 때문이다.

1942년 폰 브라운의 A4 로켓은 1톤의 모의탄두를 싣고 200여 km를 비행하는 데 성공함으로써 로켓의 엄청난 잠재력을 확인해주었다. 그로부터 15년 후인 1957년 구소련이 인공위성을 발사하여 인간의 영역을 우주로 확대했으며, 1959년 말에는 수소폭탄을 14,500km까지 운반하는 아틀라스-D가 실전 배치됨으로써 탄도탄 1기가 도시 하나를 없애는 세상이 도래했다. 핵폭탄과 로켓의 결합으로 이루어진 핵

탄도탄은 인류를 엄청난 공포로 몰아넣었고, 미·소 간에 이 공포로 추진되는 핵무기 '치킨 게임chicken game'이 시작되었다. ICBM 개발에서 시작된 한계 없는 경쟁이 우주경쟁으로 확대되면서 로켓의 설계/제작기술 및 응용기술이 상상을 초월해 발전했다. 그 결과, 인류는 45억 년 지구 역사상 처음으로 자멸自滅할 수 있는 수단을 확보한 첫 번째 종족이 되었다. 보통은 잊고 살지만 누구나 가끔 "76억 명 지구인의 생일은 다르지만 제삿날이 같을 수 있다"는 현실에 전율하곤 한다.

우주발사체는 인류에게 꼭 필요한 대상이지만, 탄도탄은 6600만 년 전에 있었던 칙술루브Chicxulub 운석 충돌 같은 멸종사건(E.L.E.: Extinction Level Event)을 일으킬 위험성이 크다. 그렇다고 우주발사체는 놔두고 탄도탄만 제거하는 방법은 존재하지 않는다. 싫든 좋든 우주발사체와 탄도탄은 앞으로도 상당 기간 인류와 함께할 것이므로 근본적인 대책을 찾을 때까지는 위험의 본질을 파악하여 E.L.E.가 일어나지지 않도록 관리하는 수밖에 없을 것이다.

'로켓 과학' 시리즈의 두 번째 책 『로켓 과학 II: 위성 궤도와 태양계 탐사』에서는 실제 인공위성 궤도에 부딪히는 각종 문제와 비교적 작은 로켓으로도 태양계 탐사를 가능하게 하는 '중력새총(gravity boost 또는 gravity slingshot)' 원리를 소개했다. 필요한 장비를 싣고 금성 궤도에 도착할 만한 우주발사체만 있으면 자연이 베푸는 '무한동력'인 중력새총 효과를 이용해 태양계 구석구석 어디든지 갈 수 있고, 태양계를 탈출할 수도 있다. 태양에 중심을 두고 태양 주위를 공전하는 각 행성과 함께 회전하는 좌표계 안에는 중력과 원심력이 상쇄되는 '라그랑주 포인트(L-point: Lagrange point)'라는 고정된 점이 5개가 존재한다. L-포인트에 고정된 질점質點에는 중력도 없고 원심력도 없다. 하지만 L-포인트는 퍼텐셜의 극대점極大點이거나 안장점鞍裝點이므로 조그마한 섭동을 받아도 이 점에서 벗어나게 되고, L-포인트에서 멀어질수록 속력이 붙는다.

회전하는 좌표계에는 속도에 수직방향으로 코리올리 힘Coriolis force이 작용해 질점을 L-포인트 주위로 휘게 만든다. 그 결과 L-포인트 근방에는 관성력(원심력과 코리올리 힘)과 중력이 합작하여 준안정적인 '감자 칩potato chip' 모양의 3차원 '달무리궤도halo orbit'가 존재하고, 여기에 인공위성을 배치할 수도 있다.

지구에서 태양 쪽으로 150만km 떨어진 L_1-포인트에 태양 관측 위성을 띄우면 1년 내내 방해 없이 태양을 관측할 수 있다. 지구에서 태양의 반대쪽으로 약 150만km 되는 곳에 있는 L_2-포인트에 천체망원경을 띄우면 하루 24시간 1년 365일 지구 자전과 태양 위치에 따른 방해를 받지 않고 하늘 사진을 찍을 수 있다. 지구 궤도를 도는 허블 망원경으로는 상상도 할 수 없는 유리한 관측 조건이다.

지구에서 공전방향과, 공전방향의 반대방향으로 각각 직선거리 1억 5천만 km되는 곳에는 인류의 미래 거주지로 적합한 L_4와 L_5라는 L-포인트가 존재한다. 언젠가는 이곳에 거대한 주거지를 건설할 수 있는 위치다. 각 달무리궤도에는 '마쓰모토 레이지松本零士'의 만화 「은하철도 999」와 같은 중력과 관성력이 만든 미끄럼틀인 신비한 우주의 통로가 연결된다. 행성은 각기 다른 속도로 통로를 끌고 공전하므로 통로는 다른 통로들과 이리저리 연결될 수 있어 거의 에너지 소모 없이 L-포인트 사이를 오고 가는 가능성을 소개했다. 사실 '중력새총'이나 '달무리궤도'는 단순히 수학적인 문제이거나 가능성이 아닌, 실제로 NASA와 ESA(European Space Agency)가 즐겨 사용하고 있는 현실적인 우주탐사 방법이며, 가장 경제적인 궤도이다.

그간 우주발사체의 역사와 탄도탄의 역사에 대한 책은 물론, 로켓의 궤도 계산, 로켓과 탄도탄의 유도방법 등과 같은 전문적인 분야의 책이 헤아릴 수 없을 만큼 많이 출판되었고, 수많은 보고서와 논문이 발표되고 있다. 그러나 이러한 공공 영역에서 구할 수 있는 자료들은 대부분 두 부류 중 하나에 속한다.

하나는 역사와 일화 또는 개발자 자전적 이야기에 치중된 책들로 일반인이 쉽게 소화할 수 있는 내용이고, 나머지 한 부류는 로켓 시스템과 로켓유도 및 항주학astronautics을 전공하는 과학기술인들을 위한 고도의 전문서적들이라 각 분야의 전문가가 아닌 사람들이 읽고 이해하는 것이 쉽지 않다.

역사적인 사실도 중요하지만, 기초적인 물리 지식과 수학적인 소양을 가진 학생이나 일반인도 로켓과 위성 발사나 탄도탄의 과학기술적 내용을 이해할 수 있고, 신문 지면에 소개되는 우주발사체나 탄도탄 뉴스를 스스로 점검해볼 수 있는 능력을 키울 수 있는 '두 부류'의 중간에 해당하는 책이 있으면 좋겠다는 것이 필자의 생각이고, 그러한 목적에서 쓴 책이 바로 '로켓 과학' 시리즈이다.

로켓의 두 번째 응용분야이자 '로켓 과학' 시리즈의 마지막 권인 이 책에서는 인류의 미래를 좌우할 수 있는 탄도탄에 숨겨진 기본적인 과학기술 개념을 소개하는 것이 그 목적이다. 필자가 평소 탄도탄에 대해 궁금해하던 문제들을 중심으로 탄도탄을 소개하고자 한다. 이 책의 목표는 아주 단순화한 궤도모델trajectory model과 간단한 계산으로 탄도탄의 궤도 특성을 추정하고, 파괴력을 예측할 수 있게 하는 것이다.

과학적인 지식은 우리가 살고 있는 세계를 좀 더 이성적으로 이해하고 대처하는 판단의 근거를 마련해준다고 믿는다. 내용의 대부분은 기술적인 주제를 다루고 수식도 많지만, 다루는 내용은 탄도탄에 대한 막연한 추정이나 인용이 아닌, 과학적인 근거에서 탄도탄을 근사적으로 분석하고, 그 의미를 이해하는 데 필요한 최소한의 지식에 관한 것이다. 그렇다고 필자가 소개한 방법으로 실제로 로켓을 제작하거나 탄도탄을 유도하는 데 사용할 수 있다는 의미는 물론 아니다.

탄도탄을 설계/제작하고 시험하는 과정은 국가적인 엔지니어링 프로젝트로만 가능하다. 우주발사체나 탄도탄을 정밀 유도하는 기술은 초정밀 '관성감지기(IMU: inrtial measurement unit)'와 초정밀 제어기술 같은 하드웨어 기술은 물론, 천문학과 지구물리 및 대기과학에 대한 최첨단 지식이 절대적으로 필요하다.

실제 지구를 기술하는 정확한 지구 모델과, 산과 바다 및 대기 분포는 물론 지구 밀도의 불균일까지 고려한 정밀한 지구 중력지도, 지구 자전, 태양풍, 태양과 달의 실시간 위치 등 첨단 '소프트웨어 software' 지식이 관련되고, 바람이 불고 변화하는 대기 모델을 고려해야 한다.

이러한 지식을 소개하는 것은 이 책의 목적과 거리가 멀 뿐 아니라 필자에게는 그러한 능력이 없다. 필자는 완전한 구형球形의 지구와 역제곱 중력이 적용되며, 자전하지 않는 지구에 바람이 없다고 가정했다. 이러한 가정을 하더라도 1단 또는 다단로켓 탄도탄 각 단의 추진제 질량과 구조물 질량, 평균 비추력, 연소시간과 탑재질량 및 미사일의 개략적인 모양과 치수를 알면 상승궤도 선택에 따른 대기저항과 중력에 의한 속력 손실 및 개략적인 사거리 계산도 가능하다. 사거리에 따른 대기저항 및 중력에 의한 속력 손실 계산 결과를 이용하면 일종의 경험식을 얻을 수 있다고 본다.

로켓의 속도증분 Δv와 경험식을 이용하여 간단한 계산만으로도 주어진 로켓의 사거리와 비행시간 등 탄도탄에 대해 알고 싶은 개략적인 비행 특성을 예측할 수 있다. 모든 계산을 간단히 하기 위해 필자는 발사위치를 떠나서 표적위치로 자유낙하하는 하나의 기준궤도를 타원으로 가정하고 탄도탄의 엔진이 작동하는 동안 동력 비행궤도를 기준궤도에 접촉osculation하도록 유도하고, 접촉 순간 엔진을 중지시키는 유도조종법을 소개했다. 두 곡선의 접촉이란 두 곡선이 만나는 점에서 같은 기울기를 가진다는 의미다. 탄도탄의 궤도에서 기울기란 탄도탄의 속도를 의미한다.

끝으로 필자가 '로켓 과학' 시리즈에 소개하는 모든 자료와 내용은 공공 영역의 출판물에서 얻을 수 있는 내용이며, 출처를 명시했다. 필요할 때는 공공 영역에서 구한 데이터와 물리법칙을 이용해 필자 스스로 새로운 결론을 유도하기도 했다.

정년 직전까지 탄도탄이나 우주발사체에 대한 상식 이상의 지식도 없던 필자가 지난 10년 넘게 스스로의 궁금증을 풀기 위해 공부한 것을 필자의 취향대로 정리한 것이 '로켓 과학' 시리즈임을 밝힌다.

정 규 수

차례

*1*부 탄도탄의 개요

제1장 탄도탄의 정의 19
1. 탄도탄의 정의 · 19
2. 탄도탄을 유도탄이라고 하는 이유 · 24

제2장 탑재질량과 이륙질량 27
1. 탑재질량과 이륙질량 간의 관계 · 27
2. 탄두질량, 폭발력 및 피해반경 · 40

제3장 사거리별 탄도탄의 필요성 50
1. 모든 사거리를 커버하는 탄도탄이 없는 이유 · 50
2. 사거리를 기준으로 한 탄도탄의 분류 · 53

제4장 미국과 구소련 탄도탄 DNA의 진화과정 58
1. 탄도탄의 초라한 출생 · 58
2. 로켓과 핵폭탄의 상승효과 · 63
3. 탄도탄 DNA의 돌연변이 · 70

제5장 공포에 의해 추진되는 탄도탄의 기술 변천 77
1. 미사일 갭 아메리칸 스타일 · 77
2. 미사일 갭 소비에트 스타일 · 81
3. 탄도탄 DNA의 두 번째 돌연변이: 다탄두 미사일 · 86

2부 자유낙하궤도와 람베르트 문제

제1장: 역제곱 중력장에서 자유낙하 문제 95

1. 편평 지구 중력장에서 탄도탄의 자유낙하궤도 · 95
2. 역제곱 중력장에서 탄도탄의 자유낙하궤도 · 102

제2장: 람베르트 조준과 요구속도 $\vec{v}_R$ 114

1. 람베르트 조준 · 114
2. 케플러 방정식 · 123

3부 탄도탄 궤도

제1장 동력 비행궤도와 자유낙하궤도 133

1. 발사장소의 관성계에 대한 속도 · 133
2. 동력 비행궤도와 자유낙하궤도 · 139

제2장 기준궤도 150

1. 기준궤도의 정의 · 150
2. 가상 발사점 L′ 과 원지점 A 및
   표적 T에 의해 결정되는 기준궤도 · 157
3. 최소에너지 기준궤도: RMET · 160

제3장 동력 비행궤도 170

1. 동력 비행의 기본방정식 · 170
2. 대기밀도 · 175
3. 자전하지 않는 구球형 지구에서의 동력 비행궤도 · 180
4. 탄도계수 · 190
5. 로켓의 속도 성능 · 193

4부 크로스 프로덕트 유도조종

제1장 개방형 유도 199

1. 수직 상승궤도 · 204
2. 저궤도 구간에서 유도조종: 개방형 유도 · 206

제2장 폐쇄형 유도 212

1. 폐쇄형 유도 · 212
2. 속도 오차 · 216

제3장 '크로스 프로덕트' 조종법(CPS) 221

1. 제로 크로스 프로덕트 조종법(ZCPS) · 221
2. 논제로 크로스 프로덕트 조종법(NZCPS) · 225

제4장 기준궤도를 이용한 CPS 유도 및 에너지 소모 조종법 230

1. 기준궤도를 이용한 크로스 프로덕트 조종법(CPS) · 232
2. 에너지 소모 조종법(EMS) · 245
3. 회전하는 지구의 영향 · 250

5부 재돌입의 물리학

제1장 재돌입궤도의 특성 257

1. 일정한 중력을 가진 편평 지구에서 재돌입 · 259
2. 대기저항에 의한 재돌입체 가열 · 266

제2장 재돌입의 물리학 272

1. 재돌입궤도 방정식 · 272
2. 구-원추형 재돌입체의 탄도계수 · 273
3. RV에 흡수되는 열량 계산 · 276
4. 융제현상과 RV의 마찰열 차폐 · 285
5. 열전도로부터 페이로드 보호 · 290

6부 핵탄도탄의 살상면적과 표적 파괴확률

제1장 살상면적 297

1. 핵폭발 효과와 표적 파괴반경 · 297
2. 살상면적과 사상자 수 추정 · 303

제2장 표적 파괴확률 309

1. 단발 파괴확률 · 309
2. 다발 파괴확률 · 311

7부 현대식 탄도탄의 전략적 의미

제1장 현대식 탄도탄의 특성과 역할 321

1. 짧은 반응시간 · 321
2. 탑재질량 대 이륙질량 · 325
3. 발사대기 상태 유지율 · 331

제2장 CEP와 표적 파괴확률 334

1. CEP가 지배하는 표적 파괴확률 · 334
2. 미국과 구소련 ICBM/SLBM CEP의 변천 · 340

제3장 생존력 345

1. 미국과 구소련/러시아 ICBM급 탄도탄의 성능 · 345
2. 이동식 ICBM의 생존력 예측 · 351

찾아보기 · 362

1부

탄도탄의 개요

제 1 장

탄도탄의 정의

1. 탄도탄의 정의

탄도미사일ballistic missile 또는 탄도탄에서 탄도ballistic trajectory라는 수식어는 미사일 궤도missile trajectory의 대부분이 자유낙하궤도free falling trajectory를 따라 비행하는 것을 의미한다.[1] 물체에 작용하는 힘이 중력뿐이면 이 물체는 역사적으로 탄도라고 하는 궤도를 따라 자유낙하하며, 탄도 모양은 물체의 주어진 초기 위치와 초기 속도에 의해 결정된다.[2][3] 뉴턴이 중력법칙과 운동방정식을 발표하기 훨씬 이전부

1) 탄도란 포탄이 날아가는 궤도를 뜻한다. 포탄에 작용하는 힘은 중력과 공기마찰뿐이므로 물체에 작용하는 힘이 중력과 속도의 반대방향의 힘뿐일 때 물체가 그리는 궤적을 넓은 의미에서 탄도라고 할 수 있다.

2) 자유낙하운동은 중력 외에는 다른 힘을 받지 않고 오로지 주어진 초기 위치와 초기 속도를 가지고 중력이 이끄는 대로 움직이는 운동을 말한다.

3) 천체물리학에서는 자유낙하궤도를 케플러 궤도Kepler orbit라 하고 주로 지구, 달, 행성 등의 운동에만 사용하는 반면, 포탄이나 탄도탄의 자유낙하궤도는 관습적으로 탄도라고 한다.

터 발사된 포탄이 날아가는 길을 탄도라 했고, 뉴턴 이후에는 대기 마찰을 무시하면 탄도가 행성이 태양 주위를 공전하는 케플러 궤도 Kepler Orbit와 같은 자유낙하궤도라는 것을 알게 되었다. 하지만 탄도탄의 궤도를 자유낙하궤도라고 하는 대신, 자유낙하궤도를 이미 익숙해진 '탄도'라고 부르게 되었고, 표적까지의 거리 대부분을 대기권 밖에서 중력에 의한 자유낙하운동을 하는 유도탄을 탄도탄이라 부른다.

현대 군사용어에서 미사일은 자체 동력을 가지고 표적으로 유도되는 무기라는 뜻으로 쓰인다. 탄도미사일은 멀리 있는 표적을 맞히기 위해 자체 동력을 이용해 자유낙하로 표적을 맞힐 수 있는 속도(속력과 방향)로 유도된 후 로켓엔진을 컷-오프하고 표적까지 자유낙하하는 무기를 뜻한다.[4] 미사일을 굳이 구분하자면 탄도미사일(간단히 탄도탄)은 '유도되는 탄도탄guided ballistic missile'과 '무유도 탄도탄unguided ballistic missile'으로 나눌 수 있다. 어니스트 존Honest John[5], 프로그FROG[6] 등은 로켓에 의해 추진되지만, 고정된 공력 핀aerodynamic fins이나 스핀spin 외에는 별도의 유도장치가 없다. 따라서 이것들은 무유도 탄도탄 또는 간단히 자유로켓free rocket이라고 한다. 미니트맨, 폴라리스, 토폴 또는 '보이보데Voivode' 같은 '유도되는 탄도탄'은 그냥 탄도탄이라고 부르는 것이 관례가 되었다.

잠시 지구에는 공기가 없다고 가정하자. 포탄이나 탄도탄의 궤도는 크게 두 부분으로 나눌 수 있다. 포탄은 포신 안에서 극히 높은

4) 우리가 이 책에서 다루고자 하는 유도되는 탄도탄은 사거리 구간에 따라 편의상 대륙간탄도탄 ICBM(intercontinental ballistic missile), 중거리 탄도탄(IRBM: intermediate ballistic missile), 준중거리 탄도탄(medium range ballistic missile) 또는 단거리 탄도탄 SRBM(short range ballistic missile)으로 분류된다.

5) 사거리가 30km인 무유도 고체로켓에 'Honest John'이란 이름을 붙인 사람은 폰 브라운 팀을 미국으로 데려온 '페이퍼클립 작전'을 지휘했던 홀거 토후토이Holger Toftoy 중령(나중에는 소장)이다.

6) FROG는 'Free Rocket Over Ground'의 머리글자를 따서 붙인 이름이다.

가속도로 가속되지만, 포구를 떠나는 순간 추진력이 갑자기 없어지고 포탄에는 중력만 작용하게 된다. 즉, 포탄이 포구를 떠나는 순간 포탄은 지구 중력장에서 자유낙하운동을 시작한다. 포탄의 궤적은 뉴턴의 운동방정식과 중력에 의해 기술되고 초기조건에 따라 궤도가 유일하게 결정된다. 이 경우 초기조건은 포구 위치와 포구 속도가 된다. 운동하는 물체의 위치를 시간에 대해 두 번 미분한 운동방정식의 해는 일반적으로 6개의 상수를 포함하고, 이 상수들 값은 운동의 시작점이나 또는 주어진 특정 시간에서 포탄의 위치와 속도(속력과 방향)로 결정하는 것이 통상적인 방법이다. 이 경우 탄도비행의 시작점은 포신의 끝인 포구 위치가 되고, 포탄의 초기 속도는 포구의 속력과 포신 방향으로 결정된다. 따라서 포탄의 궤도는 포탄이 가속되는 포신gun barrel으로 대표되는 구간과 포구와 탄착점을 연결하는 탄도의 두 구간으로 나눌 수 있지만, 포신의 길이가 사거리에 비해 너무 짧기 때문에 포탄의 궤도는 탄도만으로 구성된다고 볼 수 있다.

탄도탄의 경우는 〈그림 1-1〉에서 보는 바와 같이 로켓엔진이 작동하는 동력 비행구간(또는 가속구간)과 로켓엔진이 멈춘 후 지구 중력에 의해 자유낙하하는 탄도 구간으로 나눌 수 있다. 포탄 경우와는 달리 로켓엔진에 의한 가속도는 보통 $0.5g$와 $10g$ 이내로 제한되어 있다.[7] 로켓으로 ICBM 속력인 7~8km/s의 속도로 가속하기 위해서는 시간이 최소 2~3분(고체로켓)에서 4~5분(액체로켓)가량 걸리고, 이 시간 동안 로켓은 발사지점에서 표적 방향으로 450~500km 정도 이동할 뿐만 아니라 고도도 180~300km 이상에 도달한다.[8][9] 그럼에

7) 여기서 g는 지표면에서 중력가속도 9.8066m/s²를 나타내는 기호다.

8) David K. Barton, et al., *Report of the American Physical Society Study Group on Boost-Phase Intercept Systems for National Missile Defense: Scientific and Technical Issues*, Rev. Mod. Phys. 76, S1 (2004), pp.49–51.

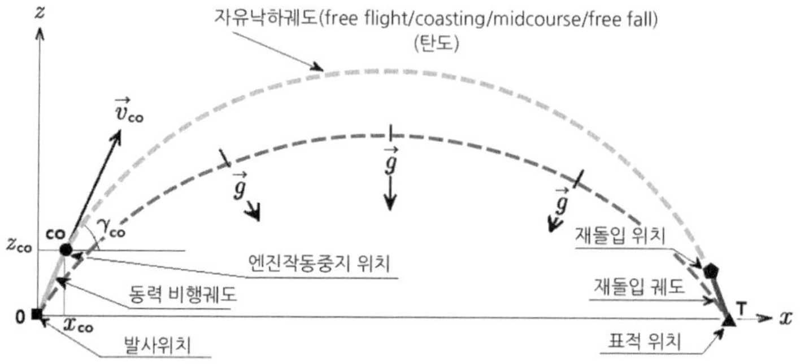

그림 1-1 탄도탄의 궤도를 탄도탄의 비행단계에 따라 크게 세 구간으로 나누어 표시한다. 각 구간 내에서는 주도적인 힘이 다르다. 이 그림은 지구가 구형이고 중력가속도 $\vec{g}$는 항상 지구 중심 방향으로 물체를 끌어당기는 것을 가정한 그림이다. co는 연소종료 위치 (x_{co}, z_{co}), $\vec{v}_{co}$는 연소종료 속도, v_{co} 및 γ_{co}는 연소종료 위치에서 속력과 비행경로각이다. 여기서 굵은 점선은 지표면을 나타낸다. 만약 지구가 편평하다면 지표면은 x-축과 같고 $\vec{g}$는 z-축에 평행하고 화면 아래로 향하며 일정한 값을 갖는다.

도 탄도탄이라고 하는 이유는 가속구간의 지상궤적(지적선地跡: ground track)을 따르는 거리가 사거리의 5퍼센트 미만이기 때문이다.

우리의 가정과 달리 실제로는 지표면에서 30km 상공까지는 밀도가 높은 대기로 충만해 있다. 포탄은 지표면에 놓인 포구에서 추진이 끝나고 최고고도 역시 낮기 때문에 탄도 전체가 대기밀도가 높은 대기권에 놓이고 궤도는 이상적인 탄도에서 많이 변형될 수밖에 없지만, 역사적인 이유로 포탄과 같이 비행체에 미치는 힘이 중력과 대기마찰뿐인 경우, 비행궤도를 탄도라고 불러왔다.

장거리 탄도탄, 특히 ICBM인 경우 엔진 컷-오프(co: engine cut-off 또는 burn out) 위치의 고도는 보통 180km 이상이기 때문에 엔진 컷-오프 이후의 비행궤도는 이상적인 자유낙하궤도에서 벗어나지 않는다. 그러나 거의 모든 탄도탄의 표적은 지표면 근방에 존재하므로

9) 러시아의 고체로켓 ICBM 토폴Topol-M의 연소시간은 2분 내외로 전해지고 있다.

표적을 타격하기 위해서는 대기권 밖으로 나갔던 로켓은 다시 대기권 안으로 들어와야 한다. 대기권으로 다시 진입할 때 공기역학적인 불안정으로 인한 정확도 훼손을 방지하기 위해 탄두부warhead section를 연소가 끝난 로켓 몸체에서 분리한다.[10] 분리된 탄두부가 대기권으로 진입하는 과정을 재돌입reentry이라고 하며 재돌입 고도는 대략 100~130km 내외로 생각할 수 있고, 이후 탄두부가 표적에 도달할 때까지의 궤도를 재돌입궤도reentry trajectory라고 부른다. 탄두부는 재돌입 과정에서 양력lifting force과 대기저항을 최소로 받는 설계를 채택하고, 재돌입할 때 양력이 생기지 않는 자세를 유지한다면 재돌입 궤도 역시 자유낙하궤도(탄도)에서 별로 벗어나지 않는다. 재돌입 과정에서는 대기저항이 크지만, 저항이 극심한 구간을 비행하는 시간은 10여 초에 지나지 않으므로 현대식 재돌입 탄두부가 자유낙하로 계산한 사거리에서 벗어나는 거리는 수백 미터 미만이라 할 수 있다. 물론 저고도궤도depressed trajectory를 사용하는 경우 재돌입 속력도 높고 더 긴 시간 동안 극심한 대기저항에 노출되므로 정확도가 많이 훼손될 수 있고 RV의 열 차폐thermal protection 문제도 훨씬 심각해진다. 중장거리 탄도탄의 재돌입 과정에서는 기계적 충격과 수천 도(1000~7000℃)의 고온을 견뎌야 하므로 탄두는 열과 충격에서 탄두를 보호하는 RV(reentry vehicle)라는 케이스 안에 장착한다.

탄도탄의 엔진이 컷-오프 되면 탄도탄에는 중력 외에는 아무런 힘도 작용하지 않고 재돌입궤도도 자유낙하궤도에서 별로 벗어나지 않기 때문에 연소종료된 탄도탄의 탄두운동은 오직 엔진 연소(또는 모터 연소)가 멈춘 시점의 위치, 속도 및 중력에 의해서 탄착점이 결정된다. 이런 까닭에 로켓으로 가속되는 장거리 미사일을 그냥 '탄도

10) V-2나 Scud-B와 같은 단거리 탄도탄은 탄두를 연소가 끝난 몸체에서 분리하지 않는 것이 보통이다.

탄이라고 부르게 된 것이다.[11]

2. 탄도탄을 유도탄이라고 하는 이유

일단 탄도비행이 시작되면 중간에 탄도를 바꾸거나 통제하는 것은 순수한 탄도탄에서는 불가능하다.[12] 탄도비행에 이러한 특성이 있음에도 우리는 탄도탄을 '유도탄guided ballistic missile'이라고 한다. 탄도탄에서 '유도guidance'라는 의미를 설명할 필요가 있다. 탄도가 표적으로 낙하하도록 궤도를 설정하려면 탄도비행의 시작점인 연소종료 위치에서 특정한 속도 값을 가져야 한다. 일단 탄도비행이 시작되면 탄도를 바꿀 수 없지만, 로켓엔진이 작동하고 있는 동안에는 궤도를 조정하고 속도를 조절하는 것이 가능하다.[13] 탄도탄에서 '표적조준targeting'이란 미사일 탄두의 탄도가 표적점을 지나가도록 연소종료 위치와 연소종료 속도를 선택하는 것을 말하고, 유도조종이란 연소가 종료될 때 탄도탄이 선택된 위치에서 선택된 연소종료 속도 값을 갖도록 로켓의 동력 비행궤도와 속도를 조종하는 과정이라고 생각하면 된다.

〈그림 1-1〉에는 전체 비행궤도를 동력 비행궤도, 자유낙하궤도 및 재돌입궤도의 세 구간으로 나누어 표시했다. 동력 비행 구간의 운동은 로켓엔진의 추력, 중력, 대기저항 및 자세 변환을 위한 조종력

---

11) 물론 지구가 구球가 아닌 것도 고려해야 한다.

12) 대기권에 재돌입한 후에 궤도를 수정할 수 있는 RV를 '기동성 재돌입체MaRV(Maneuverable RV)'라고 한다. 중간궤도mid-course trajectory를 보조로켓을 사용하여 변경할 수도 있지만 그런 경우는 이미 순수한 탄도탄이 아니다.

13) 고체로켓에서는 추력방향은 임의로 바꿀 수 있어도 추력의 크기를 임의로 바꾸기는 어렵다. 하지만 액체로켓에서는 둘 다 바꿀 수 있는 폭이 넓다.

steering force이 작용하고, 그중에서도 추력이 지배적인 역할을 한다. 탄도탄의 속도velocity가 그 점에서 표적점으로 자유낙하는 데 필요한 속력 v_{co}와 비행경로각flight path angle γ_{co}와 일치하는 순간 엔진 작동을 중지하고(co: cut-off), 재돌입체 RV를 로켓 몸체에서 분리하면, RV는 연소종료 점과 재돌입 위치를 잇는 자유낙하궤도 중의 하나를 따라 자유낙하를 시작한다. 이 구간에서는 RV에 작용하는 힘은 중력뿐이다. 자유낙하 구간에서 RV는 궤도의 원지점apogee을 향해 상승한 후 다시 하강곡선을 그리면서 고도가 낮아진다. 고도가 130km 전후가 되면 대기밀도는 평균적으로 지표면 밀도의 7×10^{-9}밖에 안 되지만, RV의 재돌입 속력이 7~8km/s로 빠르고, 속력의 3제곱에 비례하는 열 발생률 때문에 130km부터 재돌입 구간이 시작된다고 가정하겠다. 하지만 대기밀도가 워낙 작고 100~130km 사이의 비행 시간이 짧아 100km 고도에서 시작한 경우와 별 차이는 없다.[14)]

그러나 RV가 아니고 인공위성이라면 고도 150km에서 위성은 훨씬 긴 시간 대기마찰에 노출되므로 원궤도를 돌면서 궤도가 낮아지는 것이 아니라 탄도를 그리면서 낙하하기 때문에 150km를 인공위성의 재돌입 고도라고 할 수 있다.[15)] RV가 재돌입 구간에서 받는 힘은 공기마찰력과 중력뿐이다. 물론 양력도 있을 수 있지만, 탄도탄의 RV는 원추형을 택하고, 양력이 생기지 않는 재돌입 각도를 유지하도록 조정한다고 가정하고 양력은 무시하겠다. 이 구간에서 지배적인 힘은 공기마찰력이다. 양력을 무시한 항력계수를 C_{D0}, 속도에 수직인 RV의 단면적을 $A_{\perp}$, RV의 질량을 M_{RV}, 중력가속도를 g라 하면 공기마

14) 재돌입 고도를 100km로 잡느냐 130km로 잡느냐 하는 문제는 마찰로 인한 궤도 변화나 열 손상 때문이 아니라 재돌입 과정에서 RV가 양력이 발생하지 않는 최적의 자세를 정해주는 것과 같은 문제라고 판단한다.

15) 정규수, 『로켓 과학 II: 위성 궤도와 태양계 탐사』 (지성사, 2016), pp.114-126.

찰에 의한 최대 저항력은 $\beta = gM_{RV}/(C_D A_\perp)$로 정의된 탄도계수ballistic coefficient β에 따라 세기와 고도가 달라진다. β 값이 140,000N/m^2 전후라고 가정하면, '최소에너지궤도(MET: minimum energy trajectory)'로 비행하는 RV의 대기저항에 의한 '감속도deceleration'의 최댓값은 대략 50~60g로 추정되고, 수직으로 재돌입하는 경우는 150g 전후로 추정할 수 있다. 그러나 재돌입 과정에서는 이러한 기계적 충격보다 속력 v의 3제곱에서 3.7제곱까지 변하는 마찰열 유입이 훨씬 더 심각한 문제로 대두된다.

제 2 장

탑재질량과 이륙질량

1. 탑재질량과 이륙질량 간의 관계

탄도탄의 유일한 임무는 표적까지 페이로드(payload, 탄두)를 운반하는 것이다. 탄도탄의 표적은 발사지점으로부터 짧게는 수십km, 길게는 13,000km까지 다양한 거리에 분포되어 있고, 표적의 종류도 다양하다. ICBM 사일로처럼 파괴에 필요한 과압(過壓, overpressure)이 2000 psi(pound per square inch) 이상인 점표적point target에서 대부분이 5psi의 과압에도 무너지는 주거지로 이루어진 면적이 수백 평방km의 대도시까지 표적도 가지가지다.[16] 이러한 표적을 무력화하기 위해 탄두에 필요한 조건은 폭발로 표적에 미치는 과압이 표적이 파괴되는 과압보다 높아야 한다는 것이다.[17] 폭발력이 Y(yield)[18]인 탄두가 폭

16) 과압이란 대기압을 초과하는 정압static pressure을 의미하며 역사적인 이유로 평방인치당 파운드 힘 *psi*로 표시하는 것이 보통이다.

17) 중·장거리 탄도탄의 탄두는 핵탄두라고 가정했고, 핵탄두 폭발로 표적이 파괴되거나 인명이 살상되는 요인은 충격파, 열복사선, 즉발 방사선prompt radiation 및 낙진fallout

발할 때 폭심지에서 R_Y만큼 떨어진 곳의 과압이 표적이 무력화되는 파괴강도 H(hardness)와 같아질 때 $R_Y(H)$를 파괴반경lethal radius이라고 한다.[19] 폭발력 Y가 증가하면 $R_Y(H)$도 증가하고 파괴강도 H가 증가하면 $R_Y(H)$는 감소한다. $R_Y(H)$가 크면 클수록 파괴강도 H인 표적점의 파괴가 확실해지지만 주변의 '부수적 피해collateral damage'도 늘어난다. 수비 측은 표적의 파괴강도 H 값을 높여 $R_Y(H)$를 줄이려 하고, 공격 측은 탄도탄의 '원형공산오차 CEP(circle of error probable)'를 줄이거나 폭발력 Y를 키워 $R_Y(H)$가 CEP보다 큰 탄도탄을 보유하려 한다.[20]

폭발력을 키우는 가장 보편적이고 쉬운 방법은 탄두를 크고 무겁게 만드는 것이다. 탄두 기술 발전으로 질량이 같은 탄두의 폭발력이 높아진 것도 사실이고, 폭발력이 같은 탄두의 무게를 대폭 줄인 것도 사실이지만, 이러한 기술과 탄두질량의 상관관계는 궁극적으로 폭발력의 근원인 핵연료 물질의 단위질량당 에너지 용량에 의해 그 한계가 정해진다.[21] 상대방이 H 값을 올리면 Y 값이 큰 탄두를 탑재함으로써 파괴강도 H를 올린 효과를 상쇄할 수 있다. 그러나 이러한 대응은 보통 탄두질량의 증가를 가져온다. 나중에 설명하겠지만, 정확도를 가늠하는 척도인 CEP를 $R_Y(H)$보다 더 작게 줄임으로써 Y 값과

이다. 인명에 대해서는 방사선과 낙진이 가장 위험할 수도 있지만, 군사적인 판단에서는 물리적인 파괴가 표적을 무력화하는 즉각적이고, 가장 확실한 방법이므로 파괴의 기준을 과압에 두는 것이 관례로 되어 있다.

18) 핵탄두의 폭발력 Y는 별도로 명시하지 않는 한 kt(kilo tonne) 단위로 잰다. 1kt은 폭발력이 TNT 1000톤과 같음을 나타낸다.

19) 파괴강도 또는 표적강도 H 역시 *psi*로 표시하는 것이 보통이다.

20) CEP는 표적점을 향해 발사한 탄두의 50%가 원 안에 탄착하는 표적에 중심을 가진 원의 반경을 의미하며 탄도탄의 정확도를 가늠하는 척도로 쓰인다.

21) 핵연료 물질은 우라늄-233, 235와 플루토늄-239 같은 핵분열 물질과 DT 가스 및 Li^6D 와 Li^7D 같은 핵융합 물질을 말한다. 우라늄-238도 고속중성자에 의해 핵분열을 일으킨다. 이러한 핵물질이 완전히 반응할 때 kg당 방출에너지는 물질에 따라 다르다.

탄두질량을 대폭 줄이는 것이 가능하다. 사거리가 10,000km인 순수한 관성유도(또는 천측-관성유도) ICBM의 CEP는 최솟값이 90m 전후로 알려졌다. 미국의 '피스키퍼Peacekeeper'와 '트라이던트Trident-II D5' 및 '미지트맨Midgetman'이 최소 CEP를 가지는 탄도탄이다.

사거리 오차가 생기는 주원인은 네 가지다. 발사위치와 표적위치의 오차, 연소종료 속도 오차, 재돌입 오차 및 신관작동fuzing 오차가 그것이다. 이 중 가장 큰 오차 요인은 재돌입 오차다. 위치 오차, 연소종료 속도 오차 및 신관작동 오차는 관련 지식과 기술 개발로 상당히 줄일 수 있으나 재돌입 관련 오차는 쉽게 줄이기 힘들다. 그론룬드Gronlund와 라이트Wright는 "Depressed Trajectory SLBMs"에서 트라이던트-II를 '최소에너지궤도(MET)'로 발사하면 사거리 7400km에서 CEP는 대략 71m로 추정하고 있다.[22] 이 네 가지 요인 외에도 지구 중력의 불균일, 표적 상공의 바람 및 고고도 대기밀도 역시 작지 않은 오차를 일으킨다. 특히 표적 상공의 기상조건은 예측할 수 없는 오차 요인이다.

재돌입 각도를 양력이 0이 되도록 유지하고, 표피 융제ablation를 더 고르게 함으로써 CEP를 조금 더 줄일 수는 있겠지만, 융제로 거칠어진 표피와 층류-난류의 변환 및 상공의 기상상태 등 기술적으로 통제할 수 없는 탄착점의 오차 요인이 여전히 남는다. 종말유도terminal guidance를 하지 않는 한 관성유도inertial guidance만으로 10,000km 사거리에서 CEP를 50~60m 미만으로 줄이는 것은 현실적으로 거의 불가능하다고 판단된다. 피스키퍼에 사용한 AIRS(Advanced Inertial Reference Sphere)의 자이로는 한 시간에 1.5×10^{-5}°밖에 표류하지 않는다.[23][24]

22) Lisbeth Gronlund and David C. Wright, "Depressed Trajectory SLBMs: A Technical Evaluation and Arms Control Possibilities", *Science & Global Security*, 1992, Volume 3, p.123, Table 4.: CEP는 $0.59\sqrt{R^2+CR^2}$을 사용해 계산했다. R은 사거리 방향range 오차이고 CR(cross range)은 횡방향 오차이다.

23) AIRS(Advanced Inertial Reference Sphere)는 Charles Draper Laboratory에서 개발한 '관성측정장

이러한 표류를 위치 오차로 환산하면 ±1.7m 내외가 된다. 자이로 오차에 의한 피스키퍼의 탄착 오차는 전체 오차의 2퍼센트 미만이다. 다시 말해 표류가 전혀 없는 자이로를 사용한다 해도 피스키퍼의 CEP는 더 줄어들지 않는다는 뜻이다. 10,000km에서 100m로 CEP를 줄이기 위해서 미국과 구소련/러시아는 발사장소 근처는 물론, 주요 예상 비행경로를 따라 중력장 지도를 만들고, 정밀한 지구 모델을 만드는 데에도 심혈을 기울여 왔다.

미국의 관성유도 ICBM의 정확도는 이미 기술적, 경제적 한계에 접근했다고 본다. RV를 기동성 재돌입체 MaRV(maneuverable reentry vehicle)나 종말유도가 되는 극초음속 스크램제트 비행체 또는 기동성 재돌입체로 대체하지 않는 한 아무리 정밀한 유도장치를 부착해도 피스키퍼나 트라이던트-II D5의 CEP를 더 줄이기는 쉽지 않다는 의미다. 10,000km 사거리에 CEP가 90m, Y가 300kt인 탄두를 탑재하고, 두 기의 미사일에서 각각 한 기의 RV로 같은 표적을 조준하면 2000*psi* 표적을 99% 확률로 파괴하는 것이 가능하다. 두 기의 미사일에서 각각 한 기의 RV로 같은 표적을 조준하는 것을 '교차사격cross targeting'이라고 한다. 설사 한 기의 미사일이 실패하더라도 표적이 온전히 살아남아서는 안 되기 때문에 이러한 교차사격 전략을 쓰는 것으로 본다.[25]

CEP가 90m인 탄도탄 탄두로 2000*psi* 이상으로 강화된 탄도탄 사일로와 지휘소 벙커도 파괴할 수 있고, 동시에 다양한 연표적도

치(inertial measurement unit)'로 MX Peacekeeper의 관성유도장치로 쓰였고, 지금은 MM-III 일부에도 사용하고 있다.

24) Donald MacKenzie, *Inventing Accuracy*, (MIT Press, 1993), p.187.

25) 표적을 확실히 무력화하기 위해서는 최소 두 발의 탄두가 필요하고, 한 기의 탄도탄에서 두 발을 배정하는 대신 두 기의 탄도탄에서 각각 한 발씩 함으로써 되도록 'common failure mode'를 피하기 위해서이다.

공격할 수 있는 탄두의 폭발력은 300~500kt가 적합하다. 여러 가지 안전장치나 보안장치와 β 값을 늘리기 위한 '밸러스트ballast'를 포함한 '페이로드payload(탄두/RV 복합체)'의 질량은 250kg 내외가 될 것으로 추정된다. 그러나 폭발력이 300~500kt인 탄두로 면적이 넓은 등가표적等價標的, counter value target을 공략해야 한다면 넓은 지역을 제압하기 위해서는 3기 이상의 탄두를 탑재하는 다탄두 ICBM이 편리하다. 하나 이상의 탄두를 하나의 탄도탄에 탑재하려면 작동이 멈춘 로켓 몸체에서 탄두를 분리한 후 운반하고, 조준하고, 방출하는 '탄두버스warhead bus'라는 RV 플랫폼인 PBV(post boost vehicle)'가 필요하다. PBV에는 다탄두 MIRV(multiple independently targetable reentry vehicle)를 각각의 표적으로 조준하는 데 필요한 위치이동용 주 엔진main engine과 RV의 자세제어용 RCS(reaction control system)가 포함된다. 주 엔진과 RCS 추진제는 물론 유도컴퓨터와 전원 및 RV 방출장치 등도 필요하다. 이러한 기능을 가진 PBV의 질량은 탄도탄 탑재질량throw weight의 35~50% 정도를 차지할 것으로 추정한다. 탑재질량은 PBV의 질량과 PBV에 탑재한 페이로드 질량을 합한 것과 같다. 초창기 다탄두 ICBM에서는 탑재한 페이로드 질량과 PBV 질량은 거의 같았을 것으로 본다.[26] 그러나 현재 미국과 러시아의 기술 수준에서는 PBV 질량이 탑재질량의 35~40% 근방에 머물 것으로 추정한다.[27] 물론 PBV를 사용하지 않는 단일탄두 탄도탄에서는 탑재질량과 페이로드 질량은 거의 같다고 가정할 수 있다. 만약 PBV 질량이 탑재질량의 35%라고 가정하면, 3기의 MIRV를 탑재하는 경우 페이로드는 3기의 MIRV 질량 750kg과 PBV 질량 404kg을 합친 1154kg으로 미

26) RV/탄두 복합체를 그냥 탄두라고 부르기도 한다.

27) MIRV 탄착점 사이의 거리foot print를 키우기 위해서는 추진제 탑재질량이 늘어나야 하므로 PBV 질량은 다시 50% 정도로 늘어날 것으로 추정할 수 있다.

니트맨-III의 탑재질량과 거의 같다. 그러나 PBV 질량이 35% 미만이면 MIRV의 분산거리foot print가 너무 짧아 MIRV로서의 역할을 수행할 수 없다. 미국이 아직도 미니트맨-III를 유일한 ICBM으로 배치하고, 차세대 ICBM 계획을 서두르지 않는 배경에는 경제적인 이유 외에도 미니트맨-III가 근 반세기에 걸쳐 이룩한 신뢰도와 완벽에 가까운 발사준비 태세에 있다고 추정한다. 목적을 완벽하게 수행할 수 있는 탄도탄을 단지 구식이라는 이유에서 신식으로 교체하고 피할 수 없는 시행착오를 다시 거치기가 쉽지 않을 것이다. 반면, 구소련이 붕괴되고 경제적으로 열악했던 러시아는 지금 토폴Topol-M, 야르Yars, 시네바Sineva, 라이네르Layner, 불라바Bulava 등 5세대 미사일로 무장하고 있다. 러시아의 ICBM 기술이 미국을 추월하고 있는 이때 미국도 더 이상 미니트맨-III 성능에 안주할 수 없는 시점에 도달한 것도 사실이다.

앞서 우리는 견고표적과 연표적을 효과적으로 무력화시킬 수 있는 최소 폭발력은 300~500kt, 탄두의 최소 질량은 250kg이 될 것으로 추산했다. 다음은 이러한 탄두를 주어진 사거리로 운반할 수 있는 탄도탄의 이륙질량과 탄두질량 간의 관계에 대해 알아보자. 표적까지 거리는 탄도탄 설계자가 바꿀 수 없는 변수다. 따라서 장거리 탄도탄의 최대사거리는 가장 먼 가상 표적까지의 거리가 된다. 탄도탄의 최대사거리는 '연소종료 속력' v_{co}가 클수록 크고, 탑재질량 m_L이 작을수록 크다. 로켓이 중력도 없고 대기도 없는 우주공간에서 점화 후 추진제가 소진될 때까지 직선비행으로 도달하는 최대 속도증분을 Δv_{cap}라 하고, 추진제가 남아 있는 상태에서 임의로 엔진을 종료시킬 때의 속도를 속도증분 Δv_{co}라고 하자. Δv_{cap}는 Δv_{co}의 최댓값이며 로켓의 최대속도 능력을 의미한다. 그러나 실제 지구에는 중력도 존재하고 대기도 존재하고, 동력 비행궤도는 직선도 아니다. 탄도탄이 발사되어 속력과 고도를 높이는 과정에서 중력은 탄도탄을 지구 중심을 향해 중력가속도 $\vec{g}(=g\hat{r})$로 가속한다.[28] 중력이 가속하는 방향은 로켓엔진이 고도를 높이기 위해 가속하는 방향과 반대방향이다. 따라서 로켓엔진이 가속하여 얻는 속도증분 Δv_{co}은 중력에 의해 Δv_{grvity}만큼 감소된다. 탄도탄의 속력이 증가하면 대기마찰로 인해 속도와 반대방향으로 생기는 마찰력도 증가한다. 이 또한 Δv_{co}는 $\Delta v_{air\,drag}$만큼 감소된다. 그 외에도 로켓의 비행방향을 조절하는 과정도 작긴 하지만 $\Delta v_{steering}$만큼 Δv_{co}가 감소된다. Δv_{gas}를 탄도탄이 상승할 때 중력과 대기저항 및 기타 요인에 의해 불가피하게 잃어버리는 총 속력 손실이라고 하면 실제로 탄도탄의 엔진이 멈출 때의 속력인 연소종료 속력 v_{co}는 Δv_{co}에서 엔진 작동 중에 감속된 Δv_{gas}을 뺀 것과 같다.

탑재질량을 $\mathrm{m_L}$이라 할 때 로켓의 '속도증분 Δv_{cap}'을 극대화하게 최적화된 '유니폼 스테이지uniform stage'[29]로 구성된 '다단로켓multistage rocket'[30]으로 추진하는 탄도탄의 이륙질량lift-off mass[31] $\mathrm{M}_{lift\,off}$와 탄도탄의 최대 속도증분 Δv_{cap} 사이에는 다음의 관계식이 존재한다.[32]

---

28) $\hat{r}$는 벡터 $\vec{r}$ 방향의 단위벡터를 의미한다.

29) '유니폼 스테이지'란 다단로켓의 모든 단의 ϵ과 v_e 값이 같은 값을 가진다는 의미로 보면 된다.

30) 최적화되었다는 의미는 고정된 $\mathrm{m_L}$에 대해 Δv를 극대화했다는 의미고, 유니폼 스테이지(단: stage)라는 의미는 각 단의 ϵ 값과 v_e 값이 모두 동일하다는 의미이지, 각 단이 똑같다는 뜻이 아니다.

31) 이륙질량 $\mathrm{M}_{lift\,off}$는 이륙 시 로켓 질량 $\mathrm{M_0}$ 더하기 탑재량 $\mathrm{m_L}$로 정의한다.

32) 정규수, 『로켓 과학 I: 로켓 추진체와 관성유도』 (지성사, 2015), pp. 219-222: 식 (1-1)은 『로켓 과학 I』의 (3-10) 식을 β에 대해 풀고 이륙질량 $\mathrm{M}_{lift\,off}(=\mathrm{M_1})$로 표시한 식이다. 유니폼 로켓이란 모든 단의 v_{eff_k}와 ϵ_k가 동일한 값 v_{eff}와 ϵ인 다단로켓을 뜻한다.

$$\begin{cases} M_{lift\,off} = m_L e^{\Delta v_{cap}/v_e} X_N \\ X_N \quad = \left(\dfrac{1-\epsilon}{1-\epsilon e^{\frac{\Delta v_{cap}}{N v_e}}} \right)^N \end{cases}, \tag{1-1}$$

$$v_{co} = \Delta v_{cap} - \Delta v_{gas} \;, \tag{1-2}$$

$$\Delta v_{gas} = \Delta v_{gravity} + \Delta v_{air\,drag} + \Delta v_{steering} \tag{1-3}$$

여기서 N은 다단로켓의 단의 수를 표시하고, ϵ은 로켓 각 단의 구조물 질량을 각 단의 질량(=추진제 질량+구조물 질량)으로 나눈 파라미터로 값은 0.1 전후이다. v_e는 노즐에서 배출되는 배기가스의 로켓에 대한 상대속도로 추진제 종류, 연소실 압력, 노즐 확장비nozzle exit area ratio 및 엔진 작동 고도에 따라 바뀌지만, 현대식 탄도탄에 사용하는 추진제는 해면고도에서 대략 2.60~3.1km/s 사이의 값이다. 사거리 10,000km가 넘으면 v_{co}는 7km/s를 상회한다. 동력 비행궤도에 따라 달라지긴 하지만, 액체로켓인 경우 Δv_{gas} 값이 1.6km/s 내외이고, Δv_{cap}는 8.6km/s를 상회한다. 고체로켓 경우는 연소시간이 액체로켓의 3/5밖에 안 되므로 Δv_{gas} 값도 대략 1.0km/s 내외일 것으로 추정할 수 있다. ϵ과 v_e는 탄도탄의 추진기관이 액체로켓이냐 고체로켓이냐에 따라 달라지고 추진기관이 결정되면 ϵ과 v_e는 거의 정해진다. 식 (1-1)에서 탄도탄의 이륙질량 $M_{liftoff}$은 탑재질량 m_L에 비례하고 $\Delta v_{cap}/v_e$의 지수함수에 비례하는 것을 볼 수 있다.

식 (1-1)이 비록 현실성이 거의 없는 이상적인 경우를 대표하고 있지만, 한 가지 흥미로운 내용을 담고 있다. 첫째는 단 수가 무한히 커지면(N→∞) 최적화된 유니폼 로켓의 이륙질량은 다음과 같이 간단히 표현된다.[33)]

---

33) 1단 로켓도 이륙질량 $M_{liftoff}$과 탑재질량 m_L의 관계가 $M_{liftoff} = m_L e^{\Delta v_{cap}/v_e} / \left(1 - \epsilon e^{\Delta v_{cap}/v_e}\right)$

$$M_{liftoff} = m_L e^{\frac{\Delta v_{cap}}{v_e(1-\epsilon)}} \quad (1\text{-}4)$$

식 (1-4)는 지수함수 정의 $e^x = \lim_{N\to\infty}(1+x/N)^N$과 식 (1-1)을 이용해 쉽게 구할 수 있다.

$$\Delta v_{cap} = (1-\epsilon)\, v_e \ln\left(\frac{M_{liftoff}}{m_L}\right) \quad (1\text{-}5)$$

식 (1-5)는 로켓의 속도에 대해 최적화된 '유니폼 다단로켓'에서, 단 수를 아무리 늘려도 무중력 진공상태에서 낼 수 있는 로켓의 최고속도 Δv_{cap}는 로켓의 이륙질량과 탑재질량의 비 $M_{liftoff}/m_L$에 의해 간단히 결정됨을 보여주고 있다. 추진제 종류와 구조물 질량비 ϵ이 고정되면, Δv_{cap}을 증가시키는 방법은 추진제량을 늘리거나 탑재량을 줄이는 것이다. 유한한 N에 대해서도 마찬가지 결론이다. 물론 N을 1에서 2로 증가시키면 Δv_{cap}은 크게 증가하지만, 3이 되면 증가 폭이 많이 떨어지고, N이 4 이상이 되면 증가 폭은 미미하고 시스템이 복잡해져 실패할 확률만 높아지므로 보통 3단 이상의 로켓은 되도록 피하는 것이 관례로 되어 있다.[34] Δv_{cap}은 탄도탄의 최대사거리 요구조건으로 결정되고, m_L은 탄두/RV 질량으로 결정된다. 반면, v_e와 ϵ은 로켓을 제작하는 기술과 소재에 의해 결정되는 '엔지니어링' 파라미터다.

식 (1-1)은 최적화된 설계를 가정하고 얻은 m_L과 $M_{liftoff}$ 및

이 되므로 $M_{liftoff}$는 m_L에 비례한다.

34) 정규수, 『로켓 과학 I: 로켓 추진체와 관성유도』(지성사, 2015), p.222의 〈그림 3-3〉 참조.

Δv_{cap} 사이의 관계식이므로 실제와는 꽤 차이가 날 수 있지만, 개략적인 값을 추정하는 데는 사용해도 무방하다고 생각한다. 탄도탄의 최대사거리는 Δv_{cap}으로 결정된다. 2부에서 비교적 자세히 설명하겠지만, 우선 결과만 간단히 소개하자면 자유낙하 사거리free flight range S_{ff}와 탄도탄의 엔진 '컷-오프' 속도 $\vec{v}_{co}(=(v_{co}, \gamma_{co}))$ 사이에는 다음과 같은 관계식이 주어진다.35)

$$v_{co} = \sqrt{\frac{\mu r_T(1-\cos\phi)}{r_{co}^2\cos^2\gamma_{co} - r_{co}r_T\cos\gamma_{co}\cos(\gamma_{co}+\phi)}} \qquad (1\text{-}6)$$

여기서 v_{co}는 엔진이 인위적으로 정지될 때 탄도탄의 속력이고, 또한 분리되는 RV의 속력이기도 하다. 여기서 μ는 중력상수 G와 지구 질량 M_E의 곱을 의미한다. r_{co}는 컷-오프 될 때 지구 중심에서 탄도탄까지 거리이고, γ_{co}는 탄도탄과 함께 움직이는 좌표계에서 국지수평면local horizon과 속도벡터가 이루는 각을 뜻한다. $\phi = S_{ff}/r_E$는 자유낙하 사거리각free flight range angle이라 불리는 각으로 S_{ff}를 지구반경 r_E로 나눈 것으로 정의한다. 실제 사거리 s는 발사점에서 표적까지 탄도탄 궤도를 지표면에 투영한 지적선地跡線의 거리다. ICBM 경우 co의 위치벡터 $\vec{r}_{co}$가 지표면과 만나는 점의 위치에서 표적까지 거리인 S_{ff}는 실제로 탄도탄이 발사된 위치에서 표적 쪽으로 대략 400~500km 떨어져 있다. 따라서 실제 탄도탄의 사거리는 발사지점에서 co까지 지적선의 길이 400~500km를 S_{ff}에 합한 것이지만, 지구에 공기가 없고 탄도탄은 순간적으로 v_{co}로 가속되었다고 가정하면 S_{ff}는 사거리 s가 된다. 실제로는 자유낙하궤도의 지적선 거리와

35) 정규수, 『로켓 과학 I: 로켓 추진체와 관성유도』, 3쇄 (지성사, 2017), pp.314-315.

동력 비행궤도의 지적선 거리를 합한 s는 S_{ff}와는 다르지만 지금은 편의상 S_{ff}가 발사지점에서 표적까지의 사거리라고 받아들이고 설명을 계속하겠다. γ_{co}는 아직까지 정해지지 않은 매개변수로 생각하자. co가 연료가 소진되는 순간에 이루어진다면 Δv는 Δv_{cap}이 최댓값이 되고, $\Delta v_{cap} = v_{co} + \Delta v_{gas}$에서 v_{co}는 주어진 탄도탄의 최대 연소종료 속력 $v_{co\,max}$가 된다. 추진제가 소진될 때 Δv_{cap}에 해당하는 최대사거리 S_{max}는 γ_{co}가 다음 조건을 만족할 때 얻을 수 있다.[36]

$$\begin{cases} \gamma_{co} = \dfrac{\pi - \phi_{max}}{4} \\ \phi_{max} = \dfrac{S_{max}}{r_E} \end{cases} \tag{1-7}$$

3부 제1장에서 얻은 식 (3-24)를 미리 사용하면 식 (1-6)은 다음과 같이 간단히 표시할 수 있다.[37]

$$\begin{cases} v_{co} = \sqrt{\dfrac{\mu}{r_E}} \sqrt{\dfrac{2\sin(\phi_{max}/2)}{1+\sin(\phi_{max}/2)}} \\ M_0 = m_L \left[e^{(v_{co}+\Delta v_{gas})/(1-\epsilon)v_e} - 1 \right] \end{cases} \tag{1-8}$$

여기서 M_0은 페이로드를 제외한 로켓만의 발사 질량이다. 식 (1-1)은 Δv가 극대화되도록 이상적으로 설계했고, 모든 단의 로켓은 같은 v_e와 ϵ 값을 갖는다고 가정하고 얻은 식이기 때문에 이로부터 유도한 식 (1-8)이 현실세계의 탄도탄을 기술할 수는 없지만,

36) ibid., pp.327-328.

37) $r_{co} = r_E$를 가정하고 얻은 값이다. 여기서 v_{co}는 로켓의 추진제가 소진될 때 속력이다. $M_{lift\,off} = M_{loaded\,rocket} + m_L$.

식 (1-8)은 '반작용 엔진reaction engine'으로 추진되는 탄도탄의 한계 성능을 보여준다. 식 (1-8)은 주어진 탑재질량 m_L을 최대사거리 S_{max}까지 운반할 수 있는 탑재질량 m_L을 제외한 로켓만의 이륙질량 M_0을 정하는 식으로 로켓의 단 수number of stage가 크고(N≫1), 각 단의 v_{ek}와 ϵ_k가 모두 같은 값 v_e와 ϵ을 가진다는 가정 아래 Δv_{cap}가 최대가 되도록 각 단의 질량을 최적화해서 얻은 식이다. 따라서 모든 단이 같은 v_e와 ϵ 갖는 '유니폼 로켓uniform rocket'이라도 N 값이 4보다 작은 현실적인 로켓에서는

$$M_{lift\,off} > m_L e^{(v_{co}+\Delta v_{gas})/(1-\epsilon)v_e}$$

이 되므로 같은 m_L을 같은 S_{max}까지 운반하기 위해서는 더 무거운 로켓을 만들어야 한다는 의미다.

그러나 현실세계에서 $\Omega(=m_L/M_{lift\,off})$ 또는 Δv에 최적화된 다단 로켓으로 추진되는 탄도탄의 탑재질량, 최대사거리 및 이륙질량 간의 관계는 식 (1-8)과 같은 해석함수로 표시할 수는 없고, 다음과 같은 식을 풀어야 한다. 편의상 『로켓 과학 I』의 결과를 다음과 같이 인용하겠다.[38]

$$\Delta v_{cap} = -\sum_{k=1}^{N} v_{e\,k} \ln\left(\frac{\epsilon_k v_{e\,k}}{v_{e\,k}-\lambda}\right) \tag{1-9}$$

$$\Omega = \prod_{k=1}^{N} \frac{\epsilon_k \lambda}{(1-\epsilon_k)(v_{e\,k}-\lambda)} \tag{1-10}$$

---

38) 정규수, 『로켓 과학 I: 로켓 추진체와 관성유도』 3쇄 (지성사, 2017), pp.215-222: Eqs.(3-7)~(3-9).

$$\omega_{\mathrm{k}}=\frac{\mathrm{M}_{\mathrm{k}+1}}{\mathrm{M}_{\mathrm{k}}}=\frac{\epsilon_k \lambda}{(1-\epsilon_k)(v_{e\,k}-\lambda)} \tag{1-11}$$

식 (1-11)에서 $\epsilon_k(=m_{sk}/m_{pk})$와 v_{ek}는 각각 비활성 질량비와 노즐에 대한 분사가스의 상대 속력을 의미한다. 아래와 같이 M_{k}(k=1, 2, ...N)를 정의했으며 이때 $m_k(=m_{sk}+m_{pk})$, m_{sk}, m_{pk}는 각각 k-단의 질량, 비활성 질량 및 추진제 질량이다.

$$\begin{cases} \mathrm{M}_{\mathrm{k}} \quad = \sum_{j=k}^{\mathrm{N}} m_k + m_{\mathrm{L}}; \quad k=1, 2, \ldots 1, \mathrm{N} \\ \mathrm{M}_{\mathrm{N}+1} = m_{\mathrm{L}} \\ \Omega \quad = m_{\mathrm{L}}/\mathrm{M}_1 = \prod_{k=1}^{\mathrm{N}} \omega_k; \quad \mathrm{M}_1 = \mathrm{M}_{\mathrm{lift\,off}} \end{cases} \tag{1-12}$$

Δv_{cap}, v_{ek} 및 ϵ_k 값이 주어지면, 식 (1-9)를 '라그랑주 승수Lagrange multiplier' λ에 대해 풀 수 있고, 이 값을 식 (1-11)에 대입하면 $\Delta v_{cap}(=v_{co}+\Delta v_{gas})$ 값을 최대로 하는 ω_{k} 값을 구할 수 있다. 반면 $\Omega(=\mathrm{m_L}/\mathrm{M}_{lift\,off})$ 값이 미리 주어지면 식 (1-10)에서 λ 값을 구하고 식 (1-11)에 대입하면 Ω를 최대로 하는 각 단의 ω_{k}를 구할 수 있다.

미션에서 요구하는 탑재질량 $\mathrm{m_L}$ 및 최대사거리 $\mathrm{S_{max}}$가 결정되면 필요한 로켓의 이륙질량 $\mathrm{M_{lift\,off}}$는 다음 식을 (1-9) 식에 대입하고

$$\Delta v_{cap}=\sqrt{\frac{\mu}{r_{\mathrm{E}}}}\sqrt{\frac{2\sin(\phi_{\max}/2)}{1+\sin(\phi_{\max}/2)}}+\Delta v_{gas}$$

식 (1-12)에서 이륙질량은 다음과 같이 결정된다.

$$M_{lift\,off} = m_L / \prod_{k=1}^{N} \omega_k = m_L / \Omega \qquad (1\text{-}13)$$

참고로 사거리가 10,000km인 탄도탄을 MET 궤도로 진입하기까지 중력에 의한 속력 손실과 대기저항 속력 손실의 합은 대략 1.2~1.6km/s 정도로 예측되고 조종에 의한 손실은 수십m 내외로 추정된다.

2. 탄두질량, 폭발력 및 파괴반경

표적을 제거하는 것은 로켓이 아니라 로켓이 운반하는 탄두다. 로켓은 탄두를 운반하는 여러 가지 운반수단 중에서도 현대전에 필수적인 신속성, 긴 사거리, 정확성, 신뢰성을 두루 갖춘 운반수단이다. 탄두에는 파편탄두, 분산탄두, 지하침투탄두 등 재래식 화약의 폭발력을 이용한 탄두와 EMP 탄두, 운동에너지 탄두 등 특수 탄두 및 생물무기, 화학무기, 핵무기, 방사능무기 등 NBCR 무기로 대표되는 '대량 살상무기(WMD: weapons of mass destruction)' 탄두가 있다. 그러나 사거리가 3000km 이상의 IRBM과 ICBM의 탄두는 핵탄두로 대표된다.[39] 각국에서 개발한 핵탄두의 중량과 폭발력yield을 정확히 알 수는 없지만, 공공 영역에 떠도는 미국과 러시아가 보유한 탄도탄의 탄두 폭발력과 탑재질량 및 '탄두부warhead section'의 밑면 직경으로부터 개략적인 탄두질량, 크기, 폭발력(kt) 대 탄두질량(kg)의 비(Y/W)를 개략적으로 추정할 수는 있다. CEP가 300m 이내인 정밀 탄도탄의 탄두의 Y/W는 대략 1.0~2.0kt/kg 사이 값을 가질 것으로 추정되고, W-53 같은 대형 탄두는 3.2kt/kg(≃9,000kt/2,800kg)에 이르는

39) 머지않은 장래에 사용될 것으로 예측되는 CPGS는 잠시 논외로 하자.

것으로 보인다. 세계에서 가장 강력한 ICBM인 R-36M 시리즈에 탑재한 가장 강력했던 탄두질량은 ~7,300kg이고 폭발력은 25,000kt로 Y/W는 W-53과 비슷하다. 가장 효율적인 폭탄은 B-41의 변형인 W-41로 Y/W는 ~6.0kt/kg이며, 아마도 이것이 현실적인 Y/W의 한계일 것으로 본다. 이러한 추정에 의하면 탄두가 강력할수록 Y/W는 ~6.0kt/kg으로 접근하지만, 폭발 출력이 약해질수록 Y/W는 감소하여 500kt 미만 탄두는 ~0.5~2.0kt/kg 내외가 될 것으로 추정한다.[40) 물론 이러한 추정은 미국과 러시아를 포함한 5대 핵강국의 CEP가 300m 전후의 ICBM에 한정된 결론이지만, 탄도탄의 정확도와 탄두의 폭발력 간의 관계는 모든 ICBM 또는 IRBM에 적용된다.

미국과 러시아는 10,000km 사거리 기준으로 CEP가 300m 미만의 탄도탄을 보유하고 있으므로 상대방의 점표적을 폭발력이 300~800kt 사이의 탄두로도 무력화시킬 수 있다. 폭심이 원점인 원을 생각해보자. 폭심에서 멀어지면 과압은 급격히 줄어든다. 파괴강도 H$psi(=lb/in^2)$인 표적이 1kt 폭발에서 파괴되는 파괴반경을 $R_1(H)$라 하면 폭발력이 Ykt인 탄두의 파괴반경은

$$R_Y(H) = R_1(H)\,Y^{1/3} \qquad (1\text{-}14)$$

로 표시된다. 핵탄두에 관한 한 일반적인 파괴반경 R_{lethal}은 $R_Y(H)$와 동일하다. 탄도탄 사일로나 핵무기 저장소 또는 지휘소 벙커와 같은 파괴강도 H가 1000psi 이상으로 높은 '견고표적(堅固標的, super hard target 또는 counter force target)'의 $R_1(H)$는 48m보다 작다. 특히 H=2000psi이면 37m, 10,000psi이면 21m가 된다.[41) 반면, 대도시와

40) W-71 Spartan 탄두는 질량 1.3톤에 폭발력 5Mt으로 Y/W=3.87로 예외적인 경우로 매우 비싼 방법을 썼을 것으로 본다.

같은 '연표적(軟標的, soft target 또는 counter value target)'을 공격할 때는 항상 표적 파괴반경 R_Y가 CEP보다 훨씬 크다. 철근 콘크리트 건물이 파괴되는 H=20psi에서 $R_1(H)$는 283m, 벽돌 건물이 파괴되는 H=5psi에서 $R_1(H)$는 대략 687m이고, H=2.5psi에서는 1110m다. Y가 주어지면 H에 해당하는 파괴반경 $R_Y(H)$는 식 (1-14)를 사용해 구할 수 있다.

대도시, 산업시설, 군부대, 이동식 ICBM 기지 등 파괴강도가 5psi인 연표적 500km^2를 무력화시키는 데 필요한 탄두는 다음과 같다. 단일탄두인 경우는 6.2Mt 탄두가 필요하다. 하지만 여러 개의 탄두로 500km^2 지역을 균일하게 나누어 공격할 때 동시에 폭발하게 탄도를 조종하면 폭발로 생긴 충격파들이 서로 충돌하여 훨씬 강해진다. 결과적으로 단일 폭발에는 과압이 2.5psi밖에 안 되는 지역도 적절하게 분산된 MIRV 탄두들이 동시에 폭발할 경우 과압이 상호 보강되어 5psi 표적도 파괴할 수 있다고 추정된다. 실제로 영국은 운용하는 SSBN 한 척에 탑재한 폴라리스Polaris A3T 세벌린Chevaline이나 트라이던트-II SLBM은 하나의 표적에 모두 동시에 도달하게 유도하는 것으로 알려졌고, 람베르트 유도Lambert guidance는 이러한 선택을 할 수 있게 해준다.[42] 이러한 방법으로 여러 발의 탄두로 500km^2에 걸쳐 분포된 5psi 표적을 공격할 때 각 탄두의 파괴반경을 과압이 2.5psi 되는 거리로 택한다. 표적 제압을 위해서는 500kt 탄두 2발, 또는 300kt 탄두 3발, 또는 200kt 탄두 4발, 아니면 100kt 탄두 6발이 필요하다.

Y/W$\simeq$1.5kt/kg의 탄두 기술로 6.2Mt급 탄두의 질량은 4톤 내외

41) Samuel Glasstone and Phillip J. Dolan, *The Effects of Nuclear Weapons,* 3rd Ed. (U.S. Department of Defense and the Energy research and Development Administration), pp.111-117.
42) 정규수, 『로켓 과학 I: 로켓 추진체와 관성유도』 (지성사, 2015), pp.284-328.

로 판단한다. 탄두질량이 4톤 내외의 탄도탄은 지금은 퇴역한 미국의 피스키퍼, 구소련의 RT-23UTTH, 아직 30여 기가 보관되어 있는 UR-100N 등으로 이륙질량이 모두 100톤 내외의 대형 탄도탄이다. 이보다 더 대형 탄도탄은 러시아의 초대형 탄도탄 R-36M2로 이륙질량은 211톤이고 탑재질량은 8.8톤이나 된다. 피스키퍼와 같은 대형 MIRV 탄도탄은 단가가 수천만 달러로 너무 비싸고 유지하기도 힘들며, 상대방이 제거 대상 1순위로 꼽기 때문에 미국이나 러시아도 운용하기 버거운 대상임이었음이 틀림없다. 하지만 최근 러시아는 탑재질량 10여 톤, 이륙질량 220여 톤에 달하고 10~24기의 MIRV 또는 50M급 단일탄두를 탑재하는 괴물 미사일 사르마트Sarmat를 개발하고 있다. Y/W가 1.5kt/kg의 탄두 기술과 CEP~100~200m 정도의 미사일 기술을 기준으로 할 때 견고한 점표적과 넓은 지역에 분포한 연표적을 공격하는 데 다 같이 유용한 300kt급 탄두 3기를 탑재하는 탄도탄이 적절한 선택이다. 이러한 탄도탄의 대략적인 탑재질량과 이륙질량을 추정해보자.

UR-100K의 탄두는 1.3Mt으로 Y/W≃1kt/kg과 부합하고, 미니트맨-III에는 Mk12A/W78 MIRV를 3기 탑재하지만, 탄두 기술이 더욱 발전하여 Y/W≃1.8kt/kg로 증가했다. 초창기 ICBM은 원형공산오차(CEP)가 1~2km 내외로 크므로 표적을 무력화시키려면 폭발력blast yield은 Mt급이 되어야 했다. 1950년대 중반 이후 탄두 기술이 급격히 발전했다. 1960~1962년경에 미국은 탄두질량 4.84톤에 폭발력 25Mt인 B-41을 개발했고, 구소련은 탄두질량 27톤에 폭발력이 57Mt인 '차르 폭탄Tsar Bomba'을 개발했다. 원래 차르 폭탄은 '샤이엔Mt. Cheyenne' 산속 깊이 자리한 '미주방공사령부(NORAD: North American Aerospace Defense Command)'와 같은 '초견고표적super hard target'을 무력화하기 위해 개발한 폭탄으로 RDS-220이라 이름 붙인 설계 폭발력이 100Mt인 초강력 폭탄이다. 폭발시험을 하기에는 너무 강력했기 때문에 열 핵연료의 반을 납으로 대체한 후 '노바야 제믈야Novaya Zemlya' 상공에서 공중 투하했고, 이때 폭발력이 57Mt에 이르렀다.

〈그림 1-2〉에 폭발력이 100Mt인 차르 폭탄이 프랑스 파리에 투하되는 가상적인 상황을 가정하고 피해 범위를 실선과 점선으로 표시했다.[43] 100Mt 탄두는 세상의 그 어떤 군사적 표적도 제거할 수 있다. 하지만 벽돌건물이 붕괴되는 과압을 5*psi*라면 원하든 원하지 않든 폭심지에서 반경 32km 이내의 벽돌집 대부분이 파괴되고, 과압이 12*psi* 이상이면 노출되는 반경 17km 안의 인구 중 98% 이상이 생명을 잃게 된다. 반경 13km 이내에서는 과압이 20*psi* 이상이 되며 과압과 초속 230m/s의 폭풍으로 지상에 세워진 모든 철근 콘크리트 고층건물이 붕괴된다.

군사적으로 가장 유용한 탄두는 군사적인 목표를 무력화하면서도 되도록 '부수적 피해collateral damage'를 최소화하는 탄두다. 미·소의 군사전략가와 무기개발자 들은 아무리 핵무기 개발 '치킨 게임chicken game'이 극에 달한 상황이더라도 폭발력이 100Mt급인 폭탄은 군사적으로는 아무 의미가 없는 반인류적인 무기라고 판단했다. 구소련은 차르 폭탄 대신 20~25Mt 탄두를 R-36에 탑재하는 것으로 만족했고, 미국은 35Mt 타이탄-II 탄두 대신 폭발력이 9Mt인 W-53 탄두로 만족했다.

역사상 가장 강력한 폭탄과 탄두가 1960~1962년 전후에 개발되었지만, 소형 경량화 탄두에 대한 요구도 정점에 달해 미국은 중량이 332.5kg밖에 안 되지만, 폭발력 1.2Mt인 W-47Y2 모델을 생산한

---

43) https://no.wikipedia.org/wiki/Fil:Tsar_Bomba_Paris.png: Creative Commons 3.0 Unported.

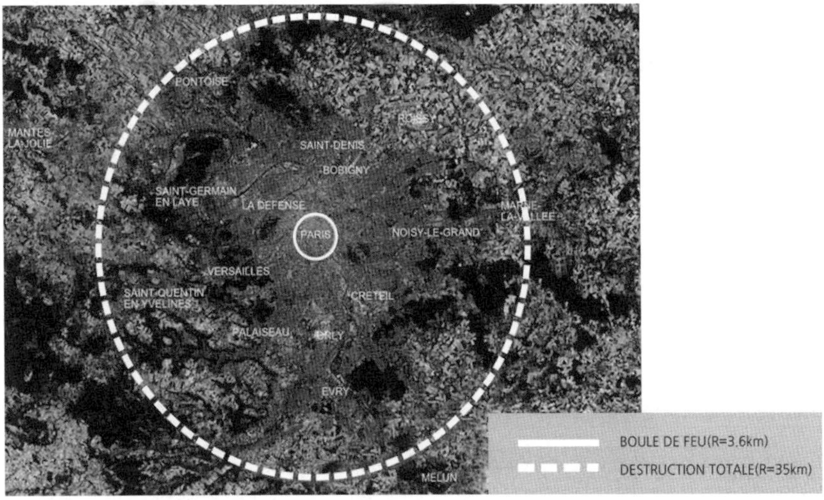

그림 1-2 100Mt 차르 폭탄이 파리 중심부에 투하되는 것을 가정했다. 거의 완전히 폐허가 되는 점선 원 안쪽 지역(과압>4.2*psi*를 기준으로 그렸다)의 넓이는 3850km²로 서울 넓이 605km²의 6.4배에 이른다. 실선 원은 '파이어 볼fire ball'의 크기를 나타낸다.〔Ref.39〕

것도 이맘때다. 기술 발달로 탄도탄의 CEP가 대폭 줄어들게 됨에 따라 300~500kt 탄두로도 견고표적을 무력화할 수 있게 되었지만, 기존 탄도탄의 페이로드를 줄이는 대신 저위력의 탄두와 정확도가 높은 RV를 결합한 다탄두 탄도탄을 새로 개발하거나 기존의 탄도탄을 다탄두용으로 전환했다. 현재 미국의 ICBM은 300kt, SLBM은 100kt와 475kt 탄두를 탑재하고 있으며, 러시아의 ICBM과 SLBM 탄두의 폭발력도 100~800kt 사이에 있다. 한편, 중국은 최근까지 미·러에 비해 ICBM의 정확도가 떨어지고, 숫자가 적은 ICBM 전력을 대도시에 대한 무차별 '보복공격second strike' 용으로 보유하고 있어 3~5Mt급의 고위력 탄두를 탑재한다. 머지않아 중국도 미·러에 버금가는 ICBM 정확도와 100~800kt급의 MIRV 또는 단일탄두 RV로 고위력 탄두들이 대부분 교체될 것이라고 추정할 수 있다.

탄도탄 유도기술의 발전은 현대식 ICBM의 CEP를 90~250m 수준으로 줄였다. CEP와 파괴반경 R_{lethal}은 표적 파괴확률 P_K를 결정한다.[44]

$$P_K = 1 - \left(\frac{1}{2}\right)^{(R_{lethal}/CEP)^2} \tag{1-15}$$

P_K는 주어진 CEP로 탄도탄이 표적상공 탄두 폭발고도(HOB: hight of burst)까지 탄두를 성공적으로 운반하고, 탄두의 신관도 예정대로 작동하고, 탄두는 설계한 폭발력 Y로 폭발한다는 가정 아래 표적이 무력화될 확률이다. 재래식 탄두라도 R_{lethal}이 주어지면 식 (1-10)을 사용해 표적파괴 확률을 구할 수 있고, 핵탄두의 경우 R_{lethal}는 $R_Y(H)$와 같다. 현대식 ICBM의 CEP는 1960년대 CEP에 비해 10분의 1로 줄었으므로 같은 견고표적을 무력화시키는 데 필요한 탄두의 폭발력은 1000분의 1로 줄여도 된다는 의미다. 폭발력 Y가 1000분의 1로 작아져도 표적 파괴확률이 변함없다는 의미는 탄두의 질량과 크기를 크게 줄일 수 있다는 것이다. 탑재질량 m_L 또는 유효탑재량 m_W이 감소하면 식 (1-1) 또는 (1-13)의 특성에 의해 탄도탄의 이륙질량 $M_{lift\,off}$도 크게 줄어든다.

한 예로, Y가 9000kt인 W-53 탄두를 탑재한 타이탄-II의 CEP는 1280m이고, 폭발력이 475kt인 업그레이드된 W-87 탄두를 탑재한 LGM-134A '미지트맨'의 CEP는 90m다. 미지트맨의 폭발력은 타이탄-II의 19분의 1밖에 안 되지만 P_K를 결정하는 R_{lethal}/CEP는 오히려 5.3배나 크다. 파괴되는 면적은 $\pi R_{lethal}^2 (= \pi R_1^2 Y^{2/3})$으로 폭발력 Y

44) 식 (6-6)과 같고 식의 유도와 의미는 7부 제2장을 참조하가 바란다.

가 크면 파괴면적도 크다. 따라서 타이탄-II로 대도시를 공격하면 반경 14.3km 이내의 모든 벽돌집은 파괴되지만, 미지트맨으로 공격할 경우 파괴면적은 반경 5.4km 이내로 국한된다. 그러나 두 탄도탄으로 파괴강도가 2000*psi*인 ICBM 사일로를 공격하여 파괴하고자 한다면 결과는 정반대가 된다. 2000*psi* 표적에 대한 1kt 폭발의 파괴반경은 36.8m이고, W-53의 파괴반경은 766m, W-87의 파괴반경은 287m이다. 따라서 타이탄-II의 파괴확률은 22%가 되지만, 미지트맨의 파괴확률은 99.9%가 된다. 이것은 ICBM 사일로와 같은 점표적에 가까운 견고표적인 '대핵표적(對核標的, counterforce target)'에 대해서는 폭발력보다 CEP가 중요하다는 것을 알 수 있다. W-87의 질량은 W-53의 11분의 1밖에 안 되지만 점표적을 파괴하는 데는 훨씬 효과적인 것을 알 수 있다.[45] 페이로드가 줄면 같은 사거리를 가진 로켓의 이륙질량도 대폭 줄여 설계할 수 있다. 타이탄-II의 질량이 154톤인 반면 미지트맨의 질량은 13.6톤에 지나지 않는다. 미지트맨과 같은 3단-고체로켓 미니트맨-III의 탑재질량 1.15톤, 이륙질량 35.3톤과 비교하면 미지트맨의 탑재질량 0.45톤, 이륙질량 13.6톤 둘 다 2.6분의 1밖에 안 된다.

핵강국들은 그들 사이에 전쟁이 날 경우에 대비해 두 가지 핵무기를 보유하려 할 것이다. 하나는 상대방의 전략무기와 지휘부를 무력화시키는 데 필요한 100m 전후의 CEP와 100~800kt급 탄두의 소형 ICBM 또는 SLBM이 필요하다. 또 다른 하나는 선제공격을 받더라도 살아남은 소수의 탄도탄으로 공격자의 대도시, 산업시설 등 '등가표적'에 치명적인 보복을 할 수 있는 생존이 보장되는 핵전력이 필요할 것이다. '대핵표적'용 탄도탄은 부수적 피해를 최소로 제한하기

45) https://en.wikipedia.org/wiki/W87 ; https://en.wikipedia.org/wiki/B53_nuclear_bomb

위해 탄두 폭발력(Y)은 작아져야 하지만, 대핵표적과 같은 견고한 점표적을 확실히 파괴하려면 CEP가 작아진 표적 파괴반경 $R_Y(=R_1 Y^{1/3})$보다 더 작아져야 한다.

등가표적 공격에는 CEP가 크더라도 탄두의 과압이 $5psi$ 내외에 해당하는 파괴반경이 더 큰 탄도탄이면 된다. CEP가 등가표적 크기보다 작으면 CEP가 크든 작든 그다지 문제가 안 된다. 여기서 중요한 것은 탄두 폭발력 Y가 크면 클수록 파괴반경 R_Y가 커지고 파괴되는 면적 πR_Y^2이 증가한다는 사실이다. 즉, 등가표적을 인질로 잡기 위해서는 되도록 Y가 커져야 하는 것처럼 보인다. 따라서 탄도탄 기술과 탄두 기술이 발전하여 미지트맨같이 14톤 미만의 정밀 ICBM과 300~500kt 탄두로 모든 군사적 표적을 제압할 수 있는 능력을 갖추었더라도 무차별 보복공격 능력을 갖추기 위해 1980년대에 개발한 대형 탄도탄을 포기하는 데 주저하는 것이 사실이다. 그러나 이러한 목적을 위해 Mt급 탄두를 꼭 탑재할 필요는 없다.

반면, 등가표적은 대도시 또는 산업지구와 같이 무력화해야 할 면적이 넓은 것이 특징이다. 등가표적의 대부분은 연표적으로 $5psi$ 전후의 과압에서 파괴되므로 R_{lethal}이 CEP에 비해 훨씬 큰 것이 보통이다. 7부에서 논의하겠지만, 폭발력이 Y인 하나의 탄두로 연표적을 커버하는 면적보다 폭발력이 Y/N인 N개의 탄두로 공격할 경우 총 폭발력은 같지만, 같은 과압으로 커버하는 면적이 $N^{1/3}$배만큼 넓어진다.

다음과 같은 예를 들어보자. 타이탄-II의 9000kt 탄두 $5psi$ 과압에서 파괴되는 도시를 공격한다면 피해반경 R_{9000kt}은 14.8km이고, 파괴되는 면적은 642km^{2}가 된다. 반면, 9000kt인 W-53 한 기 대신 폭발력이 475kt인 W-88 MIRV 19기를 하나 또는 2기의 대형 탄도탄에 탑재하고, 각 탄두 탄착점을 중심으로 반경 R_{475kt}이 그린 원이 겹치지 않게 탄착점을 조정하면 19기의 475kt 탄두의 총 피해면적은 1717km^2 이상이 된다.[46] 즉, W-53 탄두 1기나 19기의 W-88 총 폭발력은 9Mt(9000kt)으로 같지만, 19기의 W-88에 의한 피해면적이 2.7배나 크다. 실제로는 다탄두 중 하나의 폭발에서 $5psi$보다 작은 영역도 이웃하는 또 다른 탄두에서 과압과 상승효과를 일으켜 과압이 $5psi$ 이상으로 올라가므로 2.7배보다 훨씬 더 큰 영역이 파괴될 것으로 추정할 수 있다. 이러한 이유에서 다탄두 미사일의 도입 배경이 되었고, 전력 운영 면에서도 여러 가지 유리한 점이 많다. 다탄두 미사일은 등가표적 공격에도 유리하고, 대핵전력 공격에서는 단일 탄도탄으로 여러 개의 견고한 점표적을 공격할 수도 있어 강력한 '전력 배가수단force multiplier'이 된다. 다탄두 미사일은 공격자 측에 장점이 많지만, 상대방에게는 심각한 위협이 되는 만큼 제거대상 1호로 지목되어 생존문제가 심각하게 제기된다.

대형 탄두를 운반하도록 개발된 탄도탄의 페이로드 능력은 MIRV의 크기와 질량에 상당히 너그러운 편이다. 소형 경량화로 훨씬 정확해진 MIRV 탄두를 탑재하는 데 더 이상 크기와 질량은 큰 제약이 아니다. 실존하는 다탄두 ICBM에 실제로 탑재하는 최대 MIRV 수와 탑재질량 및 페이로드(탑재질량의 50~65%)에서 탄두를 포함한 단일 RV의 질량을 추정할 수 있다. 다만 현대식 탄두에는 도난과 불법사용을 확실히 방지하는 보안장치와 배치, 보관, 운반 및 정비 과정에서 발생하는 각종 충격, 화재 같은 사고가 절대로 핵폭발로 이어지지 않게 각종 안전장치가 부착될 것으로 추정한다. 그 결과 폭발력 대 탄두/RV 질량비 Y/W는 1~2kt/kg을 넘지 않는다고 본다.

---

46) 탑재질량이 8.8톤인 러시아의 R-36M2는 실제로 이러한 성능을 가지고 있다.

제 3 장

사거리별 탄도탄의 필요성

1. 모든 사거리를 커버하는 탄도탄이 없는 이유

모든 탄도탄에는 기술적, 경제적, 또는 운용상의 필요 때문에 최대 사거리maximum range와 최소사거리minimum range가 존재한다. 액체로켓 ICBM은 7km/s 이상의 연소종료 속력을 얻기 위해 Δv_{cap}가 최소 8.5km/s는 되어야 한다.[47] 다시 말해 액체로켓에는 비교적 많은 추진제량을 탑재한다는 의미다. 이 추진제량이 다 연소되기까지 기다린다면 ICBM 사거리보다 훨씬 가까운 거리에 있는 표적을 공격하기에는 속력이 너무 빠르다. 물론 상단에 탑재한 추진제를 인위적으로 일부만 연소시킴으로써 근거리 공격에 필요한 속력을 얻을 수도

47) 액체로켓의 Δv_{cap}가 크더라도 주어진 사거리를 비행하는 데 필요한 연소종료 속력은 고체로켓과 대동소이하다. 사거리가 같은 액체로켓은 고체로켓보다 연소시간이 길어 중력저항 손실 $\Delta v_{gravity}$이 고체로켓보다 훨씬 크다. 따라서 연소종료 속력 $v_{co} = \Delta v_{cap} - \Delta v_{gravity}$은 액체나 고체가 크게 다르지 않아 $\Delta v_{cap_{liquid}} > \Delta v_{cap_{solid}}$일 수밖에 없다.

있고, 더욱 느린 속력을 얻기 위해 제1단도 다 연소시키지 않을 수도 있다. 이 경우 상단 로켓은 점화도 안 해보고 RV를 분리하는 낭비를 피할 수 없다. 낭비뿐만 아니라, 사거리별로 유도방법과 연소방식 및 단 분리 과정이 복잡해지므로 탄도탄 시스템이 고장 날 확률이 높아져 전체 시스템의 신뢰도가 떨어진다. 따라서 ICBM으로 500km 떨어진 표적을 공격하는 것이 여러모로 불합리하므로 아무도 이러한 '만능 ICBM(?)'을 개발하려 하지 않는다.

탄도탄의 CEP는 연소종료 시점의 위치, 속력, 비행경로각은 물론 발사위치, 표적위치, 중력가속도, 표적 상공의 기상상태 등 수많은 요인에 의해 결정된다. 그중에서도 연소종료 시점의 속력, 비행경로각에 의한 탄착점 오차는 사거리에 비례하여 증가한다. 따라서 같은 관성유도장치를 사용하는 경우 사거리가 짧으면 CEP는 작아진다. 중·단거리 탄도탄은 장거리 탄도탄에 비해 CEP가 대략 사거리의 비比만큼 작아 폭발력이 작은 탄두로도 미션을 완수할 수 있다. 즉, 추진제 무게가 작아지므로 전체 미사일 무게도 줄어들게 된다.

이상의 분석에서 하나의 '만능 로켓'으로 모든 표적을 공격할 수 있는 탄도탄을 개발하는 것이 기술적으로 가능하더라도, 경제적 측면이나 운용 측면에서 아주 불합리하다고 판단된다. 수천만 달러짜리 ICBM에 500kg의 재래식 탄두를 탑재하고 500km 밖에 있는 분대병력을 공격하는 것은 아무리 보아도 무리이다. 이러한 이유에서 단거리, 중거리 및 장거리 탄도탄을 따로 설계 제작하고 보유하는 것이 관례가 되었다.

현재 군사적으로 의미가 있는 추진제로는 '저장 가능한 액체 추진제storable liquid propellant'와 고체 추진제 두 종류가 있다. 이 중 어느 추진제를 사용해도 1단 로켓Single Stage rocket으로 Δv를 8.5km/s 이상으로 올리는 것은 현실성이 없다. 따라서 장거리 탄도탄에서 다단 로켓 추진은 필수적이다. 액체로켓을 사용하면 비추력(specific impulse: I_{sp}) 또는 연소가스 분사속도 v_{eff}가 높으므로 2단 로켓two stage rocket으로도 충분하지만, 고체로켓은 비추력 I_{sp}가 작으므로 3단 로켓이 필요하다. 다단로켓의 마지막 단의 연소는 요구되는 연소종료 속도에 도달하면 임의로 연소를 종료시킬 수 있게 설계하지만, 액체로켓의 1단이나 고체로켓의 1,2단은 그렇게 설계하지 않는다. 기술적인 문제라기보다는 운용상 효율과 경제적인 요인 때문으로 추정한다. 그 결과 모든 장거리 탄도탄의 사거리는 최소사거리와 최대사거리 사이로 한정된다. 사실 최소사거리는 1단 로켓에도 존재한다. 로켓이 정지상태에서 발사되어 표적을 명중하는 데 필요한 $\vec{v}_{co}$로 빠른 시간 안에 가속하면서 방향을 바꾸는 데는 제한이 있다. 대기밀도가 높은 영역에서 급격한 기동을 한다면 지나친 횡적 스트레스로 로켓 몸체가 파괴되므로 방향 전환에는 시간이 필요하고, 이러한 시간 동안 발사지점과 엔진 연소종료 위치 $\vec{r}_{co}$ 사이의 지적선 길이의 최저 한계가 존재한다. 고고도궤도lofted trajectory를 사용하는 경우에는 정확도(CEP)가 떨어진다. 최소에너지궤도(MET: minimum energy trajectory)를 사용하면 연소종료할 때 CEP에 미치는 비행경로각의 오차 $\delta\gamma_{co}$에 따른 사거리 오차는 $O\left((\delta\gamma_{co})^2\right)$이므로 $\delta\gamma_{co}$에 둔감하다.

토폴-M의 최소사거리는 2000km, UR-100N(SS-19)의 최소사거리는 3000km로 알려졌지만, '철도 이동식rail mobile' ICBM RT-23(SS-24)의 최소사거리는 무려 5500km나 된다. 이상에서 열거한 ICBM의 최대사거리는 10,000km에서 10,500km 사이지만 최소사거리는 상당한 차이가 있다. 최소사거리를 크게 줄이기 위해서는 유도조종 프로그램을 대폭 바꿔야 하는 것은 물론, 단 분리와 무장 장치arming 및 RV

설계도 바꿔야 하며, 정확도 손실 역시 감수해야 하리라고 본다. 이와 같은 이유로 단거리 탄도탄과 중거리 탄도탄은 1단 또는 2단 로켓으로 설계하고, 장거리 탄도탄은 처음부터 2단 액체로켓이나 3단 고체로켓으로 설계하는 것이 여러 가지 면에서 유리하다. 표적까지의 거리가 다양하므로 탄도탄의 종류도 다양하다. 이 탄도탄들을 구별하기 위해 미국은 거리에 따라 탄도탄을 네 가지로 분류하고, 구소련/러시아는 다섯 가지로 분류한다.

2. 사거리를 기준으로 한 탄도탄의 분류

〈표 1-1〉은 미국과 NATO를 중심으로 사용하고 있는 미국식 탄도탄의 분류를 보여주고 있다. 미국이 구소련의 전략탄도탄에 해당하는 ICBM의 사거리를 5500km로 취한 데는 나름대로 이유가 있다. 유럽 대륙 서쪽 끝에서 미국 동해안까지의 거리는 5500km 정도이다. 따라서 사거리가 5500km 이상인 탄도탄은 유럽 대륙에서 미국의 심장부인 워싱턴과 뉴욕을 위협할 수 있기 때문에 미 본토를 위협하는 전략탄도탄으로 취급한다. 이러한 미사일은 한 대륙에서 대양을 건너 다른 대륙을 공격할 수 있다는 상징성을 감안하여 대륙간 탄도탄 ICBM(intercontinental ballistic missile)이라고 한다. ICBM은 통상적으로 육지에서 발사하는 사거리 5500km 이상의 탄도탄을 지칭한다. 잠수함에서 발사하는 사거리 1000km 이상의 핵미사일은 모두 전략미사일로 취급하지만, SLBM도 사거리가 5500km가 넘는 경우에는 ICBM급 SLBM이라고 한다.

한편, 〈표 1-2〉에서 보듯이 구소련/러시아는 사거리가 1000km 이상인 모든 미사일을 전략탄도탄으로 분류한다. 구소련 주변에는 NATO 국가들이 포진했고, 미국의 MRBM과 IRBM을 포함해 영국과 프랑스의 탄도탄과 폭격기들이 구소련을 포위하고 있었다. 사거리가 1000km 이상인 NATO 소속의 탄도탄은 모스크바를 직접 위협하므로 구소련은 이러한 탄도탄을 미국에서 발사하는 ICBM과 똑같이 전략탄도탄으로 분류했다.

러시아에서 발사해 미국을 위협할 수 있는 육상 탄도탄은 ICBM뿐이다. 물론 잠수함이나 폭격기는 미국이나 러시아 해안에 접근하

약칭	명칭	사거리 R
SRBM	단거리 탄도탄 (Short-Range Ballistic Missile)	R ≦ 1000km
MRBM	준중거리 탄도탄 (Medium-Range Ballistic Missile)	1000km < R ≦ 3000km
IRBM	중거리 탄도탄 (Intermediate-Range Ballistic Missile)	3000km < R ≦ 5500km
ICBM	대륙간탄도탄 (Intercontinental Ballistic Missile)	5500km ≦ R

표 1-1 사거리에 따른 미국의 탄도탄 분류

명칭	사거리 R
Tactical Ballistic Missile	R ≦ 50km
Operational-Tactical Ballistic Missile	50km < R ≦ 300km
Operational Ballistic Missile	300km < R ≦500km
Operational-Strategic Ballistic Missile	500km < R ≦1000km
Strategic Ballistic Missile	1000km ≦ R

표 1-2 사거리에 따른 구소련/러시아의 탄도탄 분류

여 공격할 수 있으므로, 미국과 구소련/러시아는 모든 잠수함발사탄도탄과 폭격기에서 발사하는 사거리가 1000km 이상인 순항미사일은 모두 전략탄도탄으로 취급하는 데 이견이 없다. 미국은 5500km, 구소련은 1000km 이상의 사거리 미사일을 전략미사일로 취급하기 때문에 군축회담에서 서로 양보하기 힘든 쟁점이 될 수밖에 없었다.

이와 같이 핵무기는 같은 무기라도 보는 입장에 따라 전략무기도 되고 전술무기도 된다. 전략무기는 한 나라가 절대적으로 지켜야 하는 가치에 치명적인 위협이 되는 무기로 정의할 수 있다. 사거리보다는 탄두와 지정학적인 위치가 전략무기의 분류 기준이 되는 것이다. 비록 A가 보유한 무기의 사거리가 100km 미만이라도 그것이 B라는 나라의 수도, 인구 밀집지역, 핵심 경제 중심지 및 군사시설에 치명적인 공격을 가할 수 있다면 그 무기는 전략무기로 분류되는 것이다.

1987년 12월 고르바초프Mikhail Gorbachev 구소련 대통령과 레이건Ronald Reagan 미국 대통령이 '중거리핵 협정(INF: Intermediate-Range Nuclear Force Treaty)'을 맺음으로써 전략미사일을 둘러싼 쟁점이 제거되었다.48) INF 협정은 미국과 구소련 사이에 맺은 협정으로, 지상에서 발사하는 사거리가 500km에서 5500km 사이의 모든 핵미사일을 폐기하는 내용으로 되어 있었다. 협정은 1988년 6월 1일 발효되었고, 이에 해당하는 미국과 구소련의 미사일 2692기가 폐기되었다. INF는 미·소 관계 개선에 계기를 마련해주었으며 전략무기 감축에 대한 새로운 희망과 방법을 제시했다.

INF 협정 배경에는 구소련이 극비리에 개발하여 1976년부터 배치

48) Avis Bohlen, William Burns, Steven Pifer, and John Woodworth, "Treaty on Intermediate Range Nuclear Forces: History and Lessons Learned", *Brookings Arms Control Series Paper 9*, Dec. 2012.

하기 시작한 이동식 다탄두 탄도탄 'RSD-10 피오니르Pioneer'[49]와 이에 맞서는 대응 미사일로 개발한 '퍼싱Pershing II' 탄도탄과 '그리펀Gryphon' 지상발사 순항미사일Gryphon cruise missile이 있었다. 1970년대 중반에 이르러 유럽에서 NATO가 차지하던 핵전력의 우위는 구소련 쪽으로 기울기 시작했고, RSD-10이 배치되면서 NATO는 핵전력에서 구소련에 뒤지게 되었다.

1950년대 이후 구소련과 '바로샤바조약 군Warsaw Pact'은 재래식 무기에서 NATO 군을 완전히 압도하고 있었다. 따라서 유럽에서 전쟁이 시작되면 NATO 군은 전술핵으로 막강한 재래식 바르샤바 군을 제압할 것으로 예측한 구소련은 NATO가 미처 알기도 전에 NATO의 기지를 기습할 목적으로 개발한 고체로켓 탄도탄이 RSD-10이다. 최소사거리는 600km, 최대사거리가 7500km인 RSD-10은 150kt 탄두 3기를 탑재하며 CEP는 150~450m로 알려졌다. 구소련은 654기의 RSD-10 미사일과 499기의 TEL(Transporter/Erector/Launcher)을 생산했다. 이에 대응하여 NATO 사령부는 1979년 108기의 퍼싱-II를 서독에, 464 BGM-109G를 서유럽 5개국에 배치하기로 결정했다. 퍼싱-II는 사거리 1770km, CEP 30m, 폭발력 5~80kt인 W-85를 탑재한 2단 고체로켓이며 1973년 개발을 시작하여 1981년부터 배치되기 시작했다.

1985년 NATO는 108기의 퍼싱-II를 서독에 배치를 완료했고, 1989년에는 모두 572기의 초정밀 미사일을 운용했다. 한편, 구소련은 1986년 279기의 RSD-10을 배치한 상태였다. 구소련이 배치한 RSD-10은 서유럽 NATO 국가들에는 치명적이지만, 미국 본토에는 위협이 되지 못한다. 반면, 108기의 퍼싱-II와 464기의 BGM-109G

---

49) NATO에서는 SS-20 Saber라고 한다.

는 모스크바를 초토화시킬 수 있었다. 1985년 고르바초프가 정권을 잡았고, 1987년에 모든 INF를 완벽히 제거하기로 합의했다. 사실 RSD-10은 미국을 직접 공격하기에는 적합하지 않지만, 서유럽뿐만 아니라 중국, 일본 및 한국을 공격하는 데는 막강한 타격력을 가진 무기였다.

INF 협정 체결 후 구소련의 전략무기와 미국의 ICBM을 굳이 구별할 필요가 없어졌으므로 그 후 미국과 러시아 간의 전략무기 감축 협정도 본격화될 수 있었다. 2012년 2월부터 발효되었고 최소한 2021년까지 효력이 지속될 것으로 예측되는 'New START(New Strategic Arms Reduction Treaty, 신전략무기 감축협정)'에 의하면 미국과 러시아는 실전 배치된 발사체(ICBM+SLBM+Strategic Bomber) 수는 700기, 보유할 수 있는 총 발사체 수는 800기, 전략탄두 수는 1550발까지로 제한된다. 그러나 INF 협정 체결 후 지난 30년간 중국, 북한, 파키스탄 및 인도 등 러시아 주변국들의 중거리 핵은 질과 양에서 크게 발전하여 러시아는 크게 긴장하게 되었고, 미국도 INF와 '초정밀 장거리 타격(CPGS: Conventional Prompt Global Strike)' 시스템이 절실히 필요해졌다고 판단한다. 2018년 10월 20일 트럼프 대통령은 INF 협정에서 탈퇴할 것을 선언했다. 이러한 움직임은 INF 협정뿐만 아니라 '신전략무기 감축협정'을 포함해 추후 모든 핵 협상에 큰 영향을 줄 것으로 판단한다. 이후 전개될 상황은 대략 두 가지로 예측할 수 있다. 냉전시대의 핵무기 경쟁이 '글로벌 스타일'로 재현되든가, 아니면 미국, 러시아, 중국, 영국, 프랑스, 인도, 파키스탄, 북한, 이스라엘 등 INF 능력을 가진 모든 나라가 참여한 다자간 INF 협정에 협의하게 될 것으로 추정된다.

제4장

미국과 구소련 탄도탄 DNA의 진화과정

1. 탄도탄의 초라한 출생

제2차 세계대전으로 세 가지 신무기가 세상에 등장했다. 미국의 '맨해튼 계획Manhattan Project'으로 태어난 '원자탄Atomic Weapon'이 그 첫 번째이고, 독일 육군의 '피네뮌데 연구소Peenemünde Army Research Center'에서 개발한 V-2 탄도탄이 두 번째다. 마지막 신무기는 '레이더Radar'이다. 이 세 가지 무기는 공격과 수비에서 전쟁의 개념을 바꾸는 획기적인 무기 개발이었지만, 제2차 세계대전 중에는 세 가지 무기는 각각의 시험적인 사용에 그쳤다. 미국에서 개발한 길이 3.25m, 직경 1.53m, 질량 4.67톤인 Mk-III의 폭발력은 23kt이나 되었지만, 폭탄창고를 개조한 B-29로나 겨우 실어 나를 수 있었다.[50] 폭탄의 폭발력은 작은 도시 하나를 통째로 날릴 수 있을 만큼 강력

50) kt는 TNT 폭발력으로 환산할 때 TNT 1000톤에 해당하는 폭발력을 나타낸다.

했지만, 운반수단 B-29는 대공방어에 취약했고, 장시간의 비행이 필요했다. 독일에서 개발한 사거리 300km인 V-2에는 748kg의 아마톨Amatol을 실어 날랐으나 정확도가 떨어지고 탄두 폭발력이 작아 V-2는 군사목표가 아닌 대도시에 대한 '테러무기'로 주로 사용되었다.[51] V-2의 신뢰도가 향상되고 사거리가 길어진다면 원자폭탄 운반수단으로는 더 바랄 나위 없겠지만, 운반하는 TNT(trinitrotoluene) 750kg의 효과로만 따지면 폭격기와 같은 경쟁 시스템보다 가성비(價性比, cost performance ratio)가 매우 낮았다.

1886년 하인리히 헤르츠가 라디오 전파가 고체 표면에서 반사된다는 것을 발견한 이후 많은 사람들이 전파를 사용해 안개 속에서 배나 비행기 등을 찾아내는 연구를 단속적으로 해왔지만, 국가기관이나 군은 이러한 연구를 진지하게 받아들이지 않았다. 그러나 제2차 세계대전 직전에는 독일, 영국, 미국, 일본, 이태리, 구소련 외에도 오스트레일리아, 캐나다 등이 독립적으로 비밀리에 현대식 레이더의 기술 개발에 착수했다. 이렇게 제2차 세계대전 중에 다른 목적으로 독립적으로 개발한 세 가지 신기술은 핵폭탄을 제외하면 전쟁 결과에 큰 영향을 주지 못했고 원리 실증을 위한 시험적인 사용에 그친 편이었다.

전후 이 세 가지 신기술이 이리저리 합쳐지면서 엄청난 '상승효과synergy effects'를 얻게 된 것은 독일의 V-2 기술이 미국과 구소련으로 이전되고, 원자탄의 비밀을 구소련도 보유하게 되면서부터였다. 핵탄도탄 개발이 현실화되면서 조기경보 레이더의 필요성이 무엇보다 중요해졌고, 대 탄도탄 미사일 유도와 각종 공격과 방어 시스템에 레이더가 중추적인 멤버로 등장했다. 그중 핵폭탄과 탄도탄의 결

---

51) 아마톨은 TNT 60%와 질산암모늄 40%를 섞은 것으로 열과 충격에는 덜 민감하지만 폭발력은 TNT와 거의 같은 고폭약high explosives이다.

합으로 생긴 엄청난 상승효과를 중심으로 탄도탄의 역사를 되짚어보기로 한다.

미국이 개발하고 사용한 원자탄은 두 종류였다. 맨해튼 계획에서 개발한 핵분열 물질은 우라늄-235(U_{235})와 플루토늄-239(Pu_{239}) 두 종류였으며, 두 가지 다른 기폭방법을 사용했다.[52] U_{235}를 폭발물질로 사용한 '건 타입gun type assembly' 폭탄은 '프랭클린 루즈벨트Franklin D. Roosevelt' 미국 대통령처럼 홀쭉해 보인다고 해서 '리틀 보이Little Boy'라는 별명으로 불렸으나 공식명칭은 Mk-I이며 폭발력은 15~16kt로 추정된다. 반면, Pu_{239}를 사용하는 폭탄은 기폭장치로 화약을 이용했고, '윈스턴 처칠Winston Churchill처럼 뚱뚱하다고 해서 '패트 맨Fat man'이라고 불렀다. 뚱뚱보의 공식명칭은 Mk-III이고 폭발력은 20~23kt으로 추정한다. 뚱뚱보의 직경은 '리틀 보이'의 직경보다 2배 이상 크지만, 길이는 거의 같고 무게도 각각 4.672톤과 4.037톤으로 큰 차이가 없다. 보통 비행기 투하 폭탄이 폭탄 무게의 60~70% 정도의 화약을 포함하므로 리틀 보이가 재래식 무기였다면 TNT로 환산하여 폭발력은 2.67톤이고, 뚱뚱보의 폭발력은 TNT 3톤에 해당한다. 그러나 리틀 보이의 폭발력은 같은 무게의 재래식 폭탄에 비해 5600배이며 뚱뚱보는 동급의 재래식 폭탄에 비해 7700배이다.

피네뮌데의 폰 브라운 팀이 개발한 V-2의 사거리는 320km, 아마톨 748kg을 포함한 탄두 무게는 1톤이고, 미사일의 표적파괴에 가장 예민하게 작용하는 CEP는 대략 6km 전후로 추정된다.[53] 아마톨은

52) Nuclear Weapons, https://en.wikipedia.org/wiki/Nuclear_weapon

53) V-2, Encyclopedia Astronautica, http://www.astronautix.com/lvs/v2.htm, 전파유도 모델의 CEP는 2km 전후로 보이며 런던의 탄착점 분포로 보면 12km 근방으로 보이지만, 여기에는 영국 정부가 이중 스파이를 이용해 역정보를 흘려 탄착점의 조준점을 중심지에서 벗어나도록 했다. V-2의 CEP는 1943년 시험에서 얻은 4.3km 등을 이용해 6km 정도로 추정하는 것이다.

TNT 60%와 질산암모늄(AN: Ammonium Nitrate) 40%의 혼합물로 TNT보다 충격에 둔감하고 공기 중에서 폭파력brisance은 순수 TNT에 비해 조금 약하지만, 지하나 수중에서는 TNT보다도 오히려 효과적이다.[54] 전쟁 중에 518발의 V-2가 런던에 떨어졌으며 이로 인해 2754명이 사망했고, 6523명의 중상자가 발생했다.[55] 런던에 명중한 V-2 1발당 사망자는 5.3명이고 영국에 1115발의 V-2가 도달한 것을 감안하면 1발당 피해율은 이보다 훨씬 떨어진다. 500명과 152대의 차량으로 구성된 V-2 포대가 하루에 발사할 수 있는 V-2는 최대 9발을 넘지 않는 것을 고려하면 하루에 표적 근방으로 운반할 수 있는 아마톨은 6.73톤 미만이다. 이러한 폭약은 영국의 '아브로 랭커스터Avro Lancaster' 폭격기 1기가 한 번에 운반할 수 있는 폭탄양이다.

V-2 프로젝트는 1944년 달러로 $20억을 투입해 6084기의 V-2를 생산했고, 이 중 95%는 마지막 7개월 동안 발당 가격 $18,000로 생산되었다.[56] 그러나 1944~1945년에 생산된 V-2의 생산단가를 파악하기는 쉽지 않다. 1944~1945년 달러 대 RM(Reichmark, 1924~1948년 독일에서 사용하던 통화단위)의 환율이 1$=19.723RM에서 1.105RM로 들쑥날쑥해 종잡을 수 없었고,[57] 2만 명의 강제 노동력을 이용했으므로 생산단가 자체가 크게 의미가 없기 때문이다. 다른 자료에 의하면 1945년도 생산단가를 50,000RM로 보기도 한다.[58] 대략 V-2 1기

---

54) Gregory P. Kennedy, *Germany's V-2 Rocket, Schiffer Military History*, (Atglen, PA, U.S.A., 2006), p.48; TNT는 산화제가 결핍된 물질인 반면, AN은 산소 잉여 물질이다. 아마톨은 TNT보다 가격이 저렴한 이점도 있다.

55) Gregory P. Kennedy, *Germany's V-2 Rocket*, Schiffer Military History (Schiffer Publishing, Atglen, PA, U.S.A., 2006), p.79.

56) http://www.astronautix.com/v/v-2.html

57) https://measuringworth.com/datasets/exchangeglobal/result.php?year_source=1941&year_result=2016&countryE%5B%5D=Germany

의 생산단가는 당시 달러로 $45,000~$180,000로 보면 무리가 없을 듯하다. 1944년 랭커스터 4발 폭격기 생산단가는 ₤45,000~50,000였다. 당시 파운드당 달러 환율이 2.4였음을 고려하면 단가는 $10,8000~12,0000로 V-2 2기 생산비로 1~3기의 랭커스터 폭격기를 생산할 수 있다는 계산이 나온다. 폭격기는 격추되지 않는 한 계속 사용할 수 있고, 한 번에 9기의 V-2와 같은 양의 폭탄을 나를 수 있음을 고려하면 750kg의 TNT 폭발력을 가진 탄두를 탑재하는 한 V-2는 극히 비효율적인 무기라고 볼 수 있다. 물론 V-2는 승무원 안전문제가 없는 것이 폭격기에 비해 크게 유리한 점이었다. 당시 독일이 V-2 프로젝트에 사용한 $20억을 폭격기나 잠수함을 생산하는 데 사용했더라면 연합군 측 피해는 훨씬 컸을 것으로 본다. 역설적으로 들릴지 모르지만, V-2는 독일이 적국인 미국과 구소련을 위해 개발해준 미래무기인 셈이었다.

독일이 개발한 V-2는 폭탄의 피해반경damage radius에 비해 CEP가 너무 크기 때문에 특정 표적을 파괴할 수 있는 확률은 전무했다. 하지만 독일이 사용한 1톤짜리 재래식 탄두 대신 미국이 개발한 23kt의 Mk-III급 탄두를 탑재한다면 V-2는 도시나 군사시설을 파괴하는 데 엄청난 위력을 발휘하게 될 것이 분명했고, 이러한 가능성을 미국과 구소련의 군사전략가들은 놓치지 않았다. 구소련은 미국의 핵 독점을 깨기 위한 계획을 극비리에 집중적으로 추진했고, 장거리 폭격기에서 미국에 비해 완전히 열세였던 구소련은 자연스럽게 탄도탄을 미래의 핵 운반수단으로 채택했다.

한편, 독일이 개발한 V-2라는 신무기와 그 무기를 개발한 기술자들을 직접 접한 미군 관계자와 미국 기술자들은 이러한 기술을 미국

---

58) https://en.wikipedia.org/wiki/V-2_rocket

이 먼저 확보해야 한다고 절실하게 느꼈다. 하지만 막강한 공군력과 핵무기를 독점한 국방부와 전후의 정치권은 로켓을 그리 심각하게 받아들이지 않았던 것 같다.[59] 미국 정부는 V-2와 스스로 미국 측에 항복한 폰 브라운 팀을 구소련 측에 넘겨줄 수 없었기에 이들을 비밀리에 미국으로 데려왔다. 그러나 데려온 V-2 엔지니어들에게 무슨 일을 시켜야 할지 아무런 계획도 가지고 있지 않았다. 아마도 나치 독일에 대한 아이젠하워 대통령과 미국 국민의 감정도 크게 작용했을 것으로 본다.[60]

2. 로켓과 핵폭탄의 상승효과

제2차 세계대전 후 미국은 '페이퍼클립 작전Operation Paper Clip'으로 폰 브라운 등 118명의 독일 로켓 과학 기술자와 100기분의 V-2 부품을 확보했다. 발 빠른 미국에 선수를 빼앗긴 구소련은 '오소아비아킴 작전Operation Osoaviakhim'을 수립하고, 독일 내에 남아 있던 2000여 명의 군사 과학기술자들을 자국으로 데려갔다.[61]

1946년 12월부터 미국은 폰 브라운과 폰 브라운이 정선한 최고의 로켓 기술자들을 뉴멕시코 주 엘파소El Paso의 '포트 블리스Fort Bliss'로 데려왔다. 1948년 봄에는 인원이 모두 127명으로 늘었지만, 이들이 한 일이라고는 미국인들에게 로켓 다루는 법을 훈련시키고, V-2를 발사하고, V-2를 개조하고, 가끔은 미국 과학자들과 만나는 것이

59) Bob Ward, *Dr. Space* (Naval Institute Press, Annapolis, MD, 2005), pp.54-62.

60) ibid., pp.63-74.

61) 정규수, 『로켓, 꿈을 쏘다』 (웅진씽크빅, 2010), pp.139-150: 페이퍼클립 작전이 자세히 소개되었다.

일과의 전부였다. 일과 시간 외에는 우주여행과 소요되는 로켓 개발을 꿈꾸었지만, 우주계획이나 새로운 로켓 개발은 당시 미국 정부의 관심사항이 아니었다. 로켓 개발과 우주개발이 꿈이었고, 이에 관한 한 세계 최고를 자부하던 폰 브라운 팀에게는 포트 블리스의 생활은 견디기 어려운 고문이었을 것이다. 이러한 상황을 겪으며 폰 브라운은 엘파소의 생활을 "우리는 평화의 포로prisoners of peace다"고 한마디로 표현했다. 미국은 독일 로켓 팀의 코어 그룹과 V-2 로켓 100기를 조립할 수 있는 부품을 확보했으면서도 이것들을 사용해 새로운 로켓이나 탄도탄을 개발하려는 움직임은 전혀 없었다. 이러한 상황은 1949년 말 앨라배마 주 헌츠빌의 '레드스톤 조병창Redstone Arsenal'으로 옮겨갈 때까지 지속되었다. 미국 정부의 이러한 무관심은 아마도 폰 브라운으로 하여금 필생의 소원이었던 달 탐사계획을 성취하게 만들어준 운명의 배려가 아니었을까 생각한다. 만약 폰 브라운 팀이 ICBM 개발 같은 극비 프로젝트에 관련되었더라면 아마도 그에게 아폴로 계획을 구상하고 달로켓 '새턴Saturn-V'를 개발할 기회는 없었을 것이다. 달 탐사계획 자체도 지금 우리가 알고 있는 '아폴로 계획Apollo Program'과는 많이 다르게 전개되었을 것으로 생각한다.

한편, 구소련은 유도조종 전문가 '헬무트 그뢰트루프Helmut Groettrup'와 자이로 전문가 '쿠르트 마그누스Kurt Magnus' 및 '한스 호크Hans Hoch'를 포함한 1000여 명을 '라베 연구소Institut Rabe'로 규합하는 데 성공했고, 그중 그뢰트루프를 포함한 50~60명은 과거 폰 브라운의 팀원이었다. 라베 연구소는 '보리스 체르토크Boris Evseyevich Chertok'와 '알렉세이 이사예프Aleksei Mikhailovich Isaev'가 로켓 관련 독일 기술자를 모아 V-2 설계도면을 복원하고 생산시설을 복구하기 위해 '노르트하우젠Nordhausen'에 만든 명목상의 연구소이다. 그뢰트루프는 원래 페이퍼클립 멤버로 발탁되었지만, 부인의 선택으로 '라베'에 합류하게 되었다.[62] 오소아비아킴 작전은 1946년 10월 22일 '인민내무위원회 NKVD(The People's Commissariat for Internal Affairs)' 지휘 아래 2200명의 항공, 로켓, 원자력, 레이더, 화학 전문가들을 점령지 독일에서 구소련으로 강제 이주시킨 작전명이다. 그들의 가족까지 합치면 총 10,000~15,000명이 될 것으로 추산된다. 작전 내용은 미국의 페이퍼클립 작전과 '알소스 작전Operation Alsos'을 합친 것과 같지만 규모는 비교할 수 없을 만큼 방대했다.[63][64]

200명 이상의 라베 연구원이 노르트하우젠에서 새로 창설된 구소련의 미사일 연구소 NII-88로 옮겨왔다. 그중 177명은 고립된 '고로도믈리아Gorodomlya' 섬에 있는 NII-88 분소에 234명의 구소련 로켓 기술자들과 함께 배치되었고, 1948년 5월 이후에는 모든 독일인 엔지니어들이 고로도믈리아로 재배치되었다. 체르토크에 의하면 1946년 5월 13일 중앙위원회와 국무회의Central Committee and Council of Ministers에서 의결한 극비 '포고령 1017-419'에 따라 '특수위원회 No.2(Special Committee No.2)'가 구성되었고, 소련의 로켓 연구를 관장했다.[65] 특수위원회 No.2의 부위원장인 '디미트리 우스티노프Dimitri Fedorovich Ustinov'는 1946년 5월 16일 '국가과학연구원(NII-88: State Head Scientific-Research Institute No. 88)'을 설립하고 액체로켓을 이용한 병기의 연구, 설계, 시험을 전담하도록 했다. 그해 8월 9일 우스티노프는 '세르게이 코롤레

62) Boris E. Chertok, *Rockets and People*, Volume 1, The NASA History Series(NASA SP-2005-4110) pp.299-307.

63) ibid.

64) 정규수, 『ICBM, 악마의 유혹』 (지성사, 2012), pp..85-107.

65) Boris E. Chertok, *Rockets and People*, Volume 2, The NASA History Series(NASA SP-2006-4110), pp.1-23.

프Sergei Korolev'를 "Article No.1"이란 코드명으로 불리는 장거리 로켓 개발의 수석설계사Chief Engineer로 임명하고 NII-88의 특수부서 'SKB Department No.3'를 관장하게 했다. 고로도믈리야의 라베 팀도 코롤레프가 관장했다.

독일 엔지니어들은 구소련 엔지니어들과 차단된 상태에서 사거리가 600km인 G-1과 사거리가 2500km인 MRBM G-2를 설계했다. 구소련 팀도 사거리가 같은 R-2와 R-12를 설계했지만, 이러한 사실이 독일 팀에 알려지지 않도록 모든 정보는 독일 팀에서 구소련 팀으로만 흐르도록 '정보의 삼투막'을 쳐놓고 일을 시켰다. G-1, G-2의 기술 수준과 예상 성능은 R-2, R-12에 비해 우수한 것으로 판단했지만, 실제 생산된 모델은 R-2와 R-12였다. 1949년 구소련 군수장관 우스티노프는 3000kg 탄두를 3000km까지 날릴 수 있는 G-4 탄도탄을 설계할 것을 요구했다. 우스티노프는 G-4가 성공하면 그 기술을 바탕으로 5톤 무게의 탄두를 8000km까지 날릴 수 있는 ICBM을 개발할 수 있다고 여겼다.[66][67]

그뢰트루프는 G-1, G-2, G-4를 설계하면서 세 가지 새로운 아이디어를 제시했다. 하나는 3기의 G-1을 병렬로 묶는 병렬로켓rocket cluster 개념이고, 다른 아이디어는 탄두 분리 개념과 풍선형 추진제 탱크bubble tank 개념이다. 병렬로켓 개념은 나중에 ICBM R-7을 개발하는 데 사용되었고, R-2 이후 모든 탄도탄에서 탄두를 분리하도록 설계했다. 구소련은 기술적인 문제로 풍선형 추진제 탱크를 사용하지는 않았지만, 미국 '컨베어 사(Convair: Consolidated Vultee Aircraft)'의 '카렐 보사르트Karel Jan Bossart도 독립적으로 풍선형 추진제 탱크와 엔진 클러스터 개념을 창안했고, 실제로 아틀라스 ICBM에 사용했다. 보사르

66) James Harford, *Korolev* (John Wiley & Sons, Inc., 1997), p.79.

67) 정규수, 『로켓, 꿈을 쏘다』 (웅진씽크빅, 2010), pp.190-204.

트와 그뢰트루프는 같은 목적을 달성하기 위해 같은 시기에 같은 아이디어를 내게 된 것이다.

미국도 미육군항공군U. S. Army Air Force과 컨베어 사를 중심으로 ICBM 개발을 시작했지만, 한국전쟁이 발발할 때까지 폰 브라운과 V-2 팀은 미국의 탄도탄이나 새로운 로켓 개발에서 완전히 제외되었다. 컨베어의 보사르트, 빌 패터슨Bill Patterson, 로이드 스탠드리Lloyd Standley, 찰리 에임스Charlie Ames 등은 〈라이프*Life*〉지에 실린 V-2 사진을 분석하여 미국형 V-2로 불리는 MX-774라는 로켓을 설계했다. 1946년 미육군항공군은 2백만 달러를 계상하여 MX-774의 설계와 시험 비행용 MX-774 13기를 생산하도록 지원했다. MX-774를 개발하기 위해 보사르트 팀은 선회하는 노즐swivel nozzle, 분리형 노즈콘 및 일체형 추진제 탱크를 도입했다. 이와 같은 고안은 나중에 아틀라스 ICBM의 성공에 직접 기여했다. 그러나 1947년 미육군항공군은 미공군U. S. Air Force으로 독립했고, 제2차 세계대전 후 급격한 군비 축소로 인해 MX-774 프로젝트는 막을 내렸다. 컨베어는 회사 예산으로 보사르트가 이끄는 2~3인의 MX-774 팀을 미공군이 지원할 때까지 유지했다. 보사르트와 패터슨은 워싱턴에서 ICBM 개발을 위한 로비를 계속했고, 드디어 1951년 MX-1593으로 불리는 ICBM의 설계와 개발 사업은 장거리 탄도탄에 대한 독자적인 기술 기반을 마련하고 있던 컨베어에 낙찰되었다.

MX-1593의 페이로드는 3.63톤(8000*lbs*), 사거리는 8047km(5000miles), CEP는 457m(1500feet), 'IOC(initial operational capability date)'는 1959년으로 정해졌다. 하지만 CEP 457m는 잘 훈련된 공군의 폭격수가 이상적인 기상조건하에 고도 8km에서 폭탄을 투하할 때 얻을 수 있는 정확도이다. CEP 457m는 당시 유도제어 기술로는 달성이 거의 불가능에 가까운 요구였다. 이러한 조건을 ICBM의 CEP로 요구한 것은 MX-1593에 대한 전략공군의 심기가 몹시 불편했다는 증거로 볼 수 있다. ICBM은 핵공격 임무는 전략공군 폭격기의 고유영역이라고 생각했던 공군의 자존심을 상하게 했을 것이다. 이에 대한 불만이, ICBM의 정확도가 최소한 폭격기에 의한 정확도와 같아야 한다는 요구로 표출되었다고 생각된다. 이와 더불어 가뜩이나 전후 축소된 예산을 ICBM과 나누어 써야 하는 것이 더 큰 이유였을 것이다.

대형 로켓 연구가 전혀 새로웠던 미국에서 페이로드 3.63톤과 CEP 457m는 엄청난 부담이었다. 당시 탄두는 질량 3.9톤, 폭발력 500kt의 Mk-18이 가장 큰 폭발력을 가진 폭탄이었으므로 MX-1593에 탑재하려면 페이로드는 3.63톤은 되어야 했다. 그러나 CEP 457m는 당시 기술 수준으로는 달성이 불가능한 지나친 요구였다. 그렇다고 CEP가 5~6km가 되는 로켓을 개발한다면 500kt 탄두로는 군사적 표적을 무력화시킬 수 없었기 때문에 공군의 ICBM에 대한 반감과 국방부 내에서도 ICBM의 효용성에 대한 의구심이 강했다. 이와 같은 연유로 ICBM 사업은 지지부진할 수밖에 없었다. 그러나 1952년 이후 이 같은 견해를 급격히 바꾸게 한 사건들이 잇따라 일어났다.

1951~1952년경 구소련에서 추력이 1178.8kN(265,000파운드)인 로켓 엔진을 개발했다는 소식이 전해짐에 따라 워싱턴 고위층에서도 구소련의 위협에 대항하기 위해 ICBM 계획을 서둘러 착수해야 한다는 논의가 진행되었다. 1952년에 미국이 처음으로 성공한 수소폭탄 '마이크Mike'는 액체중수Liquid D_2를 이용한 것으로 무게가 49.0톤(metric ton)이고, 액체중수를 유지하기 위한 냉각장치까지 포함하면 무게가 74.4톤이나 되는 그 자체로는 실전용과는 거리가 먼 원리 실증용이었다. 그러나 10Mt이나 되는 폭발력은 CEP가 5~6km가 되더라도

도시 같은 연표적軟標的을 효과적으로 무력화시킬 수 있으므로 페이로드 문제와는 별개로 정확도 문제는 해결이 가능해졌다. 미국의 과학자들은 이때 이미 고체핵융합연료 Li_6D를 사용하면 냉각장치 등이 필요 없는 소형 경량의 수소폭탄을 제작할 수 있다고 확신했고, 1954년 말이면 Li_6D를 사용한 수소탄을 시험할 수 있다고 보았다. 더구나 1953년, 구소련이 Li_6D를 사용한 폭발력이 400kt인 '증폭형 핵폭탄boosted fission device' 시험을 폭격기 투하로 실시함에 따라 미국은 심각한 위기감을 느끼게 되었다. 미국은 1954년에나 건식폭탄dry bomb을 시험할 계획으로 있었는데, 구소련이 미국에 앞서 건식 수소폭탄을 제조했다고 생각했기 때문이었다. 나중에 알게 되었지만 1953년 구소련의 건식폭탄은 폭발력을 더 늘릴 수 없는 '중성자 증폭형 핵분열폭탄layer-cake design'이었고, 당시 구소련은 2단-수폭 원리조차 모르고 있었다.

소형 폭탄으로도 Mt급 폭발력을 낼 수 있는 것이 거의 확실해지자 ICBM의 필요성과 개발 가능성을 평가하기 위해 조직한 '폰노이만 위원회von Neumann Committee'는 아틀라스 MX-1593의 페이로드와 CEP를 대폭 완화하고, 작은 로켓으로 재설계함으로써 빠른 시일 안에 개발할 것을 건의했다.[68] 이러한 건의에 따라 미공군 내에 'WDD (Western Development Division)'라는 탄도탄 개발을 지휘하는 비밀부서를 만들어 '버나드 슈리버Bernard Schriever' 장군이 관장하도록 했다.[69]

68) von Neumann Committee는 미 공군을 도와 ICBM 개발의 문제점을 찾아내고, 문제의 해답과 과학적인 지름길을 찾아 가장 빠른 시간 안에 ICBM을 완료하기 위해 미 공군의 연구개발차관 Trever Gardner가 조직한 위원회로 위원장인 폰 노이만의 이름을 따서 부르는 애칭이다. 다른 명칭은 'Teapot Committee'다.

69) 정규수, 『ICBM, 악마의 유혹』, (지성사, 2012), pp.122-127.

3. 탄도탄 DNA의 돌연변이

1942년 10월 3일 피네뮌데 발사장을 떠난 폰 브라운Wernher von Braun 팀의 A-4 로켓이 200km를 비행하여 예정된 해역에 낙하함으로써 전형적인 현대 로켓의 모델이 세상에 등장했다.[70][71] A-4는 페이로드, 연료 탱크, 산화제 탱크, 로켓 추진체(연소실과 노즐), 관성유도장치, 구조물과 각종 파이프 및 전선을 유선형 케이스로 감싸고, 비행궤도 조정을 위한 제트 베인Jet Vane과 공력 핀aerodynamic fin을 장착한 로켓이다. 현재의 관점에서 보자면 전자부품이나 소재 및 가공기술로는 77년 이상 뒤졌지만, 화학추진제를 사용하는 로켓의 원리나 사용한 과학기술 개념 자체는 현대식 로켓과 별반 다르지 않다. 현대식 로켓 개발은 탄도탄을 개발하기 위해 시작되었고, 냉전기간 중에는 상대방보다 먼저 더 강력한 탄도탄을 개발하기 위한 미국과 구소련 간에 승부를 겨룬 '치킨 게임'이 탄도탄 개발의 원동력이 되었다.[72]

우리가 지금 통상적으로 생각하는 다단로켓은 로켓 위에 로켓을 얹어놓은 형태의 직렬식 다단로켓이지만, 구소련의 R-7이나 미국의 아틀라스-D 같은 최초의 ICBM은 1.5단 로켓으로 알려진 다단로켓이다. R-7과 아틀라스-D는 여러 개의 로켓 또는 로켓엔진을 병렬로 장착하고 지상에서 이륙할 때 모든 엔진을 동시에 점화한다. 짙은 대기권을 벗어난 후 연료가 소진된 부스터 로켓booster rocket, 또는 소임을 마친 부스터 엔진은 먼저 투하되지만 주 로켓core rocket은 미션속도에 도달할 때까지 계속해서 엔진을 작동한다.[73] 구소련과 미

---

70) A-4는 V-2의 개발단계에서 사용한 이름이다.

71) The first V-2 and the dawn of the Space Age, http://www.donaldedavis.com/PARTS/V-2.html

72) 정규수, 『ICBM, 악마의 유혹』(지성사, 2012).

국의 설계자들은 직렬식 로켓의 직경이 훨씬 작고 간단하다는 것을 알고 있었으나 진공 중에서 자유낙하하면서 액체로켓을 점화시킬 수 있는지는 확신할 수 없었다. 따라서 지상 연소시험을 통해 확인된 방법으로 여러 개의 부스터 로켓과 주 로켓을 동시에 점화시키되 부스터 로켓의 연소가 끝난 뒤에도 주 로켓은 미션속도에 도달할 때까지 엔진이 계속 작동하도록 설계했던 것이다. 이러한 연유에서 R-7이나 아틀라스를 1.5단 로켓으로 불렀다.

같은 1.5단 로켓으로 분류되지만, R-7과 아틀라스 탄도탄은 세부적인 구조에서 차이가 있다. R-7의 부스터는 길이 19m, 최대 직경 2.68m, 무게가 43.1톤인 원추형의 R-7 8K71-0 로켓 4기를 주 로켓 R-7 8K71-1의 하드 포인트에 '애드 온 부스터add-on booster'로 장착했다. 주 로켓은 무게 95.3톤, 길이 28m, 최대 직경은 2.99m다. 한편, 아틀라스는 로켓 클러스터가 아닌 엔진 클러스터를 사용하는 로켓이다. 부스터 엔진은 2기의 XLR89-5를 사용했고, 주 엔진은 1기의 XLR105-5를 사용했다. R-7의 부스터 로켓은 자체 추진제 탱크를 갖춘 완전한 로켓이고 추진제가 소모되면 주 로켓에서 분리되지만, 주 로켓은 정해진 미션속도에 도달할 때까지 작동을 계속한다. 반면, 아틀라스는 주 엔진의 연료 탱크와 산화제 탱크를 같이 사용하는 2기의 엔진 클러스터를 부스터로 사용했다. 약 135초 정도 연소한 후 예정된 고도에 도달하면 선형작약liner charge을 사용해 부스터 엔진 2기와 터보펌프를 절단하여 투하하고, 주 엔진은 로켓이 미션속도에 도달할 때까지 최대 168초가량 더 작동한다.

사실 R-7이나 아틀라스는 과학기술자들에게는 ICBM 원리 실증용

---

73) 미션속도를 초기조건으로 자유낙하를 시작하면 로켓은 표적을 지나가는 자유낙하궤도에 진입한다는 의미다. 즉, 미션을 완수하는 데 소요되는 속도로 앞으로 '람베르트 속도Lambert velocity' 또는 요구속도required velocity라고도 할 것이다.

탄도탄이고, 정치인들에게는 정치외교용 탄도탄이며, 군부에게는 위기대처용 임시방편 무기라고 보는 것이 맞다. R-7과 아틀라스-D는 안전성, 신뢰성, 경제성 및 운용의 편리성을 모두 무시한 탄도탄이었다. 그러나 구소련이 R-7을 개발하고 미국이 아틀라스를 개발할 당시 미국과 구소련이 개발할 탄도탄의 특성을 결정짓게 되는 사건이 있었다. 미국이 1952년 실험에 성공한 2단-수소폭탄과 1953년에 구소련이 성공한 중성자 증폭형 핵분열폭탄의 특성이 미국과 구소련 로켓의 페이로드 성능을 차이 나게 만든 계기가 되었다. 이를 계기로 V-2에서 결정된 탄도탄의 DNA가 미국과 구소련에서 각기 다른 돌연변이를 일으키게 된 것이다.

1951년 9월, 당시 미국이 개발목표로 세운 아틀라스 ICBM의 초기 모델 MX-1593은 탄두질량 3.63톤(8000파운드), 직경 3.657m, 길이 36.576m, 사거리 9260km, CEP가 1.85km였다.[74] 당시에는 아틀라스 ICBM에 로스알라모스 연구소에서 개발 중이었던 '마크-18 킹Mk-18 King'이라는 폭발력 500kt, 무게 3.9톤, 직경 3.048m, 길이 3.25m인 순수한 핵분열폭탄 마크-18을 탑재하려 했던 것으로 추정된다. 이러한 요구조건을 만족하려면 7기의 엔진을 장착해야 하며 로켓 전체 무게는 220톤은 되었을 것으로 추정한다.[75] 그러나 미국은 1952년 11월 1일 실시한 '아이비 마이크Ivy Mike' 시험 성공으로 가까운 장래에 Mt급 탄두를 무게 1.5톤 미만으로 제조할 수 있다는 확신을 갖게 되었다.[76] 그 결과 CEP 요구조건은 3.7km로 완화되었고, 로켓의

---

74) Chuck Walker, *Atlas: The Ultimate Weapon* (An Apogee Books Publication, 2005), p.31. MX-1593의 사거리와 CEP에 대한 요구 사양은 계속 변했다.

75) ibid.

76) Mt는 TNT 100만 톤의 폭발력과 대등한 핵 폭발력의 단위로 1'Million tonne'의 머리글자를 따서 붙인 단위다. 1kt는 1'kilo tonne'의 머리글자로 TNT 1000톤에 해당하는 폭발력을 의미한다.

직경과 길이도 대폭 줄어 3.048m와 22.86m였으며 무게도 120톤으로 줄어들었다. 원래 7기의 엔진이 요구되었지만, 수소폭탄을 싣기로 결정하면서 엔진 수도 3기로 대폭 줄였다. 실제로 생산된 아틀라스-D의 CEP는 요구조건 3.7km보다도 훨씬 작은 1km 내외로 줄어들었고 사거리는 16700km로 늘어났다. 탑재할 탄두의 폭발력은 1.44Mt으로 거의 3배 늘어난 반면, 무게는 0.76톤 미만으로 1/5로 줄었기 때문이다.

1953년도까지는 구소련의 R-7은 3톤 무게의 핵분열폭탄을 싣고 8500km를 비행할 수 있도록 설계 목표를 정했고, 이륙질량은 대략 170~200톤이 될 것으로 예측했다. 1953년 8월 12일 구소련도 폭발력이 400kt인 RDS-6s의 시험에 성공했다. RDS-6s는 안드레이 사하로프Andrey D. Sakhrov의 구상으로 설계된 고속중성자를 이용한 증폭핵분열boosted fission 현상에 바탕을 둔 탄두였다. 1953년 말 핵개발을 관장하는 부처인 'Medium Machine Building'의 장관 비아체슬라프 말리셰프Viacheslav A. Malyshev는 사하로프에게 제2세대 수소폭탄 개념에 관한 보고서를 올리라고 지시했다.[77][78] 당시 사하로프는 RDS-6s의 무게를 늘려 개선하면 더 큰 폭발력을 쉽게 얻을 수 있다고 생각하고 필요한 탄두 수치를 건네주었고, 말리셰프는 이 수치를 가지고 로켓 개발 총책임자인 '게오르기 말렌코프Georgii Malenkov'에게 R-7의 페이로드를 원래 계획했던 3톤에서 5.5톤 내지 6톤으로 늘리라고 요구했다. 그 결과 R-7의 이륙질량은 270톤으로 늘어났고, 해면고도에서 83톤 추력의 RD-107 엔진을 사용하는 4기의 부스터 로켓과 75톤 추력의 RD-108을 주 로켓으로 하는 거대한 로켓으로 확대 설계되었다.

---

77) Asif A. Siddiqi, *Sputnik and the Soviet Space Challenge* (University Press of Florida, 2003), Gainesville, Fl, pp.128-131.

78) Andrei Sakharov, *Memoirs* (Alfred A. Knopf, Inc., 1990, New York), pp.180-190.

원래 미국이 생각했던 아틀라스나 구소련이 생각했던 R-7은 거의 동일한 무게의 핵탄두를 싣는 탄도탄이었고, 탄도탄의 무게도 거의 비슷한 200톤 근방이었다. 미국이나 구소련이나 수소폭탄 실험 성공에 힘입어 ICBM 계획이 국가 최우선순위 사업으로 추진하게 되었지만, 미국과 구소련에서 수소폭탄이 ICBM 설계에 미친 영향은 정반대였다. 처음에는 미국이 설계한 ICBM은 오히려 약간 더 크고 많은 수의 엔진을 사용했지만, 수폭 시험 후 미국 ICBM의 무게는 거의 절반으로 줄었고, 페이로드는 1/5로 줄었다. 수폭 소형화에 먼저 성공한 미국의 ICBM은 소형화 길을 걷게 된 반면, Li_6D를 이용한 증폭 핵분열 탄두를 운반하도록 개발 방향을 정했던 구소련 ICBM의 크기와 무게 및 페이로드 성능은 오히려 대폭 증가했다. 사하로프의 보고서로 구소련의 로켓은 대형화의 길을 걷게 되었지만, 정작 사하로프가 말리셰프에게 보고했던 아이디어로는 폭발력을 더 늘릴 수 없는 것으로 판명되었다.

그러나 이러한 잘못된 예측으로 인한 운반체의 대형화는 초기 우주경쟁에서 구소련을 유리한 위치에 올려놓는 계기가 되었다.[79] 사하로프와 젤도비치Yakov Borisovich Zel'dovich는 그 후 미국과 같은 열핵폭탄thermonuclear bomb 원리를 발견했고, 구소련도 작고 강력한 폭탄을 만들 수 있게 되었다. 그럼에도 구소련은 로켓 크기와 페이로드 성능을 줄이지 않았고, 그 후 같은 목적을 가진 미국 탄도탄과 비교하여 대략 2배의 페이로드 성능 차이를 유지해 왔다. 미국보다 많이 뒤떨어지는 미사일 정확도를 폭발력이 2배 이상 강력한 무거운 탄두로 정확도의 열세를 어느 정도 보완할 수 있었다. 구소련이 미

79) R-7의 페이로드가 2배로 증가함에 따라 발사대 문제가 심각한 어려움을 주었지만, 처음부터 중량급 R-7을 개발함으로써 스푸트니크와 '유리 가가린Yuri Gagarin'을 궤도 올릴 수 있었다.

국 탄도탄의 CEP에 육박하는 탄도탄을 개발할 수 있게 된 후에도 이러한 미사일 설계 경향은 바뀌지 않았고, 구소련의 와해 이후 지금의 러시아로 이어지고 있다. 1952~1953년도에 수소탄이 촉발한 돌연변이는 다음 세대로 그대로 유전된 것이다. 1959년도 이후 미국과 구소련이 개발하고 배치해온 ICBM의 성능 특성을 〈표 1-3〉과 〈표 1-4〉에 정리했다. 특히 구소련에는 한 가지 ICBM에도 여러 가지 개량형 모델이 존재하는 것이 보통이지만, 편의상 대표적인 모델을 한두 가지만 정리했다.

아틀라스-시리즈와 R-7, 미니트맨-시리즈와 UR-100 시리즈, 타이탄-II와 R-36M, 피스키퍼와 R-36M2 보이보데Voivode 등이 대척관계에 있는 ICBM들이다. 구소련이 타이탄에 대응하는 R-36을 개발했지만, 이어서 R-36을 개량한 R-36M으로 대체했다. 미니트맨-I의 페이로드는 UR-100 페이로드의 0.5배, 미니트맨-III의 페이로드는 MR UR-100의 0.43, 타이탄-II와 R-36M의 비는 0.51, 피스키퍼와 보이보데의 비는 0.44다. UR-100을 대체한 탄도탄이 MR UR-100과 UR-100NU이지만, UR-100NU은 완전히 새로운 중량급 탄도탄이다. 이것들은 초기 ICBM에서부터 30여 년에 걸쳐 진화한 ICBM이지만 대척점에 있는 구소련 탄도탄과 미국 탄도탄의 페이로드 능력은 지속적으로 2배 이상 차이가 난다.

아틀라스와 R-7에 내포된 돌연변이 'DNA'는 구소련이 와해될 때까지 ICBM 4세대에 걸쳐 탄도탄의 진화를 통제해 왔고, 지금도 러시아 탄도탄에도 지속되고 있다. 물론 소련이 와해된 후 러시아는 열악한 경제 사정을 고려해 전략무기의 가성비를 높이고 원활한 운용을 위해 대형 액체로켓 ICBM을 현대식 소형 고체로켓 ICBM으로 교체하고 있지만 한편에서는 아직도 탑재질량이 10톤에 이르는 초대

탄도탄	사거리 (km)	폭발력 (kt)	탑재질량 (kg)	CEP (m)	이륙질량 (톤)	추력 (톤)
Atlas-F	14,000	1×3750	2500	3700	122.47	174.76
Titan-II	15,000	1×9000	3700	900	149.70	193.10
Minuteman-I	10,000	1×1000	450	1000	29.50	77.10
Minuteman-III	13,000	3×335	1100	180	34.47	81.60
Peacekeeper	13,000	10×300	3900	90	87.75	224.80

표 1-3 미국 ICBM의 성능 특성

탄도탄	사거리 (km)	폭발력 (kt)	탑재질량 (kg)	CEP (m)	이륙질량 (톤)	추력 (톤)
R-7	8000	5000	5400	3700	276.0	398.1
R-36 (붉은 타이탄)	10,200	1×10,000	5835	900	180.0	241.3
UR-100 (붉은 미니트맨)	13,000	1×1200	900	1100	42.3	80.03
R-36M	16,000	1×24,000	7250	350	209.6	400.0
UR-100NU	10,000	6×750	4350	220~380	103.4	208.0
MR UR-100	10,320	4×550	2550	455	45.1	90.8
R-36M2 Voivode	15,000	10×750 1×20,000	8800	250	211.0	454.0
Topol-M	10,500	550	1200	350	47.2	90.8

표 1-4 구소련 ICBM의 성능 특성. 구소련 ICBM은 한 가지 ICBM도 여러 가지 다른 모델이 존재하기 때문에 간략한 표로 정리하기 위해 대표적인 한두 가지 모델만 제시했다.

형 슈퍼 ICBM 'RS-28 사르마트'를 개발하고 있다. 참으로 초대형 ICBM의 마력에서 벗어나기 힘든 모양이다.

제5장

공포에 의해 추진되는 탄도탄의 기술 변천

1. 미사일 갭 아메리칸 스타일[80]

인간사를 포함한 자연계에서 일어나는 모든 거시현상은 인과율因果律을 따르고, 작용에는 반드시 반작용이 따른다. 미사일 경쟁에서 작용-반작용이 처음으로 나타난 사건은 '스푸트니크 위성Sputnik Satellite' 발사였다. 1957년 10월 4일 구소련은 스푸트니크라는 인공위성을 지구 궤도에 쏘아 올렸고, 위성은 전 세계 아마추어 무선사들이 다 들을 수 있는 20.005MHz와 40.002MHz 주파수로 "삐~삐~삐~" 하는 소리를 22일간이나 방송했다. 아이젠하워Dwight D. Eisenhower 대통령은 스푸트니크를 대수롭지 않게 보았다. 그러나 이러한 견해는 너무 안일한 생각이었음이 곧 드러났다. 평소 후진국으로 무시했던 구소련이 미국보다 먼저 83.6kg이나 되는 위성을 발사했다는 사실 자체가

80) 정규수, 『ICBM, 악마의 유혹』 (지성사, 2012), pp.20-23. 기술 변천 과정 설명에 필요하다고 판단해 이 책 20~23쪽 내용 중 일부를 인용했다.

미국과 서방세계에 미치는 심리적인 충격을 간과했던 것이다. 시민들은 낙담했고, 정치권은 앞다퉈 정부의 무능과 안이한 대처를 규탄했다. 사실 구소련 지휘부도 코롤레프가 위성을 발사했을 때 별로 대수롭지 않게 생각했다. 하지만 하룻밤 자고 나니 서방세계가 스푸트니크 충격으로 공황상태에 빠진 것을 보고 ICBM보다도 인공위성이 더 좋은 선전효과가 있다는 것을 깨달았다. 미국과 서방세계가 갈피를 잡지 못하고 우왕좌왕하는 사이 구소련은 라이카Laika라는 모스크바의 떠돌이 개를 태운 502kg 무게의 스푸트니크-2호를 발사했다.[81] 이것은 미국이 국제 지구물리의 해 57-58(IGY 57-58: International Geophysical Year 57-58)에 발사하려는 '뱅가드 위성Vanguard satellite'의 1.47kg에 비해 340배나 되는 엄청난 무게였다.

사실 코롤레프 팀은 스푸트니크 발사를 44일 앞선 1957년 8월 21일 R-7의 네 번째 발사에서 캄차카 상공까지 비행하는 데 성공했다. '니키타 흐루쇼프Nikita Khrushchev' 소련 수상은 소련은 ICBM 개발에 성공했다고 발표했지만, 공포에 질려야 할 서방세계는 대수롭지 않게 받아들였다. 그저 또 하나의 흐루쇼프 허풍이라고 생각한 것이다. 그러나 스푸트니크 1, 2호로 인해 흐루쇼프의 말을 모두 사실로 받아들였고, 미국과 서방세계는 갑자기 '미사일 갭missile gap'이라는 공황상태에 빠지게 되었다. 이 후 한동안 미국은 구소련의 미사일 전력Missile Force이 양과 질 모든 면에서 미국을 크게 상회한다고 믿었다. 1958년 대통령 선거유세에서 '존 F. 케네디John F. Kennedy'는 소련에 대한 아이젠하워 정부의 미사일 군사력 열세를 꼬집기 위해 처음으로 '미사일 갭'이라는 단어를 사용했다. 사실 미사일 갭은 미 '대통령과학자문위원회President's Science Advisory Committee' 산하의 '안보자원 패널

81) 정규수, 『로켓, 꿈을 쏘다』(웅진씽크빅, 2010), pp.151-179.

Security Resources Panel'이 작성한 「핵시대의 억지수단과 생존Deterrence & Survival in the Nuclear Age」이라는 보고서에서 구소련은 ICBM 기술과 전력에서 미국을 이미 능가했다고 기술한 데서 비롯됐다고 본다.82) 이 보고서는 보고서를 작성한 전문위원 패널의 위원장이었던 '호레이스 게이서Horace Rowan Gaither'의 이름을 본떠 '게이서 보고서Gaither Report'로도 불린다. '게이서 보고서'의 소련 ICBM에 대한 과대평가와 스푸트니크 위성이 상승효과를 일으키면서 공포의 미사일 갭을 만들었던 것이다. 그러나 실상은 그 반대였다. 사실 OKB-183)의 코롤레프 팀은 RV 개발이 지연되어 R-7은 1960년 1월이 되어서야 실전 배치될 수 있었던 반면, 미국은 소련보다 이른 1959년 9월 3기의 아틀라스-D를 반덴버그 공군기지의 지상 발사대에 배치할 수 있었다. 아이젠하워 정부는 '미사일 갭'이 실체가 없다는 사실을 어느 정도 파악하고 있었지만, 언론과 시민 및 정치권의 불안을 막을 수는 없었다.

미사일 갭의 실체에 상관없이 1957년 말에서 1960년까지 미국과 서방세계에서 '미사일 갭'은 현실이었고, 어떠한 대가를 치르더라도 극복해야 하는 대상이었다. 이러한 미국에 미사일 갭을 역전시킬 획기적인 방안을 가지고 나타난 인물이 있었다. 그는 WDD의 슈리버 장군 휘하에서 '소어Thor' IRBM을 개발하던 '에드워드 홀 대령Col. Edward N. Hall'이었다. 홀 대령은 아틀라스에 비해 훨씬 작고, 가볍고, 생산 및 운용비가 훨씬 적은 고체로켓 ICBM '미니트맨'을 구상했다. 홀이 구상한 미니트맨은 발사명령을 받으면 몇 분 내에 수백 기를 모두 발사할 수 있는 미사일 시스템이었다. 이러한 미사일은 반영구

82) Security Resources Panel of President's Science Advisory Committee, "Deterrence & Survival in the Nuclear Age", p.4: http://www.gwu.edu/~nsarchiv/NSAEBB/NSAEBB139/nitze02.pdf

83) OKB-1은 수석 설계사chief designer 코롤레프가 ICBM과 인공위성을 개발하던 미사일 설계국 이름이다. OKB-1은 'Opytnoye Konstruktorskoye Buro-1'의 머리글자로 지금은 'RSC Energia'라 한다.

적으로 회전을 지속할 수 있는 자이로를 탑재한 고체로켓이어야 했다. 액체추진제보다 밀도가 높고 연소속도가 빠른 고체로켓은 동급의 액체로켓에 비해 소형 경량이고, 움직이는 부품 수가 적어 생산이 용이하므로 생산비가 저렴하다. 미사일의 '비가동시간downtime'을 줄이고, '경계시간alert rate'을 최대로 늘리기 위해서는 고장 난 미사일은 예비 미사일로 즉시 교체하고, 교체된 미사일은 공장으로 보내는 방법을 제시했다. 지표면에 세워두는 아틀라스의 취약성을 제거하여 미니트맨을 사보타주나 적의 공격으로부터 미사일의 생존력을 강화하기 위해 각 ICBM은 'LF(launch facility)'라고 하는 견고한 무인 지하 사일로underground silo에 1기씩 배치하도록 했다.[84] 홀은 부대 운용비를 줄이는 방안으로 2인 1조로 발사요원이 상주하는 '발사통제실(LCC: Launch Control Center)'에서 10기의 LF를 하나로 통합하여 관리하도록 구상했다. 하나의 LF 산하에서 관할하는 10기 미사일이 하나의 '미사일 중대Flight'로 구성하고 5개 중대를 묶어 하나의 '미사일 대대 Squadron'로, 3개의 대대를 묶어 하나의 '미사일 연대Wing'로 구성했다. 적이 선제공격을 할 경우 하나의 탄두가 하나 이상의 LF를 파괴하지 못하도록 LF와 LF 사이는 최소 5km, LF와 LCC 사이는 최소 8km, LCC와 LCC 사이는 20km 이상 떨어지게 배치했다. 이러한 고체 미사일 미니트맨의 공식 명칭은 LGM-30이다. 홀은 미니트맨을 거의 혼자서 개략적인 설계를 했고 미사일 배치 및 운용 개념을 세웠다. 홀의 최종 목표는 미사일을 1000기씩 배치한 '미사일 농장 missile farm'을 여러 개 운용함으로써 '미사일 갭'을 일거에 날려버리는 것이었다. 처음에는 홀의 아이디어를 탐탁지 않게 여기던 공군이나

84) 아틀라스나 R-7은 구조가 연약하고 직경이 너무 커서 지하 사일로에서 발사하는 것은 불가능했다. 아틀라스의 후기 모델은 '관coffin'이나 지하 사일로에 보관했지만 발사는 지상에 세워놓고 할 수밖에 없었다.

국방부도 슈리버와 홀의 주장에 동의하여 1958년 9월 미니트맨 개발을 긴급 프로젝트로 추진하기로 했다. 불과 4년이라는 짧은 기간의 개발 과정을 거쳐 미니트맨은 1962년 10월 22일 미니트맨-IA 10기가 '맴스트롬Malmstrom' 공군기지에 배치되어 '쿠바 위기Cuban crisis'를 겪고 있던 케네디 대통령에게 큰 힘이 되었다.

1964년 12월 11일 홀 대령이 상상했던 수천 기의 미니트맨은 아니었지만, 미국은 1000기의 미니트맨을 배치하기로 최종 결정했다. 이는 '가상의 미사일 갭'에 대한 미국의 반응reaction이었으며 앞으로 반복될 유사한 작용-반작용 사이클의 시작이었다. 미사일 갭을 타개하는 방법으로 개발된 미니트맨은 시간에 쫓겨 몇 가지 제작상의 결함이 내재된 채로 배치되었지만, 정치인의 미사일이 아닌 실제로 군이 요구하는 성능을 갖춘 '군의 탄도탄' 모델로 탄생한 것이다. 기술적 결함을 제거하고 몇 번의 대대적인 개량과 수명 연장 프로그램을 거쳐 57년이 지난 지금도 미국을 지키는 유일한 ICBM으로 거듭난 탄도탄이 바로 미니트맨이다.

2. 미사일 갭 소비에트 스타일[85)]

1950년대에 들어서서 미국과 구소련 사이에 군사적 긴장이 계속 높아지는 가운데 구소련 수뇌부 입장에서 보면 미국과 NATO가 구소련 주변에 배치한 핵폭격기는 물론 중거리 미사일에 엄청난 공포를 느꼈을 것이다. 1957년부터 소련 수상 흐루쇼프는 ICBM을 소시지 뽑듯 생산하고 있다고 큰소리쳤지만, 실상은 1960년 초까지

85) 정규수, 『ICBM, 악마의 유혹』(지성사, 2012), pp.24-27에서 부분적으로 발췌했다.

ICBM 개발이 끝나지도 않았다. 구소련은 미국과 NATO에 포위되어 있고, 수도 모스크바는 국경에서 1000km 이내에 있으므로 영국과 이태리, 터키에 배치된 소어Thor나 주피터Jupiter 중거리 탄도탄의 사거리에 놓여 있다. 더구나 구소련을 포위하고 있는 NATO 기지에서 출발한 폭격기들은 언제든지 구소련 깊숙이 침투할 수 있었고, 미국이 초긴급 프로젝트로 개발한 제2세대 탄도탄 미니트맨을 대량으로 배치할 기세를 보이자 모스크바의 고민은 이만저만이 아니었을 것이다. 미니트맨 이전에도 ICBM은 수적으로 미국에 비해 열세였는데, 미니트맨이 대량 배치되던 1963년에는 ICBM의 양과 질 모든 면에서 격차가 급격히 벌어지게 되었다. 미국은 값비싼 미사일을 소량 배치할 것이라는 흐루쇼프의 기대와는 달리 값싸고 생존성이 높은 미니트맨을 대량으로 배치하기 시작했다. 더구나 구소련 ICBM 필드를 공격목표로 삼을 수도 있다는 맥나마라Robert McNamara 미국방장관의 연설이 알려지면서 공황상태에 빠질 수밖에 없었다. 이것이 '미사일 갭 소비에트 스타일Missile Gap Soviet Style'이다.

같은 상황을 미국에서 보면 '미사일 갭 아메리칸 스타일'이 되고, 구소련 측에서 보면 '미사일 갭 소비에트 스타일'이 된 것이다. 잘못된 정보와 정보 부재가 빚은 공황상태다. 〈그림 1-3〉에서 보듯이 1960년에서 1965년까지는 미국은 ICBM 및 SLBM(Submarine Launched Missile) 전력에서 구소련에 뒤진 적이 한 번도 없었다. 실제로 1961년 미국이 배치한 전략탄도탄과 전략폭격기 수는 각각 137기와 1500기 이상, 소련이 배치한 전략탄도탄과 전략폭격기 수는 67기와 133기로 미국이 압도적으로 우세했다.86) 1962년에는 핵미사일 차가 미국 347기와 구소련 108기로 더욱 벌어졌다. 미국이 직면하고, 해결했던 미

86) 정규수, 『ICBM, 그리고 한반도』 (지성사, 2012), p.135.

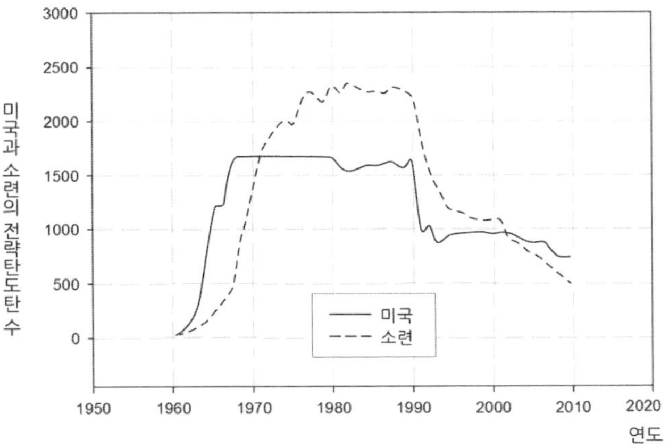

그림 1-3 미국과 소련의 전략탄도탄 수의 연도별 증감 도표[87)]

사일 갭은 사실 있지도 않았던 가상의 위협이었지만, 같은 시기에 구소련이 느낀 미사일 갭은 실재했던 미사일 전력과 핵전력의 불균형이었다.

1962년 2월 흐루쇼프는 흑해에 있는 피춘다Pitsunda에서 구소련이 당면한 미사일 갭을 타개하기 위해 군 원로들과 대책회의를 갖고 상호보완적인 4종류의 미사일을 개발하기로 결정했다. 첫째, 미니트맨과 동급의 고체연료 미사일을 개발하여 미니트맨과 같은 수량을 배치한다. 둘째, 미국의 중량급 미사일 타이탄-II와 맞먹는 중형 미사일을 개발하여 미국 타이탄-II의 위협을 상쇄한다. 셋째, 북미 방공사령부 같은 요새를 무력화하기 위한 100Mt급 황제폭탄을 탑재하는 '초중량급 ICBM'을 개발한다. 마지막으로, 부분궤도fractional orbit를 이용하여 미국을 남쪽에서 공격하는 세계미사일Global Missile을 개발

87) ibid., p.134.

한다. 이와 같은 계획이 성공하면 미사일 전력의 우위는 구소련으로 돌아가겠지만, 개발에는 적어도 5~10년은 필요하고 그동안 미국과 구소련의 격차는 더욱 벌어질 것이기 때문에 당면한 위기를 탈출하는 데에는 아무런 도움도 안 되었다.[88]

이러한 답답한 상황에서 탈출할 수 있는 뜻밖의 기회가 흐루쇼프에게 찾아왔다. 당시 미국의 침공을 두려워하던 쿠바는 구소련에 방어용 미사일을 요청했고, 이에 대해 흐루쇼프는 중거리 핵미사일을 배치해주겠다고 역으로 제안했으며 피델 카스트로Fidel Castro는 이를 받아들였다. 만약 쿠바에 수십 기의 중거리 탄도탄 R-12와 R-14를 미국 몰래 배치할 수만 있다면 미국은 완전히 구소련 손아귀에 들어가게 된다. 이래서 시작된 작전이 쿠바 위기를 몰고 온 '아나디르 작전Operation Anadyr'이다. 이 작진이 성공하면 흐루쇼프는 케네디 정부에 미국 전역이 구소련 중거리 탄도탄의 사거리 안에 들었음을 통고하고, NATO에 배치한 핵전력을 철수하라고 요구할 심산이었다. 그러나 작전이 성공하기 며칠 전에 U2 정찰기에 의해 미사일이 촬영됨으로써 미소 간의 정면 대결로 치닫는 쿠바 위기가 발발하게 되었다. 해상 봉쇄가 이루어지기 전에 구소련은 총 158발의 핵탄두와 42기의 R-12 및 R-12의 핵탄두가 이미 반입된 상태였다. 당시 구소련이 미국을 공격할 수 있는 전략탄두 수는 최대 300여 발로 추정되었기 때문에 쿠바에 반입된 탄두 158발은 결코 적은 수가 아니었다. 하지만 당시 미국은 3000여 발의 핵폭탄을 보유하고 있었고, 이 핵폭탄들을 탑재하는 전략폭격기 1300여 기와 327기의 전략탄도탄 탄두를 보유하고 있었다.[89] 이와 같이 핵전력 전반에서 절대적인 열세였던 구소련은 마지막 순간에 모든 미사일을 철수함으로써 군사적

88) ibid., pp.179-188.

89) Pavel Podvig edited, *Russian Strategic Nuclear Forces* (MIT Press Paperback Ed., 2004), p.5.

대결은 끝이 났다. 미국과 구소련의 전략탄두 비는 대략 11 : 1, 총 핵탄두 수의 비는 27000 : 3000으로 9 : 1의 비율로 미국의 압도적 우세였다. 쿠바 미사일 위기는 구소련으로서는 받아들이기 힘든 치욕적인 패배였다. 1962년 쿠바 사태는 구소련에 두 가지 변화를 초래했다. "첫째는 쿠바 위기를 통해 그간 끊임없이 제기되던 전략무기 유용성에 대한 논쟁을 일거에 잠재웠다. 초강대국들의 대결에서 전략무기의 중요성을 뼈저리게 느꼈고, 이 과정에서 전략로켓 군에 대한 불만과 질시가 사라졌다. 둘째, 쿠바 위기를 계기로 군사력의 미래 목표는 미국과 동등 이상의 전략미사일 전력을 구축하는 것으로 결정했다."[90]

거의 성공할 뻔했지만, 결국 아나디르 작전은 실패로 끝났다. 쿠바에서의 실패는 흐루쇼프에게는 개인의 몰락을, 구소련에는 더없는 치욕을 안겨주었다. 쿠바 위기를 겪으면서 구소련은 미국을 따라잡고 우위를 점하는 방법으로 미국의 미니트맨을 질과 수량에서 1 : 1로 대응하는 '붉은 미니트맨Red Minuteman' UR-100을 개발하고, 타이탄-II에 맞먹는 '붉은 타이탄Red Titan' R-36을 개발해 타이탄-II의 위협을 상쇄하고, 미국의 어떠한 미사일보다 강력한 '슈퍼 타이탄'과 '궤도폭탄Fractional Orbital Bomb'을 개발하기로 결의했다. 이러한 결정이 어떻게 구소련의 전략미사일 수를 변화시켰는지 〈그림 1-3〉에서 극명히 보여주고 있다. 미국의 전략미사일 수는 1967년부터 1979년까지는 1054기로 일정한 데 비해 구소련의 미사일 수는 1970년 이후 급격히 증가했다. 1965년에 281기에 그쳤던 구소련의 ICBM은 1970년에는 1472기로 급격히 증가했다. 여기에 더하여 구소련은 모스크바 주위에 대미사일 방어망(ABM: antiballistic missile)을 구축했다.

90) 정규수, 『ICBM, 그리고 한반도』(지성사, 2012), pp.187-188.

한편, 1965년 미니트맨-II가 배치되는 시점에 미국은 854기의 ICBM을 보유하고 있었으며 1967년 미니트맨-II 배치가 완료될 때는 1054기의 ICBM을 보유하게 되었다.

1963년에서 1967년 기간 중에 ICBM 이외의 구소련 군사력도 급격히 팽창했다. 따라서 미국이 스스로 충분할 것으로 정해놓은 ICBM 상한선인 1054기로는 급증하는 구소련 내 표적 수를 감당할 수 없게 되었다. 하지만 설사 미국과 구소련 중 어느 한 나라가 다른 나라보다 전략무기가 더 많다 해도 선제공격으로 1000기 이상의 ICBM과 바닷속을 누비는 잠수함에 탑재한 SLBM과 세계 도처에 분포한 폭격기를 동시에 모두 무력화시킬 수는 없다. 따라서 양국이 전략미사일을 대량으로 보유하고 있는 경우, 어느 한 국가가 선제공격을 당하더라도 생존한 핵무기로 상대방을 파멸시키기에 충분한 보복공격을 할 수 있다. 선제공격을 한 후에 치명적인 보복공격을 피할 수 없다면 선제공격은 할 수 없을 것이다. 이것이 '상호확증파괴(MAD: mutual assured destruction)'에 의한 공포의 밸런스(BOT: balance of terror)에 근거한 억지력deterrence의 본질이다. MAD 자체는 반인륜적인 개념이지만, 그 자체는 상당히 안정된 개념이다.

3. 탄도탄 DNA의 두 번째 돌연변이: 다탄두 미사일

1950년대 중반부터 MAD의 안정성을 깨는 조짐이 나타나고 있었다. 미국과 구소련은 다 같이 탄도탄 방어미사일을 연구하기 시작했다. 스푸트니크 발사 이후 구소련 ICBM에 대한 대응으로 미국은 '나이키 제우스Nike Zeus' 시스템을 개발하기에 이르렀다. 제우스Zeus-B 미사일의 유효사거리는 135km, 최고고도는 280km로, 폭발력 400kt의

W-50 탄두를 장착하여 고고도에서 재돌입체를 요격하도록 설계했다. 그러나 제우스 시스템의 효용성에 문제가 있어 1963년 맥나마라 장관은 제우스 시스템을 폐기했다.

한편, 구소련의 A-35 시스템은 사거리 300km의 A-350 갈로쉬 Galosh 미사일에 탑재한 폭발력이 2~3Mt인 대형 수폭으로 여러 개의 RV를 한꺼번에 파괴한다는 개념이었다. 가뜩이나 구소련 ICBM 수가 급격히 증가함에 따라 미국의 불안이 고조되는 시점인 1967년경부터 구소련에서 모스크바 주위에 미사일 방어망 A-35를 구축하는 움직임이 확인되었다. 미국은 1054기의 ICBM으로는 늘어나는 UR-100을 포함한 구소련 내의 표적을 모두 커버하기에는 역부족인 상황에 직면하게 되었다. 더구나 ICBM과 SLBM으로 커버할 수 있는 표적도 RV가 구소련의 ABM을 뚫고 들어갈 수 있는지도 의심스럽게 된 것이다. 이러한 상황에서는 더 이상 MAD가 보장되지 않을뿐더러 공포의 균형 역시 깨질 수 있다. 당연히 자국이 열세에 놓였다고 판단한 미국은 자국의 안위를 구소련의 아량에 맡기는 대신 MAD를 보장하기 위해 또는 더 우위에 서기 위해 공격적으로 미사일 전력을 증강하려 하는 한편, ABM 돌파 방법을 찾아야 했다.[91] 미국은 다시 한 번 '미사일 갭'에 봉착하게 된 것이다.

제2차 미사일 갭을 타개하려면 미국은 늘어나는 주요 표적을 커버하기 위해 전략미사일로 운반되는 크고 작은 폭발력을 가진 탄두 수를 대폭 늘리고 자국의 주요 거점을 방어하기 위한 ABM을 구축해야 했다.[92] 그러나 ABM의 실효성에서 의문이 제기되었고, 스스로 정해놓은 ICBM 수와 거의 고정된 SLBM 수를 늘리는 것은 어느 정권도 결정하기 쉽지 않은 엄청난 정치적 부담을 감수해야 하는 문

---

91) 정규수, 『ICBM, 악마의 유혹』 (지성사, 2012), pp.201-203.

92) ibid., pp.199-226: 관심 있는 독자들에게 권한다.

제가 있었다. 이러한 딜레마에서 빠져나오는 방법으로 제안된 것이 독립적으로 유도되는 '다탄두(MIRV: multiple independently targetable reentry vehicle)' 미사일이다. 지금까지는 1기의 미사일에 1발의 탄두를 적재해온 것에 비해, 다탄두 미사일은 하나의 미사일에 3 또는 그 이상의 독립적으로 유도되는 RV를 탑재하는 것이다.[93)]

현재 보유한 전략탄도탄처럼 하나의 탄도탄에 하나의 RV만 탑재하는 대신 여러 개의 RV를 탑재한 다탄두 탄도탄으로 전환함으로써 현재 보유한 탄도탄의 수를 늘리지 않고도 탄두 수를 몇 배로 늘릴 수 있다. 기존 탄도탄에 탑재한 하나의 탄두를 여러 개의 RV를 장착한 PBV(post boost vehicle)라는 일종의 탄두버스로 교체함으로써 다탄두 탄도탄으로 개조할 수 있었다. 즉, MIRV 개념은 탄두 수를 증식시키는 획기적인 방안으로 당시 미국의 기술로도 즉시 개발이 가능하고 일거에 탄두 수를 몇 배로 늘릴 수 있는 경제적인 방법이었다. 뿐만 아니라 한 미사일에서 분리된 MIRV라도 시차를 두고 표적에 도착하게 함으로써 ABM을 돌파할 수 있다는 확신도 가질 수 있었다.

이렇게 장점이 뚜렷하고 ABM과 미사일 수보다 많은 표적 문제를 한꺼번에 해결할 수 있는 방법이 MIRV 개념이지만, 아무런 저항 없이 채택되진 않았다. 첫째는 폭발력이 큰 탄두와 많은 수의 미사일을 원하는 전략공군이 제동을 걸었다. 둘째는 미국이 MIRV 미사일을 배치하면 구소련도 미국보다 대형인 자국 미사일을 MIRV화할 것이라는 우려였다. 미국이 수소폭탄을 개발할 때도 많은 사람들이 반대했고 MIRV 탄도탄을 개발할 때도 많은 반대가 있었다. 반대의

93) 1964년 9월부터 작전에 들어간 폴라리스 A3(Polaris A3)에는 독립적으로 유도되지는 않지만 ABM이 요격하기 힘들게 하는 3개의 MRV(Multiple Reentry Vehicle)가 탑재되었다. 미국에서 MRV가 탑재된 경우는 폴라리스 A3가 유일하다.

근거는 미국이 개발하면 구소련도 자극받아 같은 전략을 채택할 경우 미국이 더 위험해진다는 논리였다. 그러나 실상은 미국과 무관하게 구소련도 전력을 다해 수폭을 개발하고 있었고, 기술이 허용하는 대로 미국과 상관없이 MIRV도 개발할 것이기 때문에 미국이 안 하면 구소련도 안 할 것이란 생각은 근거 없는 희망이었을 뿐이다.

찬반 의견대립이 이어진 가운데 다탄두 미사일을 채택하되 미니트맨-II의 3단을 대형화한 '미니트맨-III'를 새로 개발하기로 결정했다. 미니트맨-III의 페이로드는 1.15톤이고, 170kt급 W-62/Mk-12를 3기씩 탑재한다.

긴 사거리와 1.2Mt급 탄두를 한 기씩 탑재한 미니트맨-II 500기와 타이탄-II 54기는 그대로 유지함으로써 공군의 의견도 존중해주었다. 해군에서는 모스크바의 ABM을 돌파하기 위한 '대응수단countermeasure'으로 MRV와 여러 가지 모형탄두 및 레이더 교란장치를 연구했지만, 어떠한 대응책보다도 더 좋은 대응책은 MIRV라는 결론을 얻었다. 미 해군은 '포세이돈Poseidon'이라는 새로운 다탄두 미사일을 기존 폴라리스 잠수함의 개조한 발사튜브에 탑재하기로 최종 결정했다. 포세이돈에는 최대 14발의 40~50kt급 W-68/Mk-3를 탑재할 수 있으나 작전 모델에는 10기를 탑재했다.[94] 〈그림 1-4〉는 미국과 구소련의 전략탄두 수를 연도별로 그린 도표다. 1970년 3기의 W-62를 장착한 미니트맨-III가 작전 배치되기 시작했고, 이어서 1971년부터는 10기 또는 14기의 W-68을 탑재한 포세이돈Poseidon C3가 31척의 폴라리스 잠수함에 배치되기 시작했다. 그 결과 〈그림 1-4〉에서 보듯 미국 탄두 수는 급격히 늘어났고, 미국 미사일의 MIRV화에 대한 반작용으로 구소련이 자국의 ICBM과 SLBM을 MIRV화했던 것을

94) 14기를 탑재하면 MIRV 기능은 발휘할 수 없는 MRV가 된다.

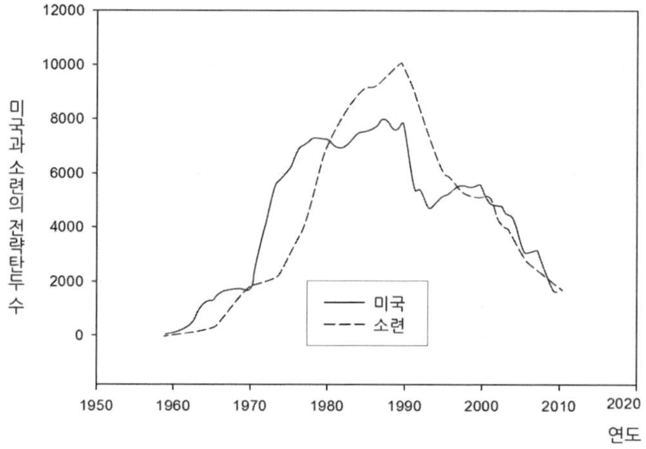

그림 1-4 미국과 소련의 전략탄도탄이 운반하는 탄두 수의 연도별 변화95)

알 수 있다.

미국의 미니트맨-I/II와 구소련의 UR-100과 같이 소형 경량화하여 대량 배치한 탄도탄이 제2세대 전략미사일을 대표하며, MIRV화된 탄도탄을 제3세대 탄도탄이라고 칭할 수 있다. 제3세대 미사일이 배치되면서 운반할 수 있는 탄두 수는 필요한 양의 몇 배로 증가하여 미국이나 구소련은 군축회담을 심각하게 생각하게 된다. 1970년대 말까지 미국 전략미사일의 MIRV화 작업이 완료되었고, 그 이후에는 미사일의 양과 질 거의 모든 면에서 별 변화가 없는 시기였지만, 미국보다 MIRV화가 6~7년 늦은 구소련은 1980년대 중반까지 MIRV 미사일을 계속 배치했다. 전략미사일이 배치된 지도 20년 이상 되었고, 그간 수많은 시험과 운영을 통해 설계, 제작, 부품, 통신 등 전 분야에 걸친 기술이 성숙한 단계에 진입하여 미사일의 신뢰도

95) 정규수, 『ICBM, 그리고 한반도』 (지성사, 2012), p.142.

도 90% 이상으로 향상되었다. 그 결과 미사일의 CEP도 훨씬 개선되어 과거에 특정 표적을 제거하기 위해 수Mt 폭발력을 가진 탄두가 소요되었으나 300kt 전후의 탄두로도 같은 효과를 얻는 단계에 도달했다. 미국과 구소련은 이러한 성숙한 기술을 바탕으로 더욱 안전하고 신뢰도 높은 정밀한 제4세대 미사일을 연구하기 시작한 것이 1970년대 말이다. 미국은 1980년대 말에 '피스키퍼Peacekeeper'와 '트라이던트-II D5' 두 종류의 제4세대 미사일을 배치한 데 비해 구소련은 R-36M2, UR-100NUTTH, RT-23UTTH 등 제4세대 ICBM과 R-39 및 R-29RM 등 4세대 SLBM을 잠수함에 배치했다.

미국은 1990년 이후 새로운 전략미사일을 배치한 적이 없는 데 비해 구소련은 다양한 전략미사일을 선보였다. 토폴-M, 야르, 시네바Sineva, 라이네르 및 불라바 등 5세대 탄도탄이 1997년 이후 배치되었고, 괴물 ICBM RS-28 사르마트가 곧 배치될 것이다. 제5세대 미사일은 시네바와 불라바처럼 SLBM이거나 토폴-M이나 야르처럼 '야지 이동식field mobile' 미사일이란 점이다. 지금 현재 탄도미사일은 거의 기술적 한계에 도달해 있는 것이 사실이다. 앞으로 전략탄도탄의 발전 방향은 사르마트와 같이 종말유도되는 기동성 RV인 Yu-71 극초음속 글라이더를 탑재하거나, 재래식 탄두를 탑재하고 '초정밀' 정밀도를 갖거나, 실시간으로 표적을 찾아가는 이동표적 파괴용 기동성 탄두를 장착한 미사일이 대세가 될 듯하다.96)

---

96) Committee on Conventional Prompt Global Strike Capability, *U.S. Conventional Prompt Global Strike* (The National Academies Press, Washington, D.C., 2008).

2부

자유낙하궤도와 람베르트 문제

제 1 장

역제곱 중력장에서 자유낙하 문제

1. 편평 지구 중력장에서 탄도탄의 자유낙하궤도

제1장에서 탄도탄의 궤도를 소개하면서 우리는 〈그림 1-1〉을 예로 들었다. 만약 지구가 편평하고 중력은 물체를 항상 아래쪽 수직으로 일정한 세기로 끌어당긴다고 가정하면 지표면은 검은 점선이 아니라 x-축과 같고, 중력가속도는 z-축에 평행하고 크기가 일정한 벡터 $\vec{g}=-g\hat{z}$가 된다. 세기와 방향이 일정한 중력이 작용하는 경우 $\vec{v}_0=(v_0\cos\gamma_0, v_0\sin\gamma_0)$로 좌표계 원점 $\vec{r}_0=(0,0)$에서 발사된 물체의 운동방정식 $d^2\vec{r}/dt^2=-\vec{g}$는 2차원 직교좌표계에서는 다음과 같이 간단하게 쓸 수 있다.

$$\begin{cases} \dfrac{d^2x}{dt^2} = 0 \\ \\ \dfrac{d^2z}{dt^2} = -g \end{cases} \tag{2-1}$$

여기서 g는 상수 값을 가진다. 만약 지구에 대기가 없고, 사거리 S_F에 비해 지구 반경 r_E가 $s_F \ll r_E$인 경우 식 (2-1)은 실제 탄도 방정식의 정확한 근사식이 된다. 이와 같은 경우 운동방정식은 간단히 적분되므로 다음과 같은 일반해를 얻을 수 있다. 로켓이나 포탄 같은 물체에 작용하는 추진력이 $t = t_{co}$에서 종료된다고 가정하면, $t \geq t_{co}$에서 물체의 운동방정식은 다음과 같은 해를 가진다.[1)]

$$\begin{cases} \dot{x}(t) = \dot{x}(t_{co}) \\ \dot{z}(t) = \dot{z}(t_{co}) - g(t - t_{co}) \end{cases} \tag{2-2}$$

$$\begin{cases} x(t) = x(t_{co}) + \dot{x}(t_{co})(t - t_{co}) \\ z(t) = z(t_{co}) + \dot{z}(t_{co})(t - t_{co}) - \dfrac{1}{2}g(t - t_{co})^2 \end{cases} \tag{2-3}$$

식 (2-2)와 (2-3)은 4개의 임의적분상수 $x(t_{co})$, $z(t_{co})$, $\dot{x}(t_{co})$, $\dot{z}(t_{co})$를 포함하고 있으므로 $x-z$ 평면상에서 존재하는 무수히 많은 포물선을 나타낸다. 우리가 미분방정식의 해를 구할 때는 보통 초기조건으로 적분상수 값을 결정한다. 초기조건에 의해 적분상수가 정해지면 물체의 운동경로인 포물선이 유일하게 결정된다. 〈그림 1-1〉 같이 초기조건을 정하면 다음과 같은 포물선궤도와 포물선상의 임의 점에서 속도를 구할 수 있다. 만약 co 점을 좌표계의 원점 (0,0)으

1) 아래 식에서 $\dot{x}$는 dx/dt를 나타내는 것으로 한다.

로 잡고 표적점도 x-축 위에 한 점 $\mathrm{T}=(\mathrm{S_F},0)$로 잡으면, $t_{co}=0$, $\dot{x}(0)=v_0\cos\gamma_0$, $\dot{x}(0)=v_0\sin\gamma_0$이 되므로 운동방정식은 다음과 같이 유일하게 결정된다. γ_0는 연소종료 위치에서 속도벡터 $\vec{v}_0$가 국지수평면과 만드는 '비행경로각flight path angle'이다.

$$\begin{cases} x(t)=t\,v_0\cos\gamma_0 \\ z(t)=t\,v_0\sin\gamma_0-\dfrac{1}{2}gt^2 \end{cases} \tag{2-4}$$

$$\begin{cases} \dot{x}(t)=v_0\cos\gamma_0 \\ \dot{z}(t)=v_0\sin\gamma_0-gt \end{cases} \tag{2-5}$$

식 (2-4)에서 표적지점에서 $z(t_\mathrm{F})=0$이고, $\mathrm{S_F}=t_\mathrm{F}\,v_0\cos\gamma_0$이다. 여기서 t_F는 원점에서 표적까지 비행시간을 의미한다. 이 두 조건에서 비행시간 t_F를 소거하면 사거리 $\mathrm{S_F}$와 속력 v_0 사이의 관계식을 구할 수 있다.

$$v_0=\sqrt{\frac{\mathrm{S_F}\mathrm{g}}{\sin(2\gamma_0)}} \tag{2-6}$$

여기서 식 (2-6)은 비행시간 t_F에 무관하게 성립하는 듯 보인다. 사거리 $\mathrm{S_F}$를 만족시키는 (v_0,γ_0) 쌍은 무한개가 존재하지만, γ_0 값이 주어지지 않는 한 $x=0$에서 발사된 물체가 $x=\mathrm{S_F}$에서 낙하하는 데 필요한 속력 v_0는 유일하게 결정되지 않는다.

탄도탄은 움직이는 물체이므로 시간에 대한 정보가 주어져야 유일한 해답이 정해진다. $x=0$에서 발사된 물체가 $x=\mathrm{S_F}$까지 도달하는 데는 시간 t_F가 필요하다. 1초 만에 표적 S_F에 도달할 수도 있고, 10초, 100초, 또는 3600초 후에 표적에 도달할 수도 있다. 이러한 모든 경우 v_0 값이 다르고 $x=0$과 $x=S_F$를 연결하는 탄도도 다르다. 양궁 선수가 과녁을 명중하든가 또는 고사포로 비행기를 명중하는 것은 모두 움직이는 물체가 특정 시간에 특정 위치를 통과하는 문제다. $t=0$에서 $x=0$을 떠난 탄도탄은 비행시간 t_F 후에 $x(t_F)$에 도달한다. 탄도탄이 $x=S_F$에 있는 표적을 명중하는 조건은 $S_F=x(t_F)$로 쓸 수 있고, γ_0는 식 (2-4)에 의해 $S_F=t_F v_0 \cos\gamma_0$같이 S_F와 t_F의 함수로 표시된다. 따라서 $x=0$에서 $x=S_F$까지 비행시간 t_F를 정해주면 v_0와 γ_0 값은 S_F와 t_F의 함수로 유일하게 결정된다. 여기서 중요한 것은 t_F를 임의로 선택하는 대신 탄도의 최고고도 h_{max}를 정해주어도 t_F는 $t_F=2\sqrt{2h_{max}/g}$로 유일하게 결정된다. t_F를 지정하는 또 다른 방법으로는 γ_0를 초기 운동에너지 $1/2v_0^2$ 값이 최소가 되도록 정해주는 것이다. 식 (2-6)을 사용하면 $\gamma_0=\pi/4(=45°)$일 때 v_0가 최솟값이 되고 비행시간은 $t_F=\sqrt{2}\,v_0/g$이 됨을 알 수 있다.

편평 지구가 아닌 실제 지구 문제에서도 연소종료 시점 $t=t_{co}$에서 위치 $\vec{r}_{co}(t_{co})$와 연소종료 속도 $\vec{v}_{co}(t_{co})$를 알 수 있으면 $(\vec{r}_{co}, \vec{v}_{co})$를 초기조건으로 운동방정식을 수치 적분함으로써 탄도탄의 궤도를 구할 수 있다. 그러나 우리에게 주어진 조건은 탄도탄이 연소종료 위치와 표적위치를 지나야 한다는 것뿐이다. 그러나 연소종료 시점에서 어떤 속도를 가져야 탄도탄이 표적을 지나갈지 미리 알 수 없기 때문에 사실상 초기조건을 줄 수가 없다. $\vec{v}_{co}(t_{co})$은 $\vec{r}_{co}(t_{co})$와 t_{co} 및 표적위치 $\vec{r}_T$의 함수인데, 탄도탄의 경우 $\vec{r}_{co}(t_{co})$와 t_{co}조차도 미리 정해주기가 곤란한 양들이다.

우리가 당면한 '탄도탄 조준targeting' 문제는 주어진 발사지점에서 발사한 탄도탄으로 위치를 알고 있는 표적을 명중시킬 수 있는 v_{co}와 γ_{co} 및 t_{co} 값을 어떻게 구하느냐 하는 것이다.[2] 한 가지 방법은 v_{co} 값을 가정하고 주어진 사거리 S_F 값이 나올 때까지 γ_{co} 값을 변화시키고, 다음에는 v_{co} 값을 조금씩 바꾸면서 같은 작업을 수행해 원하는 궤도와 $\vec{v}_{co}=(v_{co}\cos\gamma_{co}, v_{co}\sin\gamma_{co})$를 찾아내는 것이다. 이러한 작업은 탄도탄에 탑재한 컴퓨터 능력으로는 벅찰 뿐만 아니라, 복잡하고 융통성이 너무 없어 유도조종 명령을 자동화하기가 거의 불가능하다.

좀 더 편한 해법을 찾기 위해 이미 해를 알고 있는 편평 지구flat Earth 문제에서 비행시간 t_F 역할에 대해 좀 더 생각해보자. t 값은 0에서 시작해 증가하고, $z(t)$ 값도 0에서 시작하여 증가하다 최댓값을 찍고 다시 감소하여 비행체가 지표면 위의 표적에 충돌한다. 식 (2-4)의 $z(t)$에서 발사된 물체가 다시 지표면에 내려오는 시간 t_F 값을 구할 수 있다.

$$t_F = \frac{2v_0\sin\gamma_0}{g} \tag{2-7}$$

여기서 v_0와 γ_0 대신 비행시간 t_F와 S_F를 미리 정해주면 v_0와 γ_0를 S_F와 t_F의 함수로 풀 수 있고, 다음과 같은 식을 얻을 수 있다.

2) γ는 탄도탄의 위치에서 국지수평면과 속도가 이루는 각으로 비행경로각이라고 한다.

$$\begin{cases} v_0 = \sqrt{\left(\dfrac{S_F}{t_F}\right)^2 + \left(\dfrac{gt_F}{2}\right)^2} \\ \gamma_0 = \tan^{-1}\left(\dfrac{gt_F^2}{2S_F}\right) \end{cases} \quad (2\text{-}8)$$

위 식은 초기조건인 $x(0)=0, z(0)=0$과 $\dot{x}(0)=v_0\cos\gamma_0, \dot{z}(0)=v_0\sin\gamma_0$에서 구한 해를 다시 정리해서 얻었지만, 경계조건boundary condition $x(0)=0$, $z(0)=0$과 $x(t_F)=S_F$, $z(t_F)=0$ 및 미리 정한 비행시간 t_F 값을 주면 궤도가 유일하게 결정되며, 다음 식을 얻는다.

$$\begin{cases} \dfrac{S_F}{t_F} = v_0\cos\gamma_0 \\ \dfrac{1}{2}gt_F = v_0\sin\gamma_0 \end{cases} \quad (2\text{-}9)$$

식 (2-9)를 v_0, γ_0에 관해 풀면 식 (2-8)을 얻는다. 물론 예로 든 운동방정식 $d^2\vec{r}/dt^2 = -\vec{g}$는 완전적분이 가능했기 때문에 '초기조건'에서 얻은 해나 '경계조건'에서 얻는 해가 똑같고, 난이도도 차이가 없다.

편평 지구에서와는 달리 크기가 유한한 구형球形의 지구와 지구 중심으로부터 거리의 역제곱 중력이 작용하는 경우 탄도탄의 연소종료 위치와 표적위치를 지나는 탄도탄 탄도의 해석해analytic solution는 구할 수 없다. 오직 수치해만 구할 수 있기 때문에 조준과 사거리 계산에서는 초기조건 접근방법과 경계조건 접근방법의 난이도 차이가 확연하다. 식 (2-1)을 풀 때는 초기 위치와 초기 속도가 $t=0$에서 $r_0=0$과 $v_0=0$으로 주어졌지만, 실제 탄도탄 문제에서는 발사순간 속력은 0에서 출발하여 3분에서 5분 사이 가속구간을 통해 표적에 도달할 수 있는 속력에 도달하므로 일반적으로 엔진을 멈춰야 하

는 위치와 속도가 미리 정해지지 않는 것이 특징이다.[3]

탄도탄은 수직으로 이륙한 뒤 동력 비행으로 속력과 고도를 높이면서 엔진을 멈추면 탄두가 표적지점으로 자유낙하하는 속도 $\vec{v}(\vec{r}(t_{co}))$에 도달하도록 탄두의 속도와 자세를 조종해주어야 한다. 그러나 편평지구에서와 마찬가지로 두 점을 지나는 조건만으로는 엔진 컷-오프 후의 자유낙하궤도가 유일하게 결정되지 않는다. 엔진이 멈춘 뒤 표적에 도달할 때까지 시간 t_F 값을 정해주든가 '최소에너지 조건minimum energy condition' 또는 최고고도 h_{max} 같은 조건 하나를 추가함으로써 co에서 T까지 자유낙하궤도를 유일하게 결정할 수 있다. 실제로 탄도탄의 조준이라 함은 주어진 '자유낙하 사거리free fall range'[4] $S_{ff}=S_F-S_{co}$와 자유낙하 비행시간 $t_{ff}=t_F-t_{co}$의 함수로 엔진 '컷-오프' 속도 $\vec{v}(\vec{r}_{co})=(v_{co}, \gamma_{co})$를 구하는 것이다. S_F는 발사지점에서 표적까지 사거리이고, S_{co}는 발사지점에서 co까지 동력 비행궤도의 지적선의 거리다. 이러한 속도 $\vec{v}_{co}$를 천체물리에서는 '람베르트 속도Lambert velocity' $\vec{v}_L$이라 하고, 탄도탄 유도에서는 '요구속도required velocity' $\vec{v}_R$이라 한다. $\vec{v}_R$에 도달하도록 탄도탄의 방향을 바꾸고, 속력을 조절하는 과정을 유도조종(G&C: guidance & control)이라고 한다. 탄도탄의 사거리는 엔진이 작동하는 동력 비행궤도의 지적선과 엔진 컷-오프 후의 지적선 거리를 합한 거리 S_F다.

---

3) 탄도탄 초창기에는 델타 유도delta-guidance와 같이 미리 엔진 컷-오프 위치와 컷-오프 속도를 정해놓고 유도하는 방법도 사용되었다.

4) 자유낙하 사거리는 연소종료 위치와 표적을 연결하는 자유낙하궤도를 지표면에 투사한 지적선 거리를 의미한다.

2. 역제곱 중력장에서 탄도탄의 자유낙하궤도

탄도탄의 엔진은 로켓을 가속하고, 유도조종 장치는 추진방향을 조종하는 동시에 탑재물이 미션 요구속도에 도달하면 로켓엔진을 중지하고 이어서 탄두/RV와 모의탄두 및 레이더 교란장치 등 각종 침투보조물을 방출한다.[5] 중·장거리 탄도탄의 경우 엔진 중지는 보통 100km 이상의 고도에서 일어난다. 100km 이상에서는 희박하기는 해도 여전히 약간의 대기가 존재하지만 이 구간을 RV가 비행하는 시간은 아주 짧으므로 100km 이상의 고도에서 대기저항은 무시할 수 있으며 분리된 RV는 중력 외에는 아무런 힘도 받지 않고 표적을 향해 움직인다.[6] 이러한 탄두의 운동을 '자유낙하운동free fall motion'이라 하고 RV가 따라가는 자유낙하궤도를 '코스팅 구간coasting phase' 또는 '미드코스 구간mid-course phase'이라고 한다.

이 구간에서는 중력이 탄도를 결정하는 유일한 힘이다. 만약 지구가 질량 M_E를 가지는 질점이라면, 중력은 질점에서 거리 r의 역제곱에 비례하는 힘으로 모든 질량을 가진 물체를 질점을 향해 끌어당길 것이다. 그러나 지구는 점이 아니고 구球도 아닌 적도반경 r_{eq}와 극반경 r_{pol}이 다음과 같이 주어지는 기준타원체로 근사된다.[7][8]

---

5) RV는 재돌입 과정에서 탄두를 열과 충격으로부터 보호하는 탄두를 감싸는 '케이스'라고 보면 된다. 재돌입체는 탄두/RV 시스템을 말하고, RV는 특별히 언급하지 않는 한 탄두/RV 시스템을 의미한다.

6) Scud-B와 같은 단거리 탄도탄의 연소종료 고도는 30km 미만이므로 $\vec{v}=\vec{v}_R$이 되어 엔진을 중지한 후에도 대기저항으로 10~20m/s 이상의 속력이 감소하므로 자유낙하궤도에서 벗어난다.

7) 정규수, 『로켓 과학 I: 로켓 추진체와 관성유도』 (지성사, 2015), p.271.

8) DoD World Geodetic System 1984-wgs84fin, p.2-1: http://earth-info.nga.mil/GandG/publications/tr8350.2/tr8350_2.html.

$$\begin{cases} r_{eq} = 6378137.000\ m \\ r_{pol} = 6356752.314\ m \end{cases} \tag{2-10}$$

실제 지구는 기준회전타원체(WGS 84 Ellipsoid)처럼 매끈하지도 않고, 밀도가 일정하지도 않고, 산도 있고, 바다도 있다. 엄격히 말해 지구 주변에서는 중력은 질량분포가 일정하지 않기 때문에 질점이나 균일한 구에 적용되는 역제곱 법칙을 따르지 않는다. 그러나 이 책에서는 실제 문제에 따르는 복잡한 문제를 피하면서 람베르트 유도 과정을 설명하기 위해 중력은 역제곱 법칙을 따른다고 가정하겠다.

$$\frac{d^2\vec{r}}{dt^2} = -\frac{\mu}{r^2}\hat{r} \tag{2-11}$$

여기서 $\mu = GM_E$, $\hat{r}$은 지구 중심에 원점을 둔 좌표계에서 탄도탄의 위치벡터vector $\vec{r}$ 방향의 단위벡터를 나타낸다. G와 M_E는 각각 중력상수와 지구 질량을 의미한다. 운동방정식 (2-11)의 해를 구하려면 6개의 적분상수를 정해줘야 하지만, 자유낙하궤도가 발사점, 표적지점 및 지구 중심을 연결하는 평면 안에 존재한다고 가정함으로써 문제를 많이 간소화할 수 있다. 중력장하에서 자유낙하하는 물체의 궤적은 중력 중심을 지나는 하나의 평면상에 있는 원추곡선이다. 탄도탄의 자유낙하궤도(탄도: ballistic trajectory)는 지구 중심을 하나의 초점으로 하고 연소종료점 $\vec{r}_{co}$와 표적점 $\vec{r}_T$를 지나는 타원 중의 하나다. 원추곡선은 '장반경semi-major axis' a와 '이심률eccentricity' e에 의해 유일하게 결정되지만, 두 점 $\vec{r}_{co}$와 $\vec{r}_T$를 지나는 조건만으론 a와 e를 유일하게 결정할 수 없다. a와 e를 유일하게 결정하기 위해서는 두 점의 위치와 하나의 조건이 더 필요하다. 궤도를 결정하는 데 필요한 조건은 다음과 같은 조건 중 어느 하나라도 충분하다.

- 두 점의 위치 $\vec{r}_{co}$와 $\vec{r}_{T}$와 두 점 사이를 이동하는 데 소요되는 자유낙하비행시간 t_{ff} : 람베르트 문제Lambert problem
- 두 점의 위치 $\vec{r}_{co}$와 $\vec{r}_{T}$와 궤도의 원지점의 고도가 주어질 때 : 원지점 고도 조건apogee condition
- 두 점의 위치 $\vec{r}_{co}$와 $\vec{r}_{T}$를 지나는 타원 중 운동에너지가 최소가 되는 조건 : 최소에너지 조건minimum energy condition

첫 번째 조건은 역사적으로 람베르트 문제로 알려졌다. 역제곱 중력장에서 두 점의 위치와 두 점 사이의 비행시간이 주어지면 두 점을 연결하는 '케플러 궤도Kepler orbit'가 유일하게 결정된다.[9] 이러한 문제를 제일 처음 연구한 '요한 하인리히 람베르트Johann Heinrich Lambert'의 이름을 따서 '람베르트 문제'라고 한다.[10] 가우스Carl Friedrich Gauss는 주세페 피아치Giuseppe Piazzi가 1801년 1월 1일부터 1801년 2월 11일까지 단 41일 동안 관측한 데이터로 화성과 목성 사이에서 돌고 있는 소행성 '세레스Ceres'의 궤도를 계산하여 10개월간 행방을 잃어버렸던 세레스를 다시 찾을 수 있게 정확한 위치를 제시했다. 가우스는 람베르트 문제 해법을 기술한 Book 1과 세레스 계산 결과를 정리한 Book 2를 하나로 묶어서 『천체의 운동론*Theoria Motus*』이라는 책을 발표했다.[11] 가우스가 처음으로 람베르트 문제의 효율적인 해법을 찾았고, 이 방법을 사용해 아주 짧은 기간 관측한 천체 데이터로 궤도

9) 정규수, 『로켓 과학 I: 로켓 추진체와 관성유도』 (지성사, 2015), pp.284-328.

10) Paul Zarchan, *Tactical and Strategic Missile Guidance,* 4th Edition (AIAA, 2002), pp.263-273.

11) Carl Friedrich Gauss, *Theory of the Motion of the Heavenly Bodies Moving about the Sun in Conic Sections*, https://archive.org/stream/theoryofmotionof00gausuoft#page/118/mode/2up

전체를 계산하는 데 성공함으로써 천체 관측 데이터를 분석하는 새로운 장이 열렸다. 1950년대 이후 가우스 방법은 우주탐사나 탄도탄 유도에 아주 효율적인 전산 알고리듬algorithm의 기본으로 자리 잡게 되었다.[12)13)14)15)16)]

두 번째 조건은 두 점의 위치와 원지점의 고도를 알면 a와 e를 구할 수 있으므로 연소가 종료된 후 RV가 따라가는 자유낙하궤도를 유일하게 정할 수 있다. 이러한 궤도는 고고도궤도를 이용하는 비행시험 데이터를 분석하는 데 유용하게 쓰일 수 있고, 단거리 로켓의 궤도를 계산하는 데도 필요하다. 마지막으로 최소에너지 조건은 주어진 속력으로 도달할 수 있는 최대사거리를 주는 궤도가 될 조건이다. 최소에너지궤도(MET: minimum energy trajectory)를 사용할 경우 사거리는 연소종료 순간의 비행경로각의 오차에 둔감한 것도 장점 중의 하나다. 탄도탄의 자유낙하궤도는 위에서 소개한 세 가지 중 필요에 따라 선택할 수 있다.

우주발사체나 탄도탄은 수직으로 발사된다.[17)] 그 후 3~10초쯤 후에 표적방향으로 3~4°만 숙여주는 초기 피치기동initial pitch kick을 해주거나 또는 필요한 개방형 유도open-loop guidance를 시작한다. 여기서 개방형 유도란 유도한 결과가 다음 유도를 위해 '피드백feed back'이

---

12) 이 책에서는 가우스 방법에 근거한 람베르트 해법을 다루지 않으므로 좀 더 우아하고 강력한 방법에 관심 있는 독자는 소개한 참고자료를 참조하기 바란다.

13) Steve L. Nelson and Paul Zarchan, "Alternative Approach to the Solution of Lambert's Problem", *Journal of Guidance, Control, and Dynamics*, Vol. 15, No. 4, July-Agust 1992, pp.1003-1009.

14) Richard Battin, *An Introduction to the Mathematics and Methods of Astrodynamics*, Revised Edition (AIAA, 1999), pp.295-342.

15) R. H. Battin, "Lambert's Problem Revisited", AIAA/AAS Astrodynamics Conference, San Diego, California/August 18-20, 1976.

16) Richard H. Battin and Robin M. Vaughan, "An Elegant Lambert Algorithm", *Journal of Guidance, Control, and Dynamics*, Vol.7, No. 6, pp.662-669.

17) 수직은 국지 중력가속도 방향을 의미한다.

되지 않는 조종방식을 말한다. 개방형 유도방식은 시간에 대한 탄도탄의 속도벡터 $\vec{v}$와 추력벡터 $\vec{T}$ 사이 각 α의 시간에 대한 변화율 $\dot{\alpha}$ 값을 기체가 구조적으로 안전한 범위 안에서 적절히 조정해주는 방법이다. 반면, '폐쇄형 유도closed-loop guidance'는 조종으로 변화한 속도와 위치 데이터가 다음 유도조종에 입력으로 피드백이 되어 요구하는 위치와 속도에 도달하도록 탄도탄을 조종하는 과정을 말한다.

이러한 의미에서 본다면 개방형 유도는 탄도탄을 특정 속도나 위치로 유도하는 것이 아니라 탄도탄이 폐쇄형 유도로 매끄럽게 전환할 수 있게 준비를 해주는 유도과정이다. 개방형 유도에 필요한 조건은 대기밀도가 높은 저고도에서 너무 큰 피치기동pitch maneuvering으로 기체의 안전을 해치지 않는 범위 내에서 중력과 대기마찰로 인한 속력 손실 $\Delta v_{ags}(=\Delta v_{air\ friction}+\Delta v_{gravity}+\Delta v_{steering})$을 최소가 되도록 $\dot{\alpha}$를 최적화하는 것이다. 또 다른 조건은 $\alpha(t)$의 급격한 변동 없이 폐쇄형 유도로 전환할 수 있어야 한다. 한 예로 $\dot{\alpha}$를 다음과 같이 가정할 수 있다.

$$\dot{\alpha}=\dot{\gamma}e^{-\kappa t} \tag{2-12}$$

이 외에도 비행경로각 $\gamma(t)$의 변화율 $\dot{\gamma}(t)$을 일정하게 유지하는 CPRM(constant pitch rate maneuver), 피치각[18] $\alpha+\gamma$의 시간 변화율을 일정하게 유지해주는 CPR(constant pitch rate), 또는 $\alpha=0$인 중력회전gravity turn을 이용할 수 있다. 개방형 유도의 최적화optimization는 동력 비행단계에서 대기마찰과 중력에 의한 속력 손실을 최소로 하면

18) 영각(angle of attack: 추력과 속도 사이 각도) α와 비행경로각($\vec{v}$와 국지수평면 사이 각도) γ의 합 $\alpha+\gamma$를 피치각이라고 한다.

서도 급격한 기동을 피하는 것이다. 문제의 성격상 개방형 유도방법은 '경험'에서 구할 수밖에 없어 보인다. 따라서 $\alpha(t)$ 또는 $\dot{\alpha}(t)$는 경험식empirical formula을 사용하는 것이 보통이다.

고도가 30km 이상이 되면 대기밀도가 낮아 본격적인 피치기동을 해도 기체 측면이 받는 압력lateral stress이 크게 문제되지 않으므로 속도 $\vec{v}$를 미션 요구속도 $\vec{v}_R$과 같아지도록 폐쇄형 유도조종을 시작할 수 있다. 탄도탄의 속도가 요구속도 $\vec{v}_R$에 이르면 엔진을 컷-오프하고, 그 후 탄도탄은 초기속도 $\vec{v}_{co}(=\vec{v}_R)$로 자유낙하궤도를 따라 표적으로 낙하하기 시작한다. 3절에서는 요구속도로 사용되는 '람베르트 속도Lambert velocity'를 자세히 소개하고, 4부와 5부에서는 폐쇄형 유도조종법 중 하나인 '크로스 프로덕트 조종cross product steering' 및 'MET 기준궤도' 유도방법에 대해 자세히 소개하도록 하겠다.

거리의 역제곱에 비례하는 중력장 안에서 자유낙하하는 물체의 '단위질량당 각운동량' $\vec{l}$을 다음과 같이 도입하자.

$$\vec{l} = \vec{r} \times \vec{v} \tag{2-13}$$

여기서 $\vec{v} = d\vec{r}/dt$이고, 운동방정식 (2-11)을 이용하면 $d\vec{l}/dt = 0$이 된다. $\vec{l}$의 이러한 각운동량 보존법칙을 이용하면 $d(\vec{v} \times \vec{l} - \mu\vec{r}/r)/dt = 0$이 됨을 보일 수 있다. 즉, 운동방정식 (2-11)로 기술되는 운동에서는 각운동량 벡터 $\vec{l}$과 함께

$$\vec{e} = \frac{\vec{v} \times \vec{l}}{\mu} - \frac{\vec{r}}{r} \tag{2-14}$$

도 시간에 따라 변하지 않는 보존량conserved quantities이다. $\vec{e}$는 이심률 벡터eccentricity vector라고 하며, 궤도의 모양을 결정하는 상수벡터constant vector다. 운동방정식 (2-11)에 $d\vec{r}/dt(=\vec{v})$로 '내적內積, scalar product'을 취하면 다음과 같은 완전미분식을 얻는다.

$$\frac{d}{dt}\left(\frac{1}{2}v^2 - \frac{\mu}{r}\right) = 0 \qquad (2\text{-}15)$$

식 (2-15)를 적분하면 또 다른 불변량invariant인 에너지 관계식을 얻는다.

$$\varepsilon = \frac{1}{2}v^2 - \frac{\mu}{r} \qquad (2\text{-}16)$$

ε은 단위질량당 운동에너지와 퍼텐셜 에너지의 합으로 단위질량당 총에너지와 같고, 식 (2-15)는 ε이 시간에 대해 불변량임을 보여주고 있다. 식 (2-15)를 유도하는 과정에서 $r = (\vec{r} \cdot \vec{r})^{1/2}$을 사용했다. 식 (2-13), (2-14) 및 (2-16)은 중력장에서 운동과 관련해 7개의 불변량이 있는 것처럼 보이지만, $\vec{l} \cdot \vec{e} = 0$이므로 $\vec{l}$과 $\vec{e}$는 독립이 아니다. 식 (2-14)의 각 변을 제곱하면 총에너지 ε과 단위질량당 각운동량 $l(=|\vec{l}|)$도 관계식

$$\varepsilon = -\frac{1}{2}\frac{\mu^2}{l^2}(1 - e^2) \qquad (2\text{-}17)$$

을 만족하므로 7개의 불변량 $\vec{l}$, $\vec{e}$, ε 중 5개만이 독립적으로 결정되

는 물리량이다. 식 (2-17)을 구하는 과정에서 $l^2=r^2v^2-(\vec{r}\cdot\vec{v})^2$을 사용했다.

마지막으로 이심률 벡터를 정의한 식 (2-14)의 양변에 $\vec{r}$로 내적을 취하고, $\vec{r}\cdot(\vec{v}\times\vec{l})=l^2$을 이용하면 다음과 같은 운동방정식 (2-11)의 해를 얻을 수 있다.

$$r=\frac{l^2}{\mu}\frac{1}{1+e\cos\Theta(t)} \tag{2-18}$$

여기서 $\Theta(t)$는 $\vec{e}$와 $\vec{\mathrm{r}}$이 만드는 각으로 '근점이각(近點離角: true anomaly)'이라는 좀 낯선 이름으로 불린다. 궤도의 근지점periapsis과 원지점apoapsis 및 궤도상의 임의의 한 점을 포함하는 평면을 궤도면이라고 하며, 궤도면상의 근지점부터 궤도를 따라 반시계방향으로 잰 각이 $\Theta(t)$다. 궤도방정식 (2-18)에서 $e<1$인 경우 분모는 0이 될 수 없으므로 r은 유한하고, 궤도는 주기함수가 된다. $\cos\Theta(t)$가 1일 때 r 값은 최솟값이 $r_{\min}=l^2/(\mu(1+e))$이고, $\cos\Theta(t)$가 -1일 때 최댓값이 $r_{\max}=l^2/(\mu(1-e))$이다. 궤도를 결정하는 또 하나의 중요한 파라미터인 장반경 a를 r의 최솟값과 최댓값의 평균값으로 정의하면, a에 대해 다음과 같은 식을 얻을 수 있다.

$$a=\frac{l^2}{\mu}\frac{1}{(1-e^2)}=-\frac{1}{2}\frac{\mu}{\varepsilon} \tag{2-19}$$

이심률 e와 각운동량 l이 보존되는 양이므로 a 역시 보존되는 양으로 궤도는 a와 e에 의해 결정된다.

식 (2-18)에서 $e=0$이라 놓으면 식 (2-18)은 반경이 $r=l^2/\mu$인

원의 방정식이 되고, $0 < e < 1$이면 타원의 방정식, $e = 1$이면 포물선, $e > 1$이면 쌍곡선의 방정식이 된다.[19] 이러한 연유로 역제곱 법칙 inverse square law에 의한 운동이 그리는 궤도를 원추곡선conics이라 하고, 행성궤도가 태양을 하나의 초점으로 한 타원이란 사실을 맨 처음 발견한 '요하네스 케플러'의 이름을 따서 '케플러 궤도'라고도 한다.[20]

이와 같이 이심률 e는 궤도의 모양을 결정하지만, a는 궤도의 크기를 결정하는 파라미터다. 하지만 실제 궤도를 따라 움직이는 물체의 위치 $\vec{r}(t) = \vec{r}(r(t), \Theta(t))$는 $\Theta(t)$ 값에 의해 결정된다. 운동방정식 (2-11)의 해를 결정하기 위해서는 6개의 상수가 필요한데, 독립적인 상수는 5개밖에 안 되는 것을 보았다. 나머지 하나는 운동하는 물체가 근지점을 지날 때 $\Theta(t_p) = 0$이 되는 조건이다. $\Theta(t)$를 알면 $\vec{r}$이 유일하게 결정된다. 하지만 $\Theta(t)$를 t의 함수로 구하는 것은 쉽지 않은 문제다. $\Theta(t)$ 해법의 난이도는 e 값에 따라 달라진다.

중력만 받으며 움직이는 물체의 궤도를 a와 e를 사용해 표시하면 다음과 같이 다시 쓸 수 있다.

$$r = \frac{a(1-e^2)}{1 + e\cos\Theta(t)} \tag{2-20}$$

5개의 운동 불변량 중 3개만이 식 (2-20)에 나타난다.[21] 나머지 2개는 이심률 벡터의 방향을 정하는 단위벡터 $\hat{e}$와 각운동량 벡터 $\hat{l}$ 및 $\hat{e} \cdot \hat{l} = 0$에 포함되어 있다.[22] $\hat{e}$는 궤도면에서 장축 방향을 결정

---

19) 정규수, 『로켓 과학 I: 로켓 추진체와 관성유도』 (지성사, 2015), pp.292-294.

20) 탄도탄 궤도는 지구 위의 한 점에서 발사되어 또 다른 지구 위의 한 점인 표적을 지나야 하므로 지구 중심을 하나의 초점으로 하는 타원궤도에서 $r \geq r_E$인 부분이다.

21) $\Theta(t)$의 정의에 하나의 상수가 초기조건 $\Theta(0) = 0$으로 포함되어 있다.

22) 3차원으로 궤도를 기술할 때, 적도면에 대한 궤도면의 기울기와 관련된다.

하고, $\hat{l}$은 궤도면이 적도면에서 기울어진 경사각을 결정한다. 주어진 궤도 위에서 $\Theta=0$인 근지점과 $\Theta=\pi$인 원지점에서는 각각 $r_p v_p$와 $r_a v_a$가 되지만, $l=\dot{\Theta}r^2$은 불변량이므로 $r_p v_p=r_a v_a$가 된다. $\dot{\Theta}$는 $\Theta(t)$를 시간 t로 한 번 미분한 각속도를 나타낸다.[23]

탄도탄의 궤도면이 지구 중심에 원점을 둔 관성좌표계inertial coordinate system의 $x-z$ 평면에 놓인다고 가정하면 탄도탄의 운동을 2차원 문제로 국한하여 생각할 수 있다. 관성좌표계에서 탄도탄의 위치벡터는 $\vec{r}=(x,z)$고, 속도벡터는 $\vec{v}=(v_x,v_z)$로 표시된다. 반면 원점을 지구 중심에 두고 탄도탄과 같은 각속도 $\dot{\Theta}$로 회전하는 회전좌표계co-rotating coordinate system에서 위치벡터는 $\vec{r}=(r,0)$이지만, 속도벡터는 $\vec{v}=(\dot{r},r\dot{\Theta})$로 주어진다. 따라서 각운동량벡터는 $\vec{l}=r^2\dot{\Theta}\,\hat{n}$로 표시할 수 있고, 크기는 $l=r^2\dot{\Theta}$가 된다. 여기서 $\hat{n}$은 위치벡터 방향의 단위벡터 $\hat{r}$과 $\hat{r}$에 수직인 $\hat{\Theta}$에 모두 수직인 단위벡터를 나타낸다. $\dot{r}$와 $\dot{\Theta}$ 값을 구하기 위해 식 (2-20)을 시간에 대해 미분하고, $l=r^2\dot{\Theta}$와 식 (2-20)을 사용하면 다음과 같은 $\hat{r}$ 방향 속도성분 $\dot{r}$와 $\hat{\Theta}$ 방향 속도성분 $r\dot{\Theta}$를 구할 수 있다.

$$\dot{r}=\frac{\mu}{l}e\sin\Theta \qquad (2\text{-}21)$$

$$r\dot{\Theta}=\frac{\mu}{l}(1+e\cos\Theta) \qquad (2\text{-}22)$$

또는 속도벡터 $\vec{v}$는 근점이각으로 표현하면 다음과 같고,

---

23) $\dot{x}$는 dx/dt를 나타내는 것으로 보자.

$$\vec{v}=\frac{\mu}{l}e\sin\Theta\,\hat{r}+\frac{\mu}{l}(1+e\cos\Theta)\,\hat{\Theta} \tag{2-23}$$

극좌표각 $\theta(t)=\Theta(t)-\pi/2$을 사용하면 단위벡터 $\hat{r}$과 $\hat{\Theta}$를 관성좌표계에서 다음과 같이 쓸 수 있다.

$$\begin{cases}\hat{r}=\ \ \cos\theta\,\hat{x}+\sin\theta\,\hat{z}=\sin\Theta\,\hat{x}-\cos\Theta\,\hat{z}\\ \hat{\Theta}=-\sin\theta\,\hat{x}+\cos\theta\,\hat{z}=\cos\Theta\,\hat{x}+\sin\Theta\,\hat{z}\end{cases} \tag{2-24}$$

'회전좌표계'에서 표현하면

$$\vec{v}(t)=v(t)\,[\sin\gamma(t)\,\hat{r}(t)+\cos\gamma(t)\,\hat{\Theta}(t)] \tag{2-25}$$

가 된다. 두 식에서 우리는 다음과 같은 비행경로각 γ와 관성좌표계의 근점이각 Θ 사이의 관계식과 속력 v를 얻을 수 있다.

$$\begin{cases}\sin\gamma=\dfrac{e\sin\Theta}{\sqrt{1+2e\cos\Theta+e^2}}\\[2ex] \cos\gamma=\dfrac{1+e\cos\Theta}{\sqrt{1+2e\cos\Theta+e^2}}\\[2ex] v\quad=\dfrac{\mu}{l}\sqrt{1+2e\cos\Theta+e^2}\end{cases} \tag{2-26}$$

식 (2-20)은 질점質點, mass point이 거리의 역제곱에 비례하는 중력에 의해 운동할 때 물질이 따라가는 궤도의 방정식이다. 궤도는 장반경 a, 이심률 e 및 근점이각 $\Theta(t)$에 의해 완전히 결정된다. 근점이각은 지구 중심을 원점으로 하는 극좌표계에서 지구 중심과 궤도의 근지점을 연결하는 축을 $\Theta=0$으로 취하고 반시계방향으로 잰 각이다. 따라서 원지점의 근점이각은 π(=180°)가 된다. $\vec{e}$-축을 z-축으로, z-축에 수직인 방향을 x-축으로 하는 '직교좌표계cartesian coordinate system'를 도입하면 $\vec{r}=(r\sin\Theta, -r\cos\Theta)$로 표시된다. 식 (2-20)은 e 값에 따라 세 가지 곡선 군으로 나누어지고, $l=0$이면 원점을 지나는 직선이 된다.

지표면(또는 지표면 가까이)에서 발사된 탄도탄의 대부분의 탄착지 역시 지표면 위에 있으므로 탄도탄의 자유낙하궤도는 지표면을 두 번 만나야 한다. 이러한 조건은 지구 중심에서 근지점까지 거리 r_p가 지구 반경보다 작아야 하고, 수많은 원추곡선 중 $r_p=a(1-e)<\mathrm{r_E}$인 타원궤도가 탄도탄의 자유낙하궤도가 된다는 뜻이다.

제 2 장

람베르트 조준과 요구속도 $\vec{v}_R$

1. 람베르트 조준

휠런-자찬Wheelon-Zarchan의 람베르트 문제 해법을 사용해 표적으로 자유낙하하는 데 필요한 요구속도required velocity $\vec{v}_R$을 구하는 휠런-자찬의 방법을 소개하겠다. 유도 과정과 풀이법은 필자의 『로켓 과학 I: 로켓 추진체와 관성유도』에 자세히 설명했으므로 여기에서는 결과 위주로 소개하기로 한다.[24] 이 방법은 휠런Albert D. Wheelon[25]이 제시하고, 자찬Paul Zarchan[26]이 발전시킨 방법이다.

휠런-자찬의 방법을 사용하면 〈그림 2-1〉에서 연소종료 지점 co의 위치 $\vec{r}_{co}(r_{co}, \Theta_{co})$와 표적 T 점의 위치 $\vec{r}_T(r_T, \Theta_T)$ 사이를 지나는 원추

---

24) 정규수, 『로켓 과학 I: 로켓 추진체와 관성유도』 3쇄 (지성사, 2017), pp.308-328.

25) Albert D. Wheelon. "Free Flight of a Ballistic Missile", *ARS Journal*, Vol. 29, No. 12 (1959), pp.915-926.

26) Paul Zarchan, *Tactical and Strategic Missile Guidance*, 4th Edition (AIAA, 2002), pp.221-245.

곡선의 co 점에서 속력 v_{co}와 표적까지 비행시간 t_{ff}를 r_{co}, r_T, 비행경로각 γ_{co} 및 사거리각range angle $\phi(=(\Theta_T-\Theta_{co})/r_E)$의 함수로 표시하는 것이 가능하다. 중력장에서 움직이는 질점의 궤도를 완전히 결정하기 위해서는 모두 5개의 파라미터 값을 알아야 한다. r_L, r_T, s 및 t_F는 알고 있는 값이고, v_{co}와 t_{ff}는 r_{co}, r_T, ϕ 및 γ_{co}의 함수로 표시할 수 있으므로 이 두 식에서 v_{co}와 γ_{co}를 r_{co}, r_T, ϕ, t_{ff}의 함수로 풀 수 있다는 것이 휠런-자찬 방법의 배경이다. v_{co}와 t_{ff}는 r_{co}, r_T, ϕ 및 γ_{co}의 복잡한 연립방정식이므로 v_{co}와 γ_{co}를 t_{ff}의 함수로 푸는 것은 수치계산에 의존할 수밖에 없다. v_{co}와 t_{ff}를 r_{co}, r_T, ϕ 및 γ_{co}의 관계식으로 유도하는 과정을 간략히 소개하겠다.27)

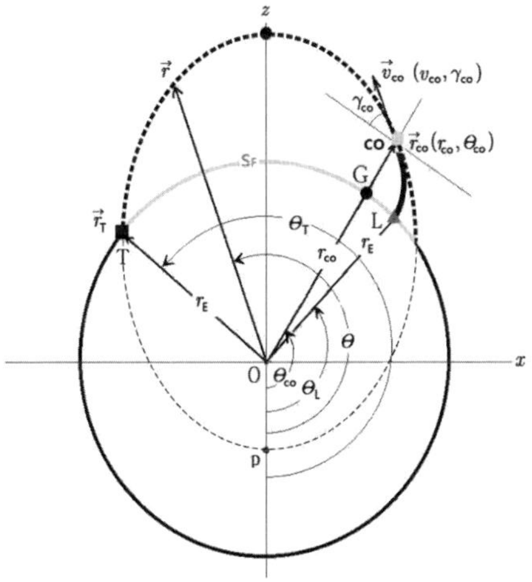

그림 2-1 탄도탄의 궤도를 기술하는 데 사용되는 두 가지 좌표계인 지구 중심 O에 고정된 관성좌표계 (x, z)와 역시 지구 중심에 원점을 둔 탄도탄과 같은 각속도 $\dot{\Theta}$로 회전하는 회전좌표계와 관련된 파라미터들을 보여주고 있다. p, co, T를 지나는 가느다란 점선 곡선은 지구 중심 O를 하나의 초점으로 하는 탄도탄의 타원궤도를 나타내고, L과 co를 연결하는 굵은 선은 탄도탄의 동력 비행궤도를 보여준다.

27) 정규수, 『로켓 과학 I: 로켓 추진체와 관성유도』 3쇄(지성사, 2017). 자세한 유도과정은 308-328쪽을 참조하기 바란다. 『로켓 과학 I』에서 B는 co를 의미한다.

탄도탄을 표적에 겨냥하는 것을 '탄도탄의 조준'이라고 한다. 탄도탄의 조준은 L에서 발사한 탄도탄을 엔진 컷-오프 점 co에서 탄도탄이 표적 T로 자유낙하하는 데 필요한 속도 $\vec{v}_{co}(v_{co}, \gamma_{co})$가 되도록 유도하고 조종하는 것을 말한다. 두 점 co와 T 및 두 점 사이의 비행시간 t_{ff}가 주어졌을 때 탄도탄의 궤도는 식 (2-20)으로 표현되지만, 탄도탄의 탄두가 표적에 명중하기 위해서는 식 (2-20)에 포함된 파라미터 a와 e의 값을 궤도가 co와 T를 지나고, 두 점 사이의 비행시간은 주어진 시간 t_{ff}가 되도록 정해주어야 한다. 식 (2-20)의 a와 e 값이 co와 T를 지나가는 타원이 되도록 정해졌다고 가정하자. 순수한 탄도탄에서는 RV가 이러한 타원을 따라 움직이기 시작하면 그 후에는 유도조종은 할 필요도 없고 할 수도 없다.[28] 따라서 연소종료 위치 co, 표적위치 T 및 두 점 사이의 비행시간 또는 최소에너지 조건 같은 미션에서 요구하는 부가적인 조건을 사용해 $\vec{v}_{co}$를 계산하는 것이 조준의 핵심이라고 볼 수 있다. 이제부터는 점 co와 T를 지나는 조건에서 $\vec{v}_{co}$를 구하는 방법을 『로켓 과학 I』의 방법에 따라 소개하기로 한다.

주어진 자유낙하궤도 위에서 $\Theta=0$인 근지점과 $\Theta=\pi$인 원지점에서는 $\gamma=0$이 되고, l은 각각 $r_p v_p$와 $r_a v_a$가 되지만, $l=\dot{\Theta}r^2$은 불변량이므로 v_p는

$$v_p = \frac{r_{co}v_{co}}{r_p}\cos\gamma_{co} \tag{2-27}$$

---

28) 기동성 재돌입체(MaRV)나 극초음속 비행체를 탑재한 경우는 중간단계나 재돌입 과정에서 궤도 변경을 할 수도 있으나 순수한 탄도탄은 그러한 기능이 없다.

같이 표시할 수 있다. co 점은 로켓의 성능 Δv_{cap}, 사거리 s, 동력 비행궤도 및 선택한 자유낙하궤도에 따라 달라지지만, 〈그림 2-1〉에서 co 점은 동력 비행궤도와 자유낙하궤도의 경계점이다.

타원궤도 상의 co 점에서 속력을 구하기 위해 근지점 p와 co 점에 에너지 보존법칙을 적용하면 다음과 같은 식을 얻는다.

$$\frac{1}{2}v_{\mathrm{co}}^2-\frac{\mu}{r_{\mathrm{co}}}=\frac{1}{2}v_p^2-\frac{\mu}{r_p}$$

여기에 식 (2-27)에서 구한 v_p를 대입함으로써 r_p에 대한 2차방정식을 얻고, v_{co}와 r_{co} 및 Θ_{co}가 주어지면 방정식을 r_p에 대해 풂으로써 $\Theta=0$에 해당하는 근지점 거리 r_p와 $\Theta=\pi$에 해당하는 원지점 거리 r_a를 구할 수 있다.[29]

$$r_p=r_{\mathrm{co}}\frac{\mathrm{C}-\sqrt{\mathrm{C}^2-4(\mathrm{C}-1)\cos^2\gamma_{\mathrm{co}}}}{2(\mathrm{C}-1)} \qquad (2\text{-}28)$$

$$r_a=r_{\mathrm{co}}\frac{\mathrm{C}+\sqrt{\mathrm{C}^2-4(\mathrm{C}-1)\cos^2\gamma_{\mathrm{co}}}}{2(\mathrm{C}-1)} \qquad (2\text{-}29)$$

r_{co}는 타원의 초점인 지구 중심 O에서 co까지의 거리이고, r_{E}는 지구 반경, v_{co}는 co 점에서 가져야 할 속력, r_p는 O에서 근지점 p까지 거리다. 위 식에서 C는 다음과 같이 정의된 양이다.

29) 정규수, 『로켓 과학 I: 로켓 추진체와 관성유도』 (지성사, 2015), pp.311-315.

$$C = \frac{2\mu}{r_{co} v_{co}^2} \tag{2-30}$$

타원을 결정하는 기본 파라미터인 장반경의 정의 $a = (r_p + r_a)/2$에 식 (2-28)과 (2-29)를 적용하면

$$a = \frac{1}{2} \frac{C}{C-1} r_{co} \tag{2-31}$$

을 얻을 수 있고, 이심률의 정의 $e = 1 - r_p/a$를 사용하면 e 값을 쉽게 얻을 수 있다.

$$e = \frac{\sqrt{C^2 - 4(C-1)\cos^2\gamma_{co}}}{C} \tag{2-32}$$

사실 r_{co}, Θ_{co}, v_{co}가 주어지면 a와 e 및 γ_{co}가 결정되고, 따라서 궤도 방정식이 완전히 결정된다. co 점에서 비행경로각 γ_{co}는 식 (2-26)을 사용하여 구한다.

$$\gamma_{co} = \cos^{-1}\left(\frac{1 + e\cos\Theta_{co}}{\sqrt{1 + 2e\cos\Theta_{co} + e^2}} \right) \tag{2-33}$$

식 (2-20)으로 정해진 탄도탄의 궤도는 엔진 컷-오프 점 $\vec{r}_{co}(r_{co}, \Theta_{co})$와 표적점 $\vec{r}_T(r_T, \Theta_T)$를 지나야 한다. 여기서 자유낙하 사거리 S_F에 대응하는 사거리각 ϕ_F를 $\phi_F = S_F/r_E$라 놓으면, Θ_T는 $\Theta_T = \Theta_{co} + \phi_F$로 주어진다.

이러한 조건에서 $\cos\Theta_{co}$와 $\cos(\Theta_{co}+\phi_F)$ 값을 구하면 다음과 같다.

$$\begin{cases} \cos\Theta_{co} = \dfrac{2\cos^2\gamma_{co}-C}{\sqrt{C^2-4(C-1)\cos^2\gamma_{co}}} \\ \cos(\Theta_{co}+\phi_F) = \dfrac{(2\cos^2\gamma_{co}-C)\cos\phi_F-2\sin\gamma_{co}\cos\gamma_{co}\sin\phi_F}{\sqrt{C^2-4(C-1)\cos^2\gamma_{co}}} \end{cases} \tag{2-34}$$

$$r_T = r_{co}\frac{2\cos^2\gamma_{co}}{C+\cos(\Theta_{co}+\phi_F)\sqrt{C^2-4(C-1)\cos^2\gamma_{co}}} \tag{2-35}$$

식 (2-34)의 $\cos(\theta_{co}+\phi_F)$ 값을 식 (2-35)에 대입하고 C에 대해 푼 뒤, 식 (2-30)을 이용해 v_{co}에 대해 풀면 탄도탄이 표적점 $\vec{r}_T(r_T,\Theta_T)$을 지나기 위해 co 점 $\vec{r}_{co}(r_{co},\Theta_{co})$에서 가져야 할 속도 $\vec{v}_{co}(v_{co},\gamma_{co})$를 구할 수 있다. γ_{co}는 식 (2-33)에서 구할 수 있고, v_{co}는 다음과 같다.

$$v_{co} = \sqrt{\frac{\mu r_T(1-\cos\phi_F)}{r_{co}^2\cos^2\gamma_{co}-r_{co}r_T\cos\gamma_{co}\cos(\gamma_{co}+\phi_F)}} \tag{2-36}$$

여기서 ϕ_F는 자유낙하궤도의 지적선地跡線의 길이 S_F를 지구 반경 r_E로 나눈 값이다. 식 (2-33)과 식 (2-36)으로 정해진 연소종료 속도 $\vec{v}_{co}(v_{co},\gamma_{co})$는 표적 T를 타격하는 데 요구되는 속도이기 때문에 요구속도 $\vec{v}_R(v_{co},\gamma_{co})$라 하고 또는 람베르트 문제의 해임을 고려하여 $\vec{v}_L(v_{co},\gamma_{co})$로 쓰고 람베르트 속도라고도 한다. 〈그림 2-1〉은 탄도탄이 L 점에서 발사되고, 로켓 추진에 의해 동력 비행궤도를 따라 가속하고 유도되어 co 점에서 co와 T를 지나는 자유낙하 타원궤도로 진입하는 것을 보여주고 있다. 〈그림 2-1〉의 L에서 co에 이르는 굵은 선은 로켓엔진으로 추진되는 동력 비행궤도를 나타내고, 총 사거리 s는 L에서 G까지 지표면을 따라 잰 동력 비행궤도의 지적선 길이 s_{pf}를 자유낙하궤도의 지적선 길이 S_F에 더한 값 $s_{pf}+S_F$가 된다. ICBM 사거리를 가진 탄도탄에서 S_F는 s_{pf}에 비해 15~2배 정도 긴 것이 보통이다. S_F는 엔진 컷-오프 시점의 위치 $\vec{r}_{co}(r_{co},\Theta_{co})$와 속도 $\vec{v}_{co}(v_{co},\gamma_{co})$에 의해 유일하게 결정된다. 위치 $\vec{r}_{co}$와 속도 $\vec{v}_{co}$가 주어지면 식 (2-20)과 (2-25)에서 탄도탄의 자유낙하궤도의 연장선인 타원이 유일하게 결정된다. 탄도탄의 궤도 문제는 주어진 $\vec{r}_{co}$와 속도 $\vec{v}_{co}$를 주고 궤도를 구하는 '문제'가 아니라, L에서 발사한 탄도탄이 표적 T를 명중하는 경계조건 문제로 $\vec{r}_{co}$와 속도 $\vec{v}_{co}$를 구하는 '문제'라는 것이다.

탄도탄 문제에서 발사위치 L과 표적위치 T는 고정된 데이터로 주어진다. 위치 데이터는 비행궤도의 방위각azimuth과 사거리 s를 정해준다. 발사대의 위도latitude를 Y_L, 발사방위각launch azimuth을 A_Z, 궤도면의 기울기trajectory inclination를 i라 하면 이것들 사이에는 다음과 같은 관계식이 존재한다.30)

$$\cos i = \cos Y_L \sin A_Z \tag{2-37}$$

위 식에서 궤도면의 기울기 i의 최솟값은 위도와 같다는 것을 알 수 있다. 일단 궤도면의 적도면에 대한 기울기가 결정되면, 궤도 문제는 2차원 문제로 간단해진다. 지금까지 소개한 궤도 문제는 바로

30) Charles D. Brown, *Spacecraft Mission Design,* 2nd Edition (AIAA, 1998), p.54.

이러한 2차원 궤도에 관한 것들이었다. 발사위치 $L(r_E, \Theta_L)$과 표적위치 $T(r_E, \Theta_T)$에서 사거리 s는 $s = s_{pf} + S_F$로 주어진다. 엔진 컷-오프 점의 위치 $co(r_{co}, \Theta_{co})$를 미리 정해놓는다면 L, co, T로부터 s_{pf}와 s 및 S_F가 결정된다. co 점의 위치는 유도조종 방법에 따라 달라진다.

그러나 v_{co}를 정의한 식 (2-36)은 네 변수 $r_{co}, v_{co}, \gamma_{co}, \phi_F$ 간의 관계식이다.[31] 주어진 r_{co}, ϕ_F에 대해서도 γ_{co} 값에 따라 v_{co} 값이 변한다. 즉, co 점과 T 점을 지나는 타원은 무한히 많다. 이러한 문제는 편평 지구에서 속력과 사거리 관계식 (2-6)에서 이미 경험했고, 비행시간을 정해줌으로써 해결할 수 있었다. 실제 지구에서도 L 점과 T 점 사이의 비행시간 t_F를 주면 t_{ff}는 $t_F - t$로 정해지므로 γ_{co}가 결정되고, co 점을 출발한 탄도탄의 탄두(RV)가 시간 t_{ff} 후에 T 점을 지나가는 유일한 타원궤도가 결정되는 것을 볼 수 있다.

co와 T 사이의 비행시간을 구하기 위해 각운동량 보존법칙 $l = \dot{\Theta} r^2$을 t_{ff}에 관해 풀면 다음과 같은 적분식을 얻는다.

$$t_{ff} = \frac{l^3}{\mu^2} \int_{\Theta_{co}}^{\Theta_{co} + \phi_F} \frac{d\Theta'}{(1 + e\cos\Theta')^2} \qquad (2\text{-}38)$$

여기서 $l = r_{co} v_{co} \cos\gamma_{co}$라 놓고 지루한 계산을 하고 나면 우리가 원하던 또 하나의 v_{co}, γ_{co} 간의 관계식을 얻을 수 있다.

$$t_{ff} = \frac{r_{co}}{v_{co}\cos\gamma_{co}} \left\{ \left[\frac{(1-\lambda)\sin\phi_F + \tan\gamma_{co}(1-\cos\phi_F)}{(2-\lambda) r_{co}/r_T} \right] \right.$$

31) co가 엔진 컷-오프 점을 대표한다고 가정하기로 한다.

$$+\frac{2\sqrt{\lambda}\cos\gamma_{co}}{(2-\lambda)^{3/2}}\tan^{-1}\left[\frac{\sqrt{2/\lambda-1}}{\cos\gamma_{co}\cot(\phi_F/2)-\sin\gamma_{co}}\right]\Bigg\},$$

$$0<\lambda<2 \qquad (2\text{-}39)$$

$$\lambda=\frac{2}{C} \qquad (2\text{-}40)$$

식 (2-39) 유도에 관심 있는 독자는 『로켓 과학 I: 로켓 추진체와 관성유도』를 참조하기 바란다.[32]

지구 중심에서 co 점과 T 점까지 방사거리radial distance인 r_{co}와 r_T 및 '자유낙하 사거리각free flight range angle' ϕ_F와 자유낙하 비행시간 t_{ff}가 주어졌다고 가정하자. 이 경우, 식 (2-31)과 (2-32)는 탄도탄이 자유낙하하는 타원궤도의 장반경 a와 이심률 e를 결정하고, 식 (2-36)과 (2-39)는 co 점에서 속력 v_{co}와 비행경로각 γ_{co}를 ϕ_F와 t_{ff}의 함수로 나타낸다. 그러나 편평한 지구의 경우와는 달리 식 (2-36)과 (2-39)는 γ_{co}와 v_{co}가 얽히고설킨 음함수implicit function로서 v_{co}와 γ_{co}를 ϕ_F, t_{ff}, v_{co}만의 해석함수로 푸는 것은 불가능하지만, 컴퓨터를 이용한 수치해는 구할 수는 있다. 이 같은 람베르트 문제 해법은 1959년도 '앨버트 휠런'이 탄도탄 유도방법으로 제안했고, '넬슨Nelson'과 '자찬'에 의해 빠른 연산 방법이 소개되었다.[33][34][35] 넬슨과 자찬이 제안한 '2-point' 방법을 사용하면 주어진 사거리각 ϕ_F와 자유낙하 비행시간 t_{ff} 및 r_{co}에 대해 식 (2-35)와 (2-38)을 이용한

32) 정규수, 『로켓 과학 I: 로켓 추진체와 관성유도』 (지성사, 2015), pp.316-321.

33) Paul Zarchan, Editor in Chief, *Tactical and Strategic Missile Guidance,* 4th Edition (AIAA, 2002), pp.263-290.

34) 정규수, 『로켓 과학 I: 로켓 추진체와 관성유도』 (지성사, 2015), pp.322-326.

35) Steven L. Nelson and Paul Zarchan, "Alternative Approach to the Solution of Lambert's Problem", *Journal of Guidance, Control, and Dynamic*, Vol. 15, No. 4, July-August 1992. pp.1003-1009.

수치계산이 수렴하는 데 필요한 '반복계산 수number of iterations'는 대략 6~18로 비교적 빨리 수렴한다.[36]

필자는 『로켓 과학 I』에서 식 (2-35)와 (2-38)을 넬슨과 자찬의 방법으로 푸는 방법을 소개했다.[37] 이러한 방법을 사용하면 주어진 사거리각 ϕ_F와 자유낙하 비행시간 t_{ff} 및 r_{co}에 대해 γ_{co}, v_{co} 및 장반경 a와 이심률 e를 효율적으로 구할 수 있다. 그러나 복잡한 연립방정식 (2-36)과 (2-39)를 v_{co}와 γ_{co}에 대해 풀기 위해서는 삼각함수, 역삼각함수 등을 사용하기 때문에 매 반복 계산당 시간이 길 수밖에 없고, 초창기 미사일의 유도컴퓨터로는 취급조차 불가능했다.

2. 케플러 방정식

케플러 궤도

지구 또는 태양의 역제곱 중력장에서 움직이는 질점의 운동을 궤도상의 임의의 두 점과 두 점 사이의 비행시간으로 결정하는 문제를 맨 처음 연구한 '요한 하인리히 람베르트'의 이름을 따서 '람베르트 문제'라고 한다.

제1장에서 구한 식 (2-36)과 (2-39)에서 v_{co}와 γ_{co}를 구할 수 있지만, 이러한 문제를 컴퓨터가 없던 시절에 '손 계산'으로 정확히 푸는 것은 물론, 초기 ICBM의 유도컴퓨터로 푸는 것도 불가능한 작업으로 여겨졌다. 이러한 '람베르트 유도Lambert guidance' 방법을 탄도탄 유도에 사용할 수 없었기 때문에 탑재 컴퓨터 부하를 최소로 요구하

---

36) Steven L. Nelson and Paul Zarchan, "Alternative Approach to the Solution of Lambert's Problem", *Journal of Guidance, Control, and Dynamic*, Vol. 15, No. 4, July-August 1992. p.1009.
37) 정규수, 『로켓 과학 I: 로켓 추진체와 관성유도』 3쇄 (지성사, 2017), pp.322-327.

는 '델타 유도delta-guidance'방법[38][39] 또는 복잡한 계산은 지상 컴퓨터로 하고 탑재 컴퓨터에서는 최소한의 계산만 해도 되는 'Q-유도Q-guidance'[40]방법을 채택했다. 아틀라스 탄도탄은 델타 유도방법을 사용했고, 폴라리스Polaris SLBM은 Q-유도방법을 채택했다. 역제곱 중력하에서 두 점과 두 점 사이의 비행시간이 주어지면 비행궤도가 유일하게 결정된다. 궤도는 지구를 하나의 초점으로 하는 타원, 포물선 또는 쌍곡선이 될 수 있다. 가우스Carl Friedrich Gauss는 원추곡선의 특성을 이용해 람베르트 문제를 푸는 법을 처음으로 고안했고, 『천체 운동론』이라는 제목으로 출간했다.[41] 가우스는 람베르트 문제를 손 계산으로도 풀 수 있는 독창적인 방법을 제시했다.

가우스 방법으로 람베르트 문제의 해를 구하기 위해서는 먼저 케플러 방정식Kepler equation으로 알려진 '이심근점이각eccentric anomaly'과 두 점 간의 이동시간에 대한 관계식을 구해야 한다. 이심근점이각 E를 〈그림 2-2〉와 같이 도입하면 L에서 T까지 소요되는 비행시간 또는 co에서 T까지 소요되는 시간을 구할 수 있다. 〈그림 2-2〉에서 z-축은 근지점 p와 원지점 a를 잇는 축, x-축은 z-축에 수직한 축으로 잡으면, (z, x)는 '데카르트 좌표계Cartesian Coordinates'에서 점을 나타낸다. F는 지구 중심을 나타내고 타원궤도의 초점 중의 하나다. O는 데카르트 좌표계의 원점이고, 굵은 선으로 표시한 원은 반경이 a인 보조원으로 행성의 근점이각을 시간의 함수로 얻기 위해 케플러가

38) George R. Pitman, JR. Edited, *Inertial Guidance* (John Wiley & Sons, 1962), pp.253-260.

39) Richard H. Battin, *An Introduction to the Mathematics and Methods of Astrodynamics*, Revised Edition (AIAA, 1999), pp.4-5.

40) ibid., pp.7-14.

41) Carl Friedrich Gauss, *Theory of the Motion of the Heavenly Bodies Moving about the Sun in Conic Sections: A Translation of Gauss' "Theoria Motus"* (Little, Brown and Company, 1857; Digitized by the internet Archive in 2007 with the funding from Microsoft Corporation): 이하 *Theoria Motus*.

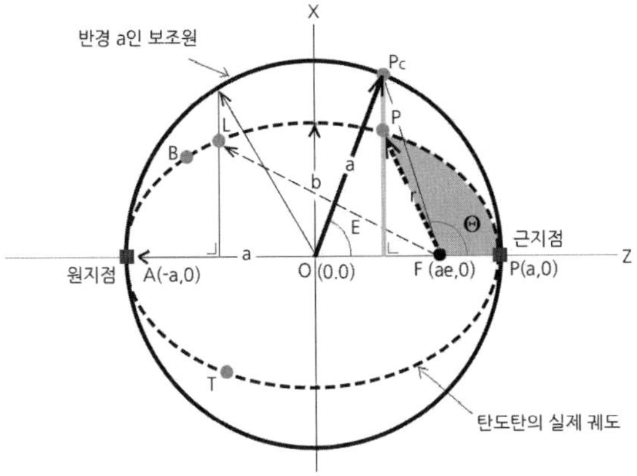

그림 2-2 케플러 방정식을 설명하는 데 필요한 궤도 변수와 좌표를 보여주고 있다.

처음으로 도입했다. 보조원상에 있는 점의 위치는 이심근점이각 E로 표시된다. E는 z-축으로부터 반시계방향으로 재지만, 탄도탄의 실제 위치를 나타내지는 않는다. 탄도탄의 실제 궤도는 점선으로 표시한 타원이며, 타원상의 위치는 F 점에 원점을 둔 극좌표 (r, Θ)로 표시된다. 점 P는 타원상의 점으로 F에서 거리 $r(t)$와 z-축으로부터 반시계방향으로 잰 근점이각 $\Theta(t)$에 의해 결정된다. t_0를 자유낙하 하는 물체가 p 점을 지날 때 시간이라 하고, $\Theta(t_0)=0$으로 가정한다.

〈그림 2-2〉의 O에 원점을 가진 데카르트 좌표계에서 P(z,x)는 원점이 $F(ae,0)$에 있는 데카르트 좌표계에서 (z, x)로 표시하면

$$\begin{cases} \mathrm{z} = z + ae \\ \mathrm{x} = x \end{cases} \tag{2-41}$$

이 되고, z와 x를 이심근점이각 E로 표시하면 다음과 같은 식을 얻을 수 있다.[42]

$$
\begin{cases} z = a(\cos E - e) \\ x = a\sqrt{1-e^2}\,\sin E \\ r = a(1 - e\cos E) \end{cases} \tag{2-42}
$$

여기서 $E(t)$를 $\Theta(t)$로 표현할 수 있다면, 식 (2-42)로 타원운동을 기술할 수 있다. $F(ae,0)$에 원점을 가진 극좌표계로 표시한 x, z 식

$$
\begin{cases} z = r\cos\Theta(t) \\ x = r\sin\Theta(t) \end{cases} \tag{2-43}
$$

과 $\tan(\Theta/2) = (1-\cos\Theta)/\sin\Theta$를 이용하면 E와 θ에 대한 다음과 같은 관계식을 얻을 수 있다.[43]

$$
\tan\left(\frac{\Theta}{2}\right) = \sqrt{\frac{1+e}{1-e}}\tan\left(\frac{E}{2}\right) \tag{2-44}
$$

경과 시간에 대한 케플러 방정식

각운동량 보존식과 도형 FpP의 넓이에서 E를 시간 t의 함수로 구할 수 있다. 〈그림 2-2〉에서 도형 FpP_c의 넓이 A_c는 부채꼴 OpP_c의 넓이에서 삼각형 OFP_c의 넓이를 빼준 것과 같다.

$$
A_c = \frac{1}{2}a^2E - \frac{1}{2}ea^2\sin E
$$

42) 정규수, 『로켓 과학 II: 위성 궤도와 태양계 탐사』 (지성사, 2016), p.76.

43) ibid., p.77.

우리가 구하고자 하는 넓이는 자유낙하하는 질점이 시간 t_0에 근지점을 통과한 후 $t-t_0$ 시간 동안에 질점의 위치벡터 $\vec{r}$이 쓸고 지나간 도형 FpP의 넓이 A다. FpP의 넓이는 A_c의 b/a배와 같으므로 A는 다음과 같이 표시할 수 있다.

$$\mathrm{A} = \frac{1}{2}ab(\mathrm{E} - e\sin \mathrm{E}) \tag{2-45}$$

한편, 단위시간당 질점이 쓸고 지나간 넓이는

$$\begin{aligned} \frac{d\mathrm{A}}{dt} &= \frac{1}{2}rv_\theta \\ &= \frac{1}{2}l \end{aligned} \tag{2-46}$$

가 되고, 시간에 무관하다. 식 (2-46)은 케플러의 제2법칙으로 알려진 식으로 각운동량 보존법칙의 결과다. $d\mathrm{A}/dt$가 불변량이므로 $t-t_0$초 동안에 쓸고 지나간 넓이 A는 다음과 같다.

$$\mathrm{A} = (t-t_0)\frac{d\mathrm{A}}{dt} \tag{2-47}$$

질점이 타원을 한 바퀴 도는 데 소요되는 시간인 주기 T

$$\mathrm{T} = 2\pi\sqrt{\frac{\mathrm{a}^3}{\mu}}$$

와 $\mathrm{A} = \pi ab$를 이용하면 $d\mathrm{A}/dt (= \mathrm{A}/\mathrm{T})$는

$$\frac{dA}{dt}=\frac{1}{2}\sqrt{\frac{\mu}{a^3}}\,ab \qquad (2\text{-}48)$$

가 된다. 식 (2-45)와 (2-48)을 사용하면 식 (2-47)은 다음과 같이 E와 t 사이의 관계식으로 다시 쓸 수 있다.

$$\begin{aligned} M &= nt \\ &= E(t) - e\sin E(t) \qquad (2\text{-}49) \end{aligned}$$

$$n = \sqrt{\frac{\mu}{a^3}} \qquad (2\text{-}50)$$

여기서 $\mu(=GM_E)$는 표준 중력 파라미터standard gravitational parameter, G는 중력상수gravitational constant, M_E는 지구 질량을 의미한다.[44)]

식 (2-49)는 '케플러 방정식'이라고 한다.[45)] 궤도 계산에서 근점이각 $\Theta(t)$와 이심근점이각 $E(t)$는 근지점을 기준점으로 측정한다. 식 (2-49)에서는 질점(탄도탄)이 근지점을 지나는 시간을 $t=0$으로 취했고, 근점이각의 정의에 의해 $\Theta(0)=0$이고, $E(0)=0$이 된다. 따라서 식 (2-49)는 지구 중력장에서 자유낙하궤도를 따라 움직이는 질점의 이심근점이각 $E(t)$와 근지점을 통과한 후 경과된 시간 t 사이의 관계식이다. 역사적으로 $M=nt$는 '평균 이심각mean anomaly'이라 한다. t_0를 탄도탄을 발사한 시간, $t_1(=t_{co})$은 탄도탄의 엔진이 종료된 시간 'co'를 나타내고, $t_2(=t_{target})$는 탄두가 목표에 도달하는 시간이라고 가정하자. 식 (2-49)에서 t_2-t_1는 다음과 같이 표시할 수 있다.

---

44) 정확히 말하면 μ는 G 및 M_E의 곱이 아니라 $\mu=(3986004.418\pm0.008)\times10^8\text{m}^3/\text{s}^2$으로 정의된 양이다. 『로켓 과학 I』의 267쪽 참조.

45) Ulrich Walter, *Astronautics* (Wiley-VCH Verlag GmbH & Co. KGaA, 2008) p.163.

$$\sqrt{\frac{\mu}{a^3}}(t_2-t_1)=\mathrm{E}(t_2)-\mathrm{E}(t_1)-e[\sin\mathrm{E}(t_2)-\sin\mathrm{E}(t_1)] \qquad (2\text{-}51)$$

전략적인 필요에 따라 발사에서 탄착점까지 비행시간을 미리 정해 놓고 표적을 조준해야 할 경우도 있다. 실제로 영국의 유일한 핵 억지력이었던 폴라리스 A3T '셰벌린Chevaline'은 모스크바의 ABM Anti-Ballistic Missile Defense을 돌파하는 시스템으로 설계되었다. SSBN에서 탑재한 16기의 셰벌린은 모두 모스크바를 겨냥하고 발사하도록 전략을 세웠다. 그러나 16발을 모두 발사하는 데는 몇 분의 시간이 소요된다.[46] 따라서 최대사거리궤도를 이용한 통상적인 방법으로 16기를 발사한다면, 첫 기가 모스크바에 도달한 후 몇 분이 경과해야 16번째 미사일이 모스크바 상공에 도달하게 된다. 반면, 16기의 셰벌린을 조금씩 다른 궤도로 발사하여 동시에 모스크바로 도달하게 발사한다면,[47] 모스크바의 방공망에 32기의 RV를 한꺼번에 요격해야 하는 부담을 줌으로써 셰벌린 탄두의 생존율이 대폭 향상되게 했다.[48] 냉전시대 미국이나 구소련은 수천 기의 전략무기가 표적에 도달하는 시간을 적절히 조절해야 할 요인이 많았다. 이와 같은 전략을 수용하기 위해서는 식 (2-51)로 주어진 케플러 방정식을 미사일에 탑재 가능한 소형 유도컴퓨터로도 극히 짧은 시간 안에 정확히 풀 수 있어야 한다.

---

46) 일제사격salvo으로 몇 발을 연속적으로 발사한다 해도 발사된 발사관에 해수를 채워 SSBN의 균형을 잡아야 다음 일제사격을 준비할 수 있다.

47) Robert S. Norris, Andrew S. Burrows, and Richard W. Fieldhouse, *Nuclear Weapons Databook,* Volume V: British, French, and Chinese Nuclear Weapons (Natural Resources Defense Council, Inc., 1994) p.112.

48) 폴라리스 A3는 3기의 MRV를 탑재했지만, 영국에서 개조한 A3T 셰벌린에는 1기의 RV는 탄두 대신 ABM 돌파를 위한 각종 'Countermeasure'를 탑재했기 때문에 1기의 폴라리스 A3T에는 2기의 탄두만 탑재했다.

아주 짧은 시간 동안에 관측된 혜성의 궤도를 손 계산으로 구하기 위해 가우스는 원추곡선의 특성을 이용해 람베르트 문제의 정확한 해를 구하는 방법으로 제시한 것이 바로 가우스의 람베르트 해법이다. 이 해법은 계산에 나오는 모든 수식은 큰 두 수를 빼는 항이 없도록 고안했고, 빠르게 수렴하는 형태의 급수로 표시함으로써 고성능 탑재 컴퓨터가 없어도 람베르트 유도로 탄도탄이나 우주선을 유도할 수 있게 한다. 그러나 가우스 방법에서 사용하는 양들은 실제 궤도와 머릿속에서 연결시키기가 난해한 변수들이기 때문에 쉽사리 접근하기가 어려운 것이 사실이지만, 좀 더 강력하고 효율적인 유도 알고리듬을 공부하고 싶은 독자들은 바틴Battin과 본Vaughan이 제시한 람베르트 문제 해법을 참조하기 바란다.49)

49) Richard H. Battin and Robin M. Vaughan, "An Elegant Lambert Algorithm", *Journal of Guidance, Control, and Dynamics*, Vol. 7, No. 6, 1984, pp.662-670.

3부

탄도탄 궤도

제 1 장

동력 비행궤도와 자유낙하궤도

1. 발사장소의 관성계에 대한 속도

발사위치

탄도탄에서 관성항법은 수치적분을 통해 운동방정식의 해를 구함으로써 알고 있는 초기 위치와 초기 속도로부터 임의 시간에서 위치와 속도를 계산하는 방법이다. 운동방정식을 푸는 데 필요한 가속도는 가속도계의 출력 데이터와 미리 입력된 중력 데이터에 의해 실시간으로 공급된다. 관성항법은 뉴턴 역학을 이용하여 초기 위치를 현재 위치로 외삽extrapolation하는 방법이다. 선박과 잠수함 및 비행기 또는 순항미사일은 출발지에서 목표지점까지 계속 엔진에 의한 동력기동을 하므로 컴퓨터에 입력된 경로를 따르든가 아니면 조종사나 항해사가 필요에 따라 경로를 바꿀 수도 있다. 하지만 탄도탄은 길어야 5분 이내에 추진제가 고갈되므로 표적까지 동력 비행으로 가는 것이 불가능하다. 그러나 탄도탄은 각 단의 엔진이 점화될 때 0.4~$3g$, 연소가 종료될 때 $10g$ 내외의 가속도를 내므로 마지막 단의 연소가 종료되기 전에 10,000km 이상의 지적선地跡線 거리를 자유낙하할 수 있는 7.0km/s에서 8.0km/s 사이의 속력에 도달할 수 있다. 탄도탄을 추진하는 로켓 모터의 이러한 속도 능력은 발사지점에서 표적까지 사거리의 대부분인 $s_{ff}=s-s_{pf}$를 자유낙하 비행으로 갈 수 있게 한다. s_{ff}는 자유낙하궤도의 지적선 거리이고, s_{pf}는 동력 비행궤도의 지적선 거리이다.[1] 엔진 '컷-오프(co: cut-off)' 위치에서 표적으로 자유낙하할 조건이 바로 컷-오프 위치 $\vec{r}_{co}$에서 탄도탄의 속도가 람베르트 속도 $\vec{v}_L(\vec{r}_{co})$(또는 요구속도 $\vec{v}_R(\vec{r}_{co})$)이 되는 것이다. 관성유도는 사람 대신 컴퓨터가 탄도탄이 표적까지 자유낙하하는 데 필요한 요구속도를 만족하도록 동력 비행궤도를 제어steering한다는 뜻이다.

발사위치의 오차는 운동방정식의 해를 통해 탄도탄의 미래 위치로 전파될 뿐만 아니라 지구 자전을 통해 관성좌표계에 대한 초기 속도에도 오차를 유발하여 연소종료 위치와 속도에 오차를 초래한다. 발사위치와 표적의 위치 오차는 직접적으로 사거리와 발사방위각 산정에 오차를 유발한다. 또 다른 초기 오차 요인은 관성플랫폼의 축-방향을 선택한 좌표계에 대해 '정렬alignment'하는 과정에서 들어온다. 플랫폼 정렬은 관성플랫폼의 각 축-방향과 유도컴퓨터가 가속도를 적분하는 데 사용하는 관성좌표계의 축-방향을 일치시키는 과정이다. 관성좌표계는 외부에서 제공하는 기준방향 정보를 이용하는 방법과 플랫폼이 스스로 수직방향과 북극방향을 찾도록 하는 방법이 있다.[2] 자이로 정렬에 의한 플랫폼 오리엔테이션의 오차도 결국은

---

1) s_{ff}는 지금까지 S_F로 표시했던 자유낙하 사거리를 의미한다.

2) George R. Pitman, *Jr., Inertial Guidance* (John Wiley & Sons, Inc., 1962) pp.180-209.

거리 오차로 들어온다.

그러나 초기 위치와 방위각 오차에 기인한 오차는 천측-관성 항법으로 교정하는 것이 가능하다.[3] 발사위치의 위도latitude와 방위각에 들어오는 오차는 미리 예측한 북극성과 발사위치의 수직선과 실제로 북극성을 측정해 얻은 값의 차에서 교정이 가능하지만 경도longitude의 오차는 북극성 관측으로 정보를 얻을 수 없다. 하지만 북극성 대신 표적 방향에 있는 밝은 별 하나를 관측해도 위도와 방위각 교정이 가능하다는 가정이 '유니스타 천측-관성 항법unistar stellar-inertial navigation'을 가능하게 했다.[4] 이러한 교정은 원점이 지구 중심인 좌표계에서 쉽게 이해할 수 있다. 지구 중심 좌표계에서 보면 발사위치의 위도와 경도 및 방위각은 모두 각도로 표시되기 때문에 예측한 위치와 실측된 '별자리 각도star sensor field of view'를 비교함으로써 플랫폼의 오리엔테이션 오차를 바로잡을 수가 있다.

발사장의 위치를 정확히 구하는 방법은 크게 두 가지로 구분할 수 있다. 첫 번째는 육상에 고정된 '사일로silo'나 미리 정해진 이동식 발사장소 같은 곳의 위치를 미리 실제 측량으로 정확한 위치를 파악하여 위치와 함께 '오리엔테이션'을 정확히 알 수 있는 '마커maker'를 설치하는 것이다.

현대식 측지는 GPS(global positioning satellites)와 TST(total station theodolite)를 이용해 위치와 방위각을 정확히 측정한다. TST의 거리 측정 정확도는 1500m 거리에서 1.5mm이고, 각도 측정의 정확도는 0.5arc-second 정도로 알려졌다.[5][6] 현재 GPS의 위치 정보 정확도는 5m이지만 러시

3) Donald MacKenzie, *Inventing Accuracy* (MIT Press, 1993), pp.251-257.

4) ibid.

5) Total Station, https://en.wikipedia.org/wiki/Total_station

6) 0.5arc-seconds는 2.4240684×10^{-6}라디안에 해당한다.

아의 GLONASS가 완성되고 GPS와 함께 쓰면 정확도는 2m 정도가 될 것으로 추정한다. DGPS(Differential GPS)를 사용한다면 위치 측정 정확도 오차는 10cm까지 줄일 수도 있다. 두 번째는 GPS(또는 GLONASS)를 사용해 위치를 측정하고 '마스터 오토자이로컴퍼스master auto-gyrocompass'를 사용하여 이동 중인 TEL(Transporter/Erector/Launcher) 위에서 자이로 정렬을 실시한다면 미리 측지하지 않은 장소에 도착하더라도 즉시 탄도탄을 발사할 수 있다. 자이로컴퍼스로 탄도탄에서 방위각을 설정하는 기준이 될 정도의 정확도로 정북 방향을 찾으려면 대략 10분에서 20분이 소요된다.[7] 사거리가 대륙간탄도탄의 자이로를 정렬하는 기준으로 사용할 자이로의 편류는 탄도탄을 유도하는 자이로보다 한 차수 높은 정밀도인 1×10^{-4}°/h 정도가 필요하다고 본다.

▒ 초기 속도

탄도탄이 발사대에 놓여 있어도 먼 별에 고정된 관성좌표계에서 보면 끊임없이 움직이고, 지구는 자전축을 중심으로 하루에 한 바퀴씩 돈다. "World Geodetic System WGS 84"에 의하면 지구의 장반경 a는 6378.137km, 단반경semi-minor axis b는 6356.752314245km, 평균 자전각속도는 7.292115×10^{-5}rad/s다.[8][9] 적도상 한 점의 접선방향의 속력은 465.04m/s다. 위도를 Υ_{lat}라 하면, 위도가 Υ_{lat}인 점의 속력은 대략

$$v_{spin} = 465.04 \times \cos\Upsilon_{lat}\ m/s \tag{3-1}$$

7) Donald MacKenzie, *Inventing Accuracy* (MIT Press, 1993), p.245.

8) useful constants, http://hpiers.obspm.fr/eop-pc/models/constants.html

9) 소수점 아래 6자리까지 적어 놓은 b 값의 의미는 WGS 84의 여러 가지 데이터를 최소자승법으로 끼워 맞춤하여 얻은 값이기 때문이다. 설령 b 값이 더 정확한 값이 알려진다 해도 b 값만 정확한 값으로 바꿔 넣을 수 없다.

로 표시할 수 있다. 지구를 완벽한 구sphere라 가정하고 해면고도에서 발사할 때에만 위 식은 정확하다.[10]

지구는 자전하는 것 외에 1년에 한 번씩 태양 주위를 돈다. 이러한 공전궤도 속도는 29.78km/s로 자전속도에 비해 훨씬 크다. 그러나 지구가 태양 주위를 공전하는 속도는 지구에서 발사한 우주선이 지구 중력에서 벗어나 태양 중력이 지배적인 영역으로 진입할 때에만 중요하다. 지표에서 발사한 탄도탄이 최고고도 1400km 미만을 비행하고 다시 지표면으로 진입하는 경우는 태양 중력이나 공전효과는 그리 크지 않다. 지구 중심에서는 태양의 중력과 공전으로 인한 원심력이 완전히 상쇄된 상태이고, 지표면이나 고도 1400km 미만인 저고도에서는 태양의 중력이 탄도탄에 미치는 효과가 미미하기 때문이다. 그러나 초정밀 탄도탄을 고려한다면 달의 조석효과도 고려해야 할 것이다.

모든 탄도탄이 지면에 정지한 상태에서 발사되는 것은 아니다. 잠수함에서 SLBM을 발사하려면 땅에 대한 발사대의 속도를 알아야 한다. 잠수함이 물에 대해 정지한 경우에도 해류와 함께 잠수함은 수m/s 이상으로 움직일 수 있다. 대략 추정을 하더라도 속력이 1m/s 차이가 나고 비행시간이 40분이라면 표적에 도달할 즈음에는 2km 이상 벗어날 것이다. 쿠루시오 난류나 걸프 해류는 1.5~2.5m/s의 속도로 움직인다. 따라서 땅에 대한 해류 속도를 고려하지 않으면 3.0~5.0km 정도의 거리 오차를 피할 수 없다. 더구나 잠수함이 탐지되지 않으려면 부상하는 시간을 최소화해야 하기 때문에 GPS 같은 외부의 정보로 자이로 리셋도 자주 할 수 없다. 이런 이유로 잠수함

---

10) 실제로 지구는 장반경이 a이고 단반경은 이보다 21.362km가 작은 회전타원체다. 지구는 매끈한 타원체도 아니고, 산도 있고 바다도 있다. 표면은 불규칙하고 밀도도 곳에 따라 변하므로 국지적인 중력의 변화도 작지 않다.

항해용 SINS(ship inertial navigation system)의 자이로는 차이가 심할 수 있다. 더구나 정확한 속도를 알아야 자이로 정렬을 정확하게 할 수 있다. 이러한 상황을 피하는 방법은 정밀한 마스터 오토자이로컴퍼스를 사용하여 자이로 정렬을 자주 해야 하고, 기회가 올 때마다 GPS 정보를 사용해 마스터 오토자이로컴퍼스를 리셋해야 한다.

탄도탄이 표적을 정확히 타격하기 위해서는 발사대와 표적의 정확한 위치와 발사점에서 관성계에 대한 정확한 속도가 필요하다는 것을 알 수 있다. 위치를 정확히 표시하려면 지구의 정확한 모양the shape of the Earth과 이러한 지구 모양을 가장 간결하게 표시할 수 있는 좌표계가 필요하다. 아이작 뉴턴Isaac Newton은 저서 『프린키피아 *The Principia*』에서 만유인력gravitational force과 지구 자전에 의한 원심력에 의해 적도반경이 길고 극반경이 짧은 편평 타원체oblate spheroid라고 추정했다.[11] 즉, 지구의 모양은 중력과 자전에 의한 원심력에 의해 결정되고, 지구의 모양은 다시 중력gravity을 결정한다.

이 책에서는 중력에 관한 한 뉴턴의 역제곱 법칙을 따르는 중력만 고려하겠다. 따라서 모든 자유낙하운동의 궤도는 원추곡선conic curves; conics을 이룬다. 타원의 성질을 이용해 탄도탄의 주어진 위치에서 표적으로 자유낙하하는 궤도를 구하고, 탄도탄의 속도가 그 위치에서 미션 요구속도와 같아지는 순간 엔진을 멈추고 RV를 분리하면 RV는 표적으로 낙하한다. 이것이 탄도탄 유도의 근간이다. 중력이 역제곱 법칙을 만족하면 비교적 간단한 공식으로 유도조종guidance & steering을 소개할 수 있다. 하지만 실제 지구는 구球가 아니고 회전타원체에 가깝지만, 산과 바다가 있고, 불균일한 밀도 때문에 회전타원체에서도 불규칙하게 벗어나 있다. 우리가 흔히 산의 높이를 잴

---

11) Isaac Newton, I. Bernard Cohen and Anne Whitman, translated, *The Principia* (Univ. of California Press, 1999) p.347, pp.821-832.

때 사용하는 해면고도의 기준이 되는 해수면은 실제로는 지구 중심에서 회전타원체 표면이 아니라 복잡한 과정을 거쳐 확립한 가상의 해수면인 '지오이드geoid'이다. 지오이드는 지구 중력 퍼텐셜이 동일한 가상적인 면을 지칭한다. 지오이드와 임의 위치, 임의 고도에서 중력 가속도를 고려한 궤도 계산을 논하는 것은 실제로 정밀한 탄도탄을 표적에 조준하고 유도조종할 때는 필수적이겠지만, 이 책을 쓰는 목적에서 벗어나고 필자의 능력을 상회한다. 좀 더 정확한 궤도 계산에 필요한 지구 모델과 중력장을 원하는 독자를 위해 참고자료만 소개하겠다.[12)13)14)15)]

2. 동력 비행궤도와 자유낙하궤도

탄도탄 유도에서 주로 사용하는 관성좌표계는 지구 중심에 원점을 두고, 궤도의 근지점과 원지점을 연결하는 축을 z-축, 궤도면 내에서 z-축에 수직이고 원점을 지나는 직선을 x-축, $x-z$ 평면에 수직이고 지구 중심을 지나는 직선을 y-축으로 취하며 먼 별에 대해 방향이 고정된 직교좌표계다. 원점과 근지점을 연결하는 z-축에서부터 반시계방향으로 각 Θ를 측정한 각이 근점이각이다. 발사대는 지표면상에 존재하고, 로켓은 발사대에 고정된다고 가정하자. 지구 중심에 원점을 두는 데카르트 좌표계 (x,y,z)를 관성좌표계로 잡고, 발사위

12) 정규수, 『로켓 과학 I: 로켓 추진체와 관성유도』(지성사, 2015), pp.244-283.

13) DoD World Geodetic System 1984-wgs84fin, p.2-1: http://earth-info.nga.mil/GandG/publications/tr8350.2/tr8350_2.html.

14) DMA TECHNICAL REPORT TR8350.2-a - (Second Printing - 1 December 1987).

15) Berhard Hofmann-Wellenhof and Helmut Moritz, *Physical Geodesy* (SpringerWienNew York, 2005).

치에도 표적방향을 x-축, 중력의 반대방향을 z-축, 두 축에 수직인 방향을 y-축, 발사대를 원점으로 하는 데카르트 좌표계를 도입할 필요도 있다. 이러한 데카르트 좌표계 (x,y,z)는 관성플랫폼의 자이로를 정렬하고, 관성좌표계에 대한 가속도계의 입-출력 방향을 정해주기 위해 필요하다. 실제 지구는 자전하므로 (x,y,z) 좌표계는 회전좌표계이다. (x,y,z) 좌표계와 (x,y,z) 사이는 원점 이동과 좌표계 회전으로 연결된다.

전형적인 현대식 탄도탄의 관성유도장치는 3개의 레이트 자이로 및 짐벌에 의해 안정된 관성플랫폼과 그 위에 서로 수직인 x-축, y-축, z-축이 각 자이로의 입력-축이 되도록 설치한 3개의 정교한 가속도계로 이루어져 있다. 관성플랫폼은 관성좌표계에 대한 고유가속도의 성분을 재는 좌표계의 기준이 되고 비행체의 자세 정보를 제공한다.[16] 디지털 컴퓨터의 역할은 관성플랫폼의 자이로 회전각에서 비행체의 회전을 계산하고 가속도계의 출력 데이터인 고유가속도 $a_{\mathrm{T}x}$, $a_{\mathrm{T}y}$, $a_{\mathrm{T}z}$와 미리 입력한 중력가속도 데이터를 적분하여 속도 v_x, v_y, v_z와 위치 $\vec{r}(x,\ y,\ z)$를 계산한다. 이러한 과정을 짧은 시간 간격으로 수행함으로써 동력 비행 중인 비행체의 위치와 속도 및 비행방향을 실시간으로 파악할 수 있다.

탄도탄의 궤도는 단순히 엔진 추력 $\vec{\mathrm{T}}$, 중력, 대기저항 등이 작용하는 비행체의 운동을 주어진 초기조건으로 사용해 뉴턴 방정식을 풀어서 결정되는 것이 아니다. 탄도탄의 궤도는 발사점과 표적을 지나는 경계조건 외에도 비행시간이나 최소에너지 조건 같은 또 하나의 조건을 만족하도록 조정해야 표적을 지나가는 자유낙하궤도가 유일하게 결정된다. 현대식 탄도탄의 동력 비행은 길어도 300초를 크

16) 고유가속도proper acceleration는 중력을 제외한 기타 모든 가속도의 총합으로 가속도계가 측정할 수 있는 단위질량당 힘specific force을 의미한다.

게 초과하지 않는다. 엔진의 추진제가 소진되거나 인위적으로 작동을 중지시킬 때까지 비행한 지적선의 거리는 통상 500km를 넘지 않는 것이 보통이지만, 발사위치에서 표적까지의 거리는 10,000km 이상이다. 더구나 〈그림 3-1〉의 co 점에서 동력 비행이 끝나면 탄도탄에 작용하는 힘은 중력뿐이고, 더 이상 비행궤도를 바꿀 수도 없으며 엔진 작동이 종료될 때 위치 $\vec{r}_{co}$와 연소종료 속도 $\vec{v}_{co}(\vec{r}_{co})$는 자유낙하의 초기조건이 된다. 탄도탄의 탄두가 표적 T를 명중하기 위한 조건은 연소종료 속도 $\vec{v}_{co}(\vec{r}_{co})$가 co 점을 지나는 자유낙하궤도가 T 점도 지나가기 위한 '람베르트 속도' $\vec{v}_{L}(\vec{r}_{co})$과 같아지는 것이다.

우리는 이 책의 2부에서 두 점 $\vec{r}_{co}$와 표적 $\vec{r}_{T}$를 정해진 비행시간 t_{ff}에 자유낙하하는 궤도를 구하는 람베르트 문제의 해법을 소개했다. 지구의 중력장을 벗어나 행성궤도에 탐사체나 행성의 위성을 발

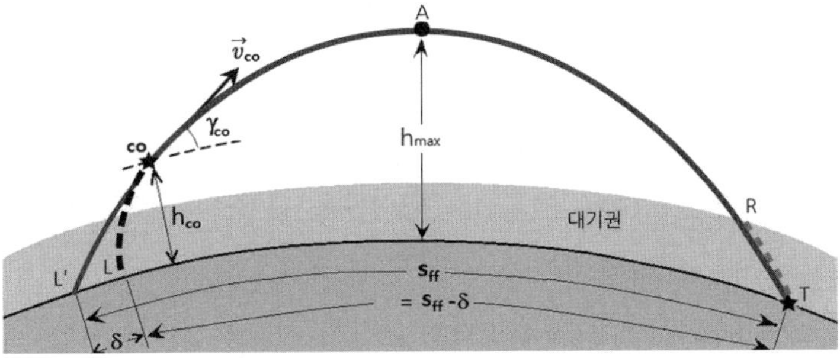

그림 3-1 L′점과 T 점을 지나면서 주어진 비행시간을 만족하거나 아니면 최소에너지 조건을 만족하는 자유낙하궤도는 실선이고, 굵은 점선은 L점에서 수직으로 발사되고 co 점에서 자유낙하궤도로 진입하는 실제 탄도탄의 동력 비행궤도를 보여주고 있다. 회색 점선 궤도는 대기권 밖에서 표적 상공의 '폭발고도(HOB: height of burst)'를 향해 대기권으로 재돌입하는 궤도다. 탄도탄의 사거리 s는 동력 비행궤도의 지적선 거리 s_{pf}와 자유낙하궤도의 지적선 거리 s_{ff}를 더한 $s = s_{pt} + s_{ff}$가 된다.

사할 때는 쌍곡선 및 타원이 연계된 문제를 풀어야겠지만, 탄도탄 문제에서는 포물선 및 쌍곡선궤도를 풀어야 할 경우는 별로 없다. 탄도탄의 사거리를 최대로 늘릴 수 있고, 사거리 방향의 탄착 오차를 최소로 할 수 있는 '최소에너지궤도 MET'가 가장 많이 사용하는 탄도탄 궤도 중의 하나일 것으로 보인다.

현실세계의 탄도탄은 $\vec{r}_{co}$에서 $\vec{v}_L(\vec{r}_{co})$ 속도로 발사되는 것이 아니라 발사지점 $\vec{r}_L$에서 추력이 $\vec{T}$인 로켓으로 발사된다. 발사시간을 0이라 하면 발사위치 $\vec{r}_L$, 초기 속력 $v_0(=v(0))$, 초기 비행경로각 $\gamma_0(=\gamma(0))$는 동력 비행궤도를 풀기 위한 초기조건이 된다.[17] 발사된 탄도탄은 120초 이상 300초 미만에 걸쳐 평균적으로 4~5g 이상의 실질 가속도로 중력과 두터운 대기를 뚫고 상승하고, 가속하고, 표적 방향으로 방향을 틀며 비행하는 것이다. 실제 상황에서는 $t=0$에 $\vec{r}_L$에서 발사한 탄도탄이 $t=t_{co}$에 엔진을 멈추고 $\vec{r}_{co}$에서 자유낙하궤도를 따라 $\vec{r}_T$에 도달하도록 조종한다. 〈그림 3-1〉은 이러한 궤도를 보여준다. 궤도를 유일하게 결정하기 위해서는 조건이 하나 더 필요하다. $\vec{r}_{co}$와 $\vec{r}_T$를 지나는 자유낙하궤도에서 두 점 사이의 자유낙하 비행시간 t_{ff}를 정해주면 궤도 $\widehat{\mathrm{coRT}}$는 람베르트 궤도가 되고, 운동에너지가 최소가 되는 조건을 요구하면 MET가 되며, 최고고도 h_{max}를 정해주면 또 다른 궤도가 된다.

〈그림 3-1〉에서 자유낙하궤도는 co에서 시작해 T에서 끝난다. 굵은 점선으로 표시한 동력 비행궤도를 탄도탄의 속도가 co 점에서 미션 요구속도 $\vec{v}_R$에 도달하게 유도하고, $\vec{v}_{co}=\vec{v}_R$이 되면 엔진을 컷-오프함으로써 탄도탄은 co에서 표적 T로 자유낙하한다는 개념이다. 이

---

17) 좌표계를 지구 중심에 원점을 둔 관성계로 취하면 지표면에 고정된 발사대도 위도에 따른 자전속도를 갖게 된다.

러한 궤도 $\widehat{\mathrm{LcoRT}}$는 동력 비행궤도 $\widehat{\mathrm{Lco}}$과 자유낙하궤도(또는 케플러 궤도) $\widehat{\mathrm{LcoRT}}$의 두 부분으로 나뉜다. 두 궤도는 co 점에서 매끄럽게 연결되며 그 조건은 $\vec{v}_{missile}(\vec{r}_{\mathrm{co}})=\vec{v}_{\mathrm{R}}(\vec{r}_{\mathrm{co}})$이다. 탄도탄의 비행방향과 속력을 조종하여 기준궤도 $\widehat{\mathrm{LcoRT}}$상의 한 점 $\vec{\mathrm{r}}_{\mathrm{co}}$에서 속도 $\vec{v}_{missile}(\vec{r}_{\mathrm{co}})$가 미션 요구속도 $\vec{v}_{\mathrm{R}}(\vec{r}_{\mathrm{co}})$와 같아지는 순간 로켓 모터의 추력이 0이 되게 모터를 중지하면 로켓은 추력도 없고 대기도 없는 공간을 자유낙하하기 시작한다.[18] 물론 $\vec{r}=\vec{r}_{\mathrm{co}}$에서 엔진을 순간적으로 정지시킬 수는 없다. 연소가 종료될 때 시간을 t_{co}라 하면, $t=t_{\mathrm{co}}-\delta t$에서 주 엔진을 종료하고 속도 차 $\vec{v}_g=\vec{v}_{\mathrm{R}}(\vec{r}_{\mathrm{co}})-\vec{v}_{missile}(\vec{r})$가 0이 되도록 '버니어 엔진vernier engine'이나 PBV를 이용해 정밀 조종할 수 있다.

$\widehat{\mathrm{coRT}}$를 람베르트 조건으로 구한다고 할 때 연소종료 시점에서 시작하는 자유낙하 시간 t_{ff} 자체는 관심 있는 시간이 아니다. 표적조준 과정에서 관심 있는 비행시간은 L에서 T까지 전체 비행시간 τ_{T}이지, t_{ff}가 아니다. 〈그림 3-1〉에서 L에서 co까지 굵은 점선으로 표시된 동력 비행궤도를 미리 정해놓지 않는 한 연소시간 $t_{\mathrm{co}}=\tau_{\mathrm{T}}-t_{ff}$와 $\vec{\mathrm{r}}_{\mathrm{co}}$는 유도조종 방법에 따라 달라지고, 연소종료 시간 t_{co}가 바뀌면 t_{ff}는 τ_{T}가 일정하도록 조종해야 한다. 이는 동력 비행 유도컴퓨터는 람베르트 속도를 계산하는 '람베르트-루틴Lambert-routine'을 훨씬 자주 돌려야 한다는 의미다.

만약 지구에 대기가 없고 대포처럼 거의 순간적으로 7~8km/s 속력으로 가속하는 로켓이 있다면 〈그림 3-1〉에서 L과 L′을 구별할 필요도 없고 $\widehat{\mathrm{LcoT}}$ 자체가 자유낙하궤도가 된다. 이 경우 〈그림 2-1〉에서 보듯이 L과 T를 연결하는 자유낙하궤도 $\widehat{\mathrm{LcoT}}$는 z-축에 의해

18) 대륙간탄도탄이 연소종료되는 고도는 180km 이상이 될 것이므로, 대기마찰은 0이라고 가정해도 좋다.

양분된다. 따라서 Θ_L과 Θ_T는 다음과 같이 결정된다.

$$\begin{cases} \Theta_L = \pi - \frac{1}{2}\phi \\ \Theta_T = \pi + \frac{1}{2}\phi \\ \phi \ \ = \frac{s}{r_E} \end{cases} \tag{3-2}$$

이 경우 로켓은 발사되자마자 자유낙하궤도를 따라 표적으로 낙하한다. 하지만 이러한 궤도는 무한히 많다. 단 하나의 궤도를 얻으려면 원지점의 고도 h_{max}, 최소에너지 조건, 또는 L에서 T까지 비행시간 중의 한 가지 조건을 추가하면 타원궤도 방정식

$$r = \frac{a(1-e^2)}{1+e\cos\Theta(t)} \tag{3-3}$$

을 이용해 타원의 장반경 a와 이심률 e를 구하고, 식 (3-3)과 (2-26)을 이용해 γ_L과 v_L을 구할 수 있다.

최대사거리가 10,000km인 탄도탄의 L에서 요구속도는 $v_L \simeq 7.20$km/s, $\gamma_L \simeq 22.52°$다. 포구 속력이 1.5km/s인 대포와 같은 23,000g로 탄도탄을 가속한다면 시간은 0.032s, 거리는 114.9m에서 속도 7.2km/s가 되고, $\gamma_L = 22.52°$로 발사한다면 10,000km 표적까지 자유낙하할 수 있다. 현재 인류가 보유한 기술로는 순간적으로 7~8km/s로 가속하는 로켓을 제작할 수도 없고, 설사 그러한 로켓을 만들 수 있고 대기마찰에 의한 온도 7000~8000K를 견딘다 해도 로켓의 속력은 대기마찰로 급감하여 자유낙하 속도에서 벗어나므로 '탄도탄'으로서의 역할을 할 수 없다.[19]

그러나 현실적인 로켓과 대기로 충만한 실제 상황에서는 〈그림 3-1〉에서 보듯 로켓은 L에서 정지한 상태에서 이륙가속도 0.4~2.0g 사이의 실질 가속도로 상승을 시작한다. 수직으로 발사된 탄도탄은 '개방형 유도'를 통해 $\gamma(t)$ 값을 줄이면서 속력을 더욱 늘려간다. 로켓의 마지막 단이 점화되면 현재 위치에서 표적으로 낙하하는 데 요구되는 속도 $\vec{v}_R(t)$와 현재 탄도탄의 속도 $\vec{v}(t)$의 차 $\vec{v}_g(t)(=\vec{v}_R(t)-\vec{v}(t))$를 0으로 몰고 가는 '폐쇄형 유도'를 실시해 탄도탄의 비행방향을 조종한다. 속도 오차 $v_g(t)$가 어떤 특정 값 $\varepsilon(\sim 5\text{m/s})$에 이르면 엔진을 컷-오프하고 버니어 엔진이나 PBV를 사용해 $v_g(t_{co}) \to \epsilon\,\text{cm/s}$ 정도로 조종해 준다. $\epsilon < 25\text{cm/s}$ 이내로 제한할 수 있다면 ϵ으로 인한 사거리 오차는 500~600m를 넘지 않을 것으로 본다. $t \geq t_{co}$ 이후에는 중력에 의해 표적으로 자유낙하한다. 여기서 co와 T를 연결하는 자유낙하궤도는 장반경이 a, 이심률이 e인 타원으로 지구 중심이 하나의 초점이며, z-축에 의해 양분된다. 엔진이 컷-오프된 탄도탄이 따라가는 자유낙하궤도의 연장선인 타원궤도는 두 점에서 지표면과 만난다. 하나는 〈그림 3-1〉의 표적의 위치 T 점이고 다른 하나는 L′이다. 이렇게 정해진 점 L′은 일반적으로 L과는 다른 점이다. co($\vec{r}=\vec{r}_{co}$)에서 $\vec{v}(\vec{r}_{co})=\vec{v}_R(\vec{r}_{co})$이 될 조건에 의해 결정된 타원궤도를 ℧(모: mho)라고 하자.[20] co에서 T까지 MET 조건으로 결정된 타원을 $℧_{MET}$, 원지점 고도로 정해진 타원은 $℧_{Apogee}$, 비행시간으로 결정한 타원은 $℧_{Time}$로 구별하겠다.

통상적으로 MET 궤도라고 하는 궤도도 두 가지 다른 방법으로

19) 마찰로 잃어버린 속력에 의한 사거리 손실만큼 실제 사거리에 더한 것을 표적 사거리로 조준하는 '예상사격deflection shooting'으로 보완하는 것은 가능하다고 본다.

20) ℧는 저항을 나타내는 'ohm' Ω를 뒤집은 것으로 'mho'라고 부른다.

정의할 수 있다. 첫째는 co와 T를 연결하는 최소에너지 자유낙하궤도이고, 둘째는 L 근방의 임의의 점 L′과 T를 연결하는 최소에너지 자유낙하궤도다.[21] Q-유도와 같이 탄도탄의 현재 위치에서 $\vec{v}_R$을 계산하여 $\vec{v}_g$를 0으로 몰고 가는 유도방법을 사용하면 υ는 항상 co와 T 사이의 자유낙하궤도를 의미한다.[22] Q-유도에서 현재 위치는 별로 중요하지 않다. 다만 그 점에서 정의된 Q-매트릭스(Q-matrix)와 추력가속도 $\vec{a}_T$에만 관련된다. 제4장의 결과를 미리 사용하면 Q-매트릭스는 식 (3-4)와 같이 쓸 수 있다.[23]

$$\overleftrightarrow{Q} = \overrightarrow{\nabla}_r \vec{v}_R(\vec{r})\Big|_{t_{ff}, r_T} \tag{3-4}$$

사거리 2500km 미만에서는 Q-매트릭스 성분elements은 상수로 취급해도 오차는 1.5km를 넘지 않고, 사거리 10,000km 경우라도 시간에 대해 서서히 바뀌기 때문에 t의 다항식으로 근사할 수 있다. $\overleftrightarrow{Q}$의 이러한 특성은 매트릭스 성분을 탑재 컴퓨터가 아닌 외부의 대형 컴퓨터로 계산하고 시간의 다항식으로 근사近似하고 계수만 유도컴퓨터에 입력하는 것을 가능하게 했다.[24] 현대식 탑재 컴퓨터는 Q-성분을 실시간으로 계산할 수 있으므로 더 이상 외부에서 계산한 데이터를 이용하거나 근사식을 사용할 필요가 없다. 실시간으로 운동방정식과 Q-매트릭스를 계산하는 유도방법을 '명시적 유도'라고 한다. co는 탄도탄 실제속

21) 이 모든 경우 z-축은 항상 지구 중심과 원지점을 연결하는 직선으로 정한다. L′과 L은 같을 수도 있다.

22) Richard H. Battin, *An Introduction to the Mathematics and Methods of Astrodynamics*, Revised Edition (AIAA, 1999), pp.7-14.

23) 자세한 설명은 4부의 식 (4-27)을 참조하기 바란다.

24) Donald MacKenzie, *Inventing Accuracy* (MIT Press, 1993), p.146.

도와 요구속도 차가 0이 되는 곳의 위치이므로 Q-유도의 자유낙하궤도는 co부터 시작이다. co와 T를 지나는 MET 연장궤도가 지표면과 만나는 다른 한 점을 L″이라 하자. 이 궤도는 처음부터 L′과 T를 지나는 MET와는 조금 다른 궤도가 될 것이다.

미리 정한 궤도를 따라가도록 동력 비행을 조종하고, 미리 정해놓은 위치 co_{delta}에서 엔진을 컷-오프함으로써 co_{delta}와 T를 통과하는 정해진 자유낙하궤도를 따라가게 탄도탄을 유도하는 방법을 '델타 유도 delta-guidance'라고 한다. 델타 유도에서는 υ를 co_{delta}와 T를 지나는 자유낙하궤도 중의 하나로 선택하고 명목상 컷-오프 위치 t_{delta}, $\vec{r}_{delta}$에서 $\vec{v}_{R}(t,\vec{r})$를 $\Delta t(=t-t_{delta})$, $\Delta\vec{r}(=\vec{r}-\vec{r}_{delta})$의 급수로 전개한다.[25] 오차의 1차 항을 0이 되도록 조종하여 탄도탄이 궤도에서 벗어나면 다시 정해놓은 기준궤도로 돌아오도록 강제하는 델타 유도는 '빨래줄 유도 FBW(fly-by-wire guidance)'라고도 한다. 초창기 Q-유도와 마찬가지로 델타 유도에서도 외부 컴퓨터에서 계산한 전개계수를 탑재 유도컴퓨터에 입력함으로써 탑재 컴퓨터의 부하를 줄여줄 수 있다. 미국의 아틀라스와 구소련의 R-7과 R-36은 델타 유도를 사용했다.

두 번째 방법은 발사점 L 또는 L에서 δ만큼 떨어진 L′과 T를 지나는 자유낙하궤도 중의 하나를 기준궤도(R: reference trajectory)로 선택하고, υ와 구별해 ℵ(aleph)라고 하자.[26] 유도조종의 역할은 L에서 발사한 탄도탄의 동력 비행궤도를 ℵ 위의 한 점에 '접촉osculation'시키고 엔진을 컷-오프하는 것이다. 수학에서 두 곡선이 N차 접촉한다는 것은 접촉점osculating point에서 두 곡선의 1차 미분부터 N차 미

25) George R. Pitman, Jr., Edited, *Inertial Guidance* (John Wiley & Sons, Inc., 1962), pp.253-160.

26) ℵ는 히브리어의 첫 글자로 '알레프aleph'라고 읽는다. L′은 L과 같을 수도 있고, 이 경우 $\delta=0$이 된다.

분까지 값이 같다는 의미이지만, 동력 비행궤도와 자유낙하궤도와 접촉한다는 의미는 한 점에서 두 궤도의 속도벡터가 같다는 의미다. 동력 비행궤도에는 중력 외에 로켓엔진 추진력, 대기 저항, '조종력 steering force' 등이 작용하지만 접촉점의 고도가 100km 이상이면 대기저항은 무시해도 좋다. 접촉하는 순간 엔진을 컷-오프하고 조종을 멈추면 탄도탄에는 중력만 작용하고 표적을 지나가는 자유낙하궤도 ℵ의 속도와 같으므로 탄도탄은 ℵ를 따라 표적으로 낙하한다.

이상에서 살펴보았듯이 표적으로 유도되는 탄도탄의 궤도는 크게 동력 비행궤도powered flight trajectory와 자유낙하궤도free flight trajectory로 구분된다. 대부분의 경우 탄도탄의 표적은 지표면 근처에 있으므로 엔진 컷-오프 후 진공을 7~8km/s의 극초음속으로 비행한 RV는 다시 대기권으로 진입해야 한다. 상승궤도인 동력 비행구간에서는 저속으로 짙은 대기층을 지나고 속도가 4~8km/s의 극초음속hypersonic 구간에서는 대기밀도가 극히 낮아 대기저항이 크게 문제되지는 않는다.

하지만 RV가 거의 진공에서 대기권으로 다시 진입할 때의 속력은 7~8km/s이다. 100km 고도 이상에서는 대기밀도가 낮아 감속이 그리 크지 않으므로 높은 속도로 밀도가 높은 저고도로 진입하면서 속력의 제곱에 비례하는 대기저항력과 속력의 3제곱 이상에 비례하는 열이 RV 표면으로 흡수되는 '재진입궤도re-entry trajectory'를 만나게 된다.[27] 대기권 밖에서 대기권으로 진입하는 페이로드가 민수용이면 재진입궤도를 그냥 '진입entry'이라 하고, 군용이면 '재돌입re-entry이라고 한다. 재돌입 과정도 나름대로 동력 비행궤도나 자유낙하궤도와 구별되는 중요한 특성이 있으므로 보통 탄도탄 궤도는 동력 비행구간, 자유낙하 구간coasting section 및 재돌입 구간reentry trajectory으로 나

27) 재돌입 특성은 탄도계수ballistic coefficient' β에 의해 결정된다. β 값이 작으면 RV는 고고도에서 급속히 감속되지만 대기밀도가 낮아 RV로 흡수되는 열량은 적다.

눈다. 이 세 구간에서는 운동 물체에 작용하는 지배적인 힘dominant force이 다르다. 동력 비행구간은 추진력, 자유낙하 구간은 중력, 재돌입 구간은 대기마찰이 지배적인 힘이다.

제2장

기준궤도

1. 기준궤도의 정의

제1장에서 탄도탄의 궤도는 크게 동력 비행구간과 자유낙하 구간의 두 구간으로 나누어지고 자유낙하 구간 말미에 대기마찰이 극심해지는 구간이 존재한다. 동력 비행구간은 주 엔진main engine과 보조엔진vernier engine 또는 '추력변환노즐(TVC: thrust vector control)'을 이용해 탄도탄의 현재 위치에서 표적으로 자유낙하하는 데 필요한 속력으로 가속하고 비행방향을 조종하는 구간이다.

탄도탄의 속도가 요구속도와 일치하는 순간 엔진을 컷-오프하고, RV를 분리하면 RV는 표적으로 낙하하는 자유낙하궤도로 진입한다. 단거리 로켓 경우는 엔진의 컷-오프 고도가 낮아 컷-오프한 이후에도 RV는 대기저항을 받아 표적으로 자유낙하하는 궤도에서 벗어난다. 그러나 고도가 100km 이상에서 엔진이 컷-오프되는 중장거리 탄도탄은 컷-오프 이후 공기가 거의 없는 수백km 이상의 고진공을 비행하므로 대기마찰로 인한 속력 손실은 무시해도 좋다. 일단 엔진이 컷-오프되면 탄도탄은 컷-오프 위치를 초기 위치 $\vec{r}(t_{co})$로, 컷-오프 속도 $\vec{v}_R(t_{co})$를 초기 속도로 자유낙하를 시작한다. 탄도탄의 조준은 초기조건 $\vec{r}(t_{co})$와 $\vec{v}_R(t_{co})$를 자유낙하궤도가 표적위치 $\vec{r}_T$를 지나도록 정하는 것을 의미한다. $\vec{r}(t_{co})$와 $\vec{r}_T$를 지나는 조건만으로는 $\vec{v}(t_{co})$의 크기와 v_{co}의 방향과 γ_{co}가 유일하게 결정되지 않는다.

편평 지구flat Earth 문제에서 거리 S_F만큼 떨어진 발사점과 표적을 지나는 포물선의 초기 속력 v_0는 사거리 S_F와 초기 속도방향 γ_0의 함수인 식 (2-6)으로 표시되므로 사거리가 같은 무한히 많은 (v_0, γ_0) 조합이 존재한다. 발사대와 표적 사이의 비행시간 t_F 역시 v_0와 γ_0의 함수로 식 (2-7)로 주어진다. 편평 지구 문제에서 두 점을 지나는 자유낙하궤도를 유일하게 결정하기 위해서는 v_0와 γ_0 중 하나의 값을 임의로 정해주든가, 아니면 t_F 값을 정해주면 식 (2-8)에서 보듯이 초기 속도 v_0와 γ_0 값이 주어진 사거리 S_F와 자유낙하 비행시간 t_F의 함수로 유일하게 결정된다. 또 다른 방법은 주어진 사거리를 비행할 수 있는 최소운동에너지 조건 $dv_0/dt|_{S_F} = 0$을 요구하면 $\gamma_0 = \pi/4$ (=45°)가 되고, 궤도는 주어진 속력으로 가장 멀리 가는 최소에너지 궤도가 된다. 만약 최대고도 h_{max} 조건을 주어도 v_0와 γ_0는 S_F와 h_{max}의 함수로 결정된다.

이와 같은 자유낙하의 특성은 편평 지구가 아닌 실제 지구에서도 그대로 나타난다. 2부에서 구한 실제 지구에서 $\vec{r}_{co}$에서 자유낙하를 시작하는 RV가 시간 t_{ff} 후에 $\vec{r}_T$를 통과하기 위해 필요한 $\vec{r}_{co}$에서 속도는 식 (2-36)과 (2-39)로 주어진다. $\vec{r}_{co}$에서 요구속력 $v_R(\vec{r}_{co})$

은 자유낙하 사거리각 $\phi_F(=S_F/r_E)$와 γ_{co}의 함수로 나타나고, γ_{co}는 t_{ff}, ϕ_F 및 v_{co}의 음함수로 표시된다. ϕ_F와 t_{ff}는 미리 선정한 값을 가지므로 식 (2-36)과 (2-39)는 v_{co}와 γ_{co}에 대한 2개의 연립방정식이다. 식 (2-36)과 (2-39)는 v_{co}, γ_{co}의 음함수 식이므로 해석해는 구할 수 없지만, 해를 구하는 방법은 가우스Gauss가 『천체의 운동론』[28]을 발표한 이후 가우스 방법은 짧은 시간에 관측한 행성이나 혜성의 데이터로 전체 궤도를 계산하는 데 필수적인 도구가 되었다. 근래에 와서는 우주개발과 탄도탄 유도를 위해 가우스 해법은 더욱 정교해졌고, 계산 시간을 단축하는 방법도 다양해졌다.[29][30] 앞으로 상당 부분 해석적으로 다룰 수 있는 방법을 사용할 것이므로 가우스 방법을 소개하지는 않겠다. 강력하고 우아한 개선된 '가우스-바틴' 수치해법에 관심 있는 독자는 참고문헌을 참조하기 바란다.[31][32][33]

편평 지구에서와 마찬가지로 실제로 역제곱 중력장에서 운동하는 질점이 지나가는 두 점의 위치와 두 점 사이의 자유낙하 비행시간을 알면 두 점을 지나는 원추곡선은 유일하다는 것이 '람베르트 문제'다. 식 (2-8)은 편평 지구에서 람베르트 문제의 해답이고, 식 (2-36)과

---

28) Carl Friedrich Gauss, *Theory of the Motion of the Heavenly Bodies Moving about the Sun in Conic Sections: A Translation of Gauss' "Theoria Motus"* (Little, Brown and Company, 1857; Digitized by the internet Archive in 2007 with the funding from Microsoft Corporation): 이하 『천체 운동론』.

29) Richard H. Battin, *An Introduction to the Mathematics and Methods of Astrodynamics*, Revised Edition (AIAA, 1999), pp.4-5, 295-342.

30) Steve L. Nelson and Paul Zarchan, "Alternative Approach to the Solution of Lambert's Problem", *Journal of Guidance, Control, and Dynamics*, Vol. 15, No. 4, July-Agust 1992, pp.1003-1009.

31) Richard H. Battin, "Lambert's Problem Revisited", AIAA/AAS Astrodynamics Conference, San Diego, California/August 18-20, 1976.

32) Richard H. Battin and Robin M. Vaughan, "An Elegant Lambert Algorithm", *Journal of Guidance, Control, and Dynamics*, Vol.7, No. 6, pp.662-669.

33) Richard H. Battin, *An Introduction to the Mathematics and Methods of Astrodynamics,* Revised Edition (AIAA, 1999), pp.4-5, 295-342.

(2-39)는 '휠런-자찬'의 방법으로 얻은 실제 지구에서 람베르트 해다.[34)35)] 편평 지구에서 $\gamma_0=45°$일 때 운동에너지는 최소가 되지만, 실제 지구 문제에서 식 (2-36)으로 정해진 S_F를 고정하고, γ_{co}에 대해 v_{co}^2을 미분하고 0으로 놓음으로써 주어진 사거리에서 최소속도 v_{co}에 해당하는 비행경로각 γ_{coMET}를 구할 수 있다. 마찬가지로 궤도의 원지점 고도가 주어져도 두 점을 지나는 타원은 유일하게 결정할 수 있다. 식 (2-36)에서 γ_{co}를 임의 값으로 선택하더라도 해당하는 v_{co} 값이 유일하게 결정된다. 이상에서 우리는 동력 비행궤도를 따라 비행하는 탄도탄이 어느 순간 $t=t_{co}$에 엔진이 멈춘다면 $\vec{r}_{co}$에서 표적점 $\vec{r}_T$로 낙하하는 데 필요한 $\vec{v}_{co}$를 구하는 방법을 소개했다.

우주탐사용 로켓이든 탄도탄이든 로켓의 속도가 $\vec{v}(\vec{r})$이 미션 요구속도 $\vec{v}_R(\vec{r})$과 같아지는 $\vec{r}(t)$에서 엔진을 컷-오프하면 로켓은 자유낙하궤도를 따라가서 미션을 완료한다. 탄도탄(또는 우주로켓)의 유도컴퓨터guidance computer는 탄도탄이 이륙하면 짧은 시간 간격time cycle마다 VTG(velocity to be gained)라고 하는 미션 요구속도 $\vec{v}_R(\vec{r}_R)$과 탄도탄의 현재 속도 $\vec{v}(\vec{r})$과의 차 $\vec{v}_g(=\vec{v}_R-\vec{v})$를 계산한다. VTG가 0이 되면 엔진을 컷-오프하고 VTG가 0이 아니면 0이 되도록 탄도탄의 비행방향을 조종하는 것이 유도조종 과정이다. 탄도탄이 발사되고 $\vec{v}_g=0$이 될 때까지 탄도탄이 따라가는 궤적이 동력 비행궤도이다. 따라서 탄도탄의 유도컴퓨터는 $\vec{v}_R(\vec{r}_R)$을 계산하기 위해 매시간 간격마다 람베르트 해를 구해야 한다. '가우스-바틴' 방법으로 $\vec{v}_{co}$를

34) Albert D. Wheelon, "Free Flight of a Ballistic Missile", *ARS Journal*, Vol. 29, No. 12 (1959), pp. 915-926.

35) Steve L. Nelson and Paul Zarchan, "Alternative Approach to the Solution of Lambert's Problem", *Journal of Guidance, Control, and Dynamics*, Vol. 15, No. 4, July-Agust 1992, pp. 1003-1009.

구하든 '휠런-자찬' 방법으로 구하든 실시간으로 람베르트 해를 구하는 것은 유도컴퓨터 성능에 부담을 주는 것이 사실이다. 달이나 행성 탐사 또는 탄도탄 유도에서 짧은 시간 간격마다 람베르트 해를 구할 필요가 없는 간편한 유도방법을 소개하는 것이 필자의 의도다.

〈그림 3-1〉에서는 자유낙하 비행궤도 $\widehat{coT}$와, 궤도 $\widehat{coT}$를 전 영역으로 확장한 타원궤도가 지표면과 만나는 점을 L′이라고 표시했다. $\widehat{L'coT}$는 자유낙하궤도를 나타내지만, $\widehat{coT}$를 co와 T 사이의 비행시간, MET 조건, 또는 임의의 γ_{co} 값을 사용하여 구했느냐에 따라 L′ 위치는 바뀐다. $\widehat{coT}$를 연장해서 얻은 원추곡선은 앞서 우리가 정의한 $\mho$(mho) 궤도다. 사실 Q-유도와 같이 탄도탄의 위치 $\vec{r}$에서 실시간으로 $\vec{v}_R(\vec{r})$을 계산하는 유도방법에서는 L′은 별 의미가 없는 위치이고, VTG가 0이 되는 $\vec{r}_{co}$에 도달하기 이전에는 구할 수도 없는 위치다.

탄도탄이나 우주로켓 발사위치 L과 같거나 조금 다른 위치에 L′을 임의로 정하고, L′과 T를 연결하는 가상적인 자유낙하궤도를 $\aleph$라고 하자. $\aleph$는 대기가 없는 지구에서 L′에서 속도 $\vec{v}_{L'}$로 발사된 가상 탄도탄이 표적 T로 자유낙하하는 궤도이며 제1장에서 두 번째 방법으로 소개한 $\aleph$와 같은 궤도를 의미한다. $\aleph$를 기준궤도로 택하기로 한다. 기준궤도를 MET 조건으로 구하면 $\aleph_{MET}$, 비행시간 조건으로 구하면 $\aleph_{Lambert}$, 원지점 고도 조건으로 구하면 $\aleph_{Apogee}$ 등으로 표기한다. L에서 사거리각은 $\phi_L = s/r_E$, L′에서 T까지 사거리각은 $\phi_{L'} = s'/r_E$으로 정의하고, $s' = s + \delta$는 '오프셋 사거리offset range'라고 하자.[36] $\aleph$를 기준궤도로 택하면 Q-유도방법은 쓸 수 없다. Q-유도

36) 통상적으로 $s \gg \delta \geq 0$인 값을 취하지만 작은 음수도 될 수 있는 양이다.

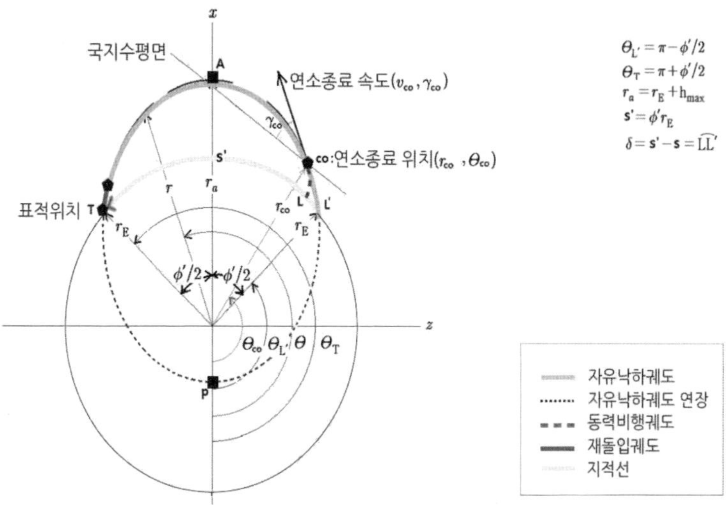

그림 3-2 가상 발사점 L′과 표적위치 T 및 원지점 A(apogee)를 지나는 타원이 기준궤도 중의 하나다. p는 근지점(perigee)을 나타낸다. 근지점의 근점이각은 0으로 정의되고, L′과 원지점 및 표적의 근점이각은 각각 $\Theta_{L}' = \pi - \phi'/2$, $\Theta_A = \pi$ 및 $\Theta_T = \pi + \phi'/2$로 주어진다. L에서 탄도탄이 발사되어 co에서 연소를 종료하면 기준궤도로 매끄럽게 진입한다. L′에서 T까지 지표면을 따른 거리 s′은 L에서 T까지 거리인 사거리 s로 표시하면 $s' = s + \delta$이 되고, 사거리각은 $\phi = s/r_E$로 정의한다.

에서 $\vec{v}_g(\vec{r}) = \vec{v}_R(\vec{r}) - \vec{v}(\vec{r})$는 같은 위치 $\vec{r}(t)$에서 자유낙하궤도상의 속도 $\vec{v}_R(\vec{r})$과 탄도탄의 동력 비행궤도상의 속도 $\vec{v}(\vec{r})$의 차로 계산하지만, 기준궤도 ℵ를 이용하는 유도방법은 기준궤도 ℵ 위의 한 점 $\vec{r}_R(t)$에서 자유낙하 속도 $\vec{v}_R(\vec{r}_R(t))$과 동력 비행궤도상의 대응되는 한 점 $\vec{r}(t)$에서 속도 $\vec{v}(\vec{r}(t))$의 차가 $\vec{v}_g(\vec{r}(t), \vec{r}_R(t))$로 정의되기 때문이다. 일반적으로 $\vec{r}(t) \neq \vec{r}_R(t)$이므로 통상적으로 명시적 유도에 사용하는 Q-매트릭스 방법 대신 동력 비행궤도를 기준궤도 ℵ 위의 한 점에서 접촉하도록 동력 비행궤도를 변형시키는 방법이다. 접촉점에 도달하는 순간에 엔진을 컷-오프하면 탄도탄 또는 분리된

RV는 $\aleph$를 따라 표적으로 낙하하게 된다.

Q-매트릭스 방법에서는 엔진 컷-오프 점 co(또는 B)에서 $\vec{r}_{co}$와 $\vec{v}_R$에 의해 결정되는 υ를 구하는 유도 과정에서 복잡한 람베르트 계산을 반복적으로 수행해야 하지만, 기준궤도 $\aleph$를 사용하는 방법에서는 람베르트 계산은 $\aleph$를 구하기 위해 미리 단 한 번만 수행하면 된다. 더구나 지구 중력이 역제곱 법칙을 따르고 L′의 고도를 T와 같다고 가정하면 $\aleph$와 관련된 물리량 계산은 ϕ'만의 비교적 간단한 해석함수로 표시할 수 있다. 특히 $\aleph_{MET}$의 이심률 e, 장반경 a, $v_{L'}$ 및 $\gamma_{L'}$은 $\phi_{L'} = s'/r_E$와 $\sin(\phi'/2)$ 및 $\cos(\phi'/2)$의 간단한 함수로 주어진다.

이제 앞으로 자주 쓰게 될 몇 가지 기준궤도를 간단히 구하는 방법을 소개하겠다. 미리 선정할 기준궤도 $\aleph$가 발사대 L 근처 지표상의 한 점 L′과 표적 T를 지나게 설정하면 동력 비행궤도를 $\aleph$ 위의 한 점에서 접촉하도록 조종하는 방법이 훨씬 간결해진다. 〈그림 3-2〉에서 보는 것처럼 L′과 표적 T를 지나는 기준궤도의 지적선의 거리는 사거리가 아닌 s′으로 실제 탄도탄이 발사되는 L에서부터 표적까지 사거리 s와는 δ만큼 차이가 난다.[37)]

$$s' = s + \delta \tag{3-5}$$

$$\phi' = s'/r_E \tag{3-6}$$

여기서 δ는 어느 정도 임의로 취할 수 있는 거리로 보면 된다.[38)] 자유낙하궤도는 람베르트 궤도 또는 MET가 될 수 있고, 원지점의

---

37) $\delta = 0$도 가능하다. 이 경우 L′은 L과 같은 점이 된다.

38) δ 값에 따라 기준궤도 $\aleph$와 동력 비행궤도 모양과 추진제 소모량이 약간씩 달라진다.

고도가 주어진 궤도도 될 수 있다.

기준궤도를 사용하는 경우 탄도탄으로 표적 T를 조준한다는 것은 L′에서 발사된 탄도탄의 궤도가 표적 T를 지나는 기준궤도를 정하는 것과 같다. 탄도탄의 유도조종은 기준궤도 위의 한 점 co에서 동력 비행궤도를 접촉하도록 탄도탄을 조종한다는 의미다. 더구나 이러한 유도조종은 '크로스 프로덕트 조종(CPS: cross product steering)' 또는 '벡터 외적外積 조종vector product steering' 방법으로 자동적으로 진행될 수 있다. 제2장에서는 기준궤도 개념 및 각종 기준궤도를 소개하고, 제3장에서는 동력 비행궤도를 지배하는 운동방정식을 소개하겠다.

2. 가상 발사점 L′과 원지점 A 및 표적 T에 의해 결정되는 기준궤도

〈그림 3-2〉에서 L′, A, T 점을 지나는 기준궤도는 가상 발사점 L′의 '가상 사거리각' ϕ'과 원지점 고도 $h_{\max}(=r_a-r_E)$에 의해 유일하게 결정된다. 〈그림 3-2〉에서 좌표계의 z-축은 원지점 A와 근지점 p를 연결하는 장축으로 잡았고, x-축은 z-축에 수직이며 지구 중심을 지나는 직선으로 잡았다. 궤도방정식은 지구 중심에 원점을 가진 극좌표계에서 기술하며 근점이각 Θ는 근지점을 기점으로 반시계방향으로 증가한다. L′과 표적위치 T 및 원지점 A를 지나는 타원이 기준궤도 $\aleph_{\text{apogee}}$다. 근지점 p의 근점이각은 0으로 정의되고, L′ 점과 원지점 A 및 표적위치의 근점이각은 각각 $\Theta_{L'}=\pi-\phi'/2$, $\Theta_A=\pi$ 및 $\Theta_T=\pi+\phi'/2$로 주어진다. 〈그림 3-2〉는 사거리가 $s(=s'-\delta)$인 탄도탄을 L에서 발사하여 co에서 연소를 종료하고 기준궤도로 매끄럽

게 진입하는 그림을 보여준다.

실제 탄도탄은 L에서 수직으로 발사된 후 급속히 가속하고 굵은 점선 궤도를 따라 $\widehat{\mathrm{Lco}}$ 구간에서 속도와 위치를 조종하여 co에서 기준궤도의 요구속도에 도달하도록 유도한다. 기준궤도는 지구의 질량이 중심에 모여 있고 대기가 없다면 co 점에서 분리된 RV가 점선 부분과 실선 $\widehat{\mathrm{L'coAT}}$로 이루어진 기준타원궤도를 따라 계속 움직이는 인공위성 궤도의 일부로 이해하면 될 것이다. 그러나 지구의 반경은 항상 탄도탄의 근지점보다 크므로 실제 RV의 비행은 T에서 끝난다.

타원궤도 $\widehat{\mathrm{L'AT}}$는 z-축에 대해 대칭성을 가지므로 타원궤도 파라미터 a와 e를 쉽게 구할 수 있고 a와 e의 값을 식 (2-20)에 대입함으로써 타원궤도가 완전히 결정된다. 일단 타원궤도가 정해지면 궤도상의 임의 점에서 가지는 속도 $\vec{v}_{\mathrm{R}}(\vec{r})$를 비롯해 필요한 모든 데이터를 쉽게 구할 수 있다. 기준궤도 위의 모든 점 $\vec{r}_{\mathrm{R}}$에서 속도 $\vec{v}_{\mathrm{R}}(\vec{r}_{\mathrm{R}})$은 $\vec{r}_{\mathrm{R}}$에서 표적으로 자유낙하는 데 요구되는 요구속도가 된다.

〈그림 3-2〉에서 제시한 좌표계에서 기준궤도의 $\widehat{\mathrm{L'T}}$ 부분은 z-축에 의해 양분되는 성질을 이용해 기준궤도의 이심률 e와 장반경 a는 다음과 같이 구할 수 있다. 궤도방정식 (2-20)에 $r_{\mathrm{L'}}=r_{\mathrm{E}}$, $\Theta_{\mathrm{L'}}=\pi-\phi'/2$와 $\Theta_{\mathrm{A}}=\pi$, $r=r_a$를 대입하여 얻은 방정식을 e에 대해 풀면 이심률은 다음과 같이 결정된다.

$$e=\frac{r_a-r_{\mathrm{E}}}{r_a-r_{\mathrm{E}}\cos(\phi'/2)} \tag{3-7}$$

한편, a 값은 $\Theta_{\mathrm{A}}=\pi$와 식 (3-7)을 이용하여 구하면 다음과 같다.

$$a = r_a \frac{r_a - r_E\cos(\phi'/2)}{2r_a - r_E - r_E\cos(\phi'/2)} \tag{3-8}$$

일단 a와 e 값이 결정되면, Θ, v, γ에 대해 다음과 같은 값을 얻는다.

$$\begin{cases} \cos\Theta = \dfrac{a(1-e^2)/r - 1}{e} \\ \cos\gamma = \dfrac{\sqrt{a(1-e^2)/r}}{\sqrt{2-r/a}} \\ v \quad\;\; = \sqrt{\mu\left(\dfrac{2}{r} - \dfrac{1}{a}\right)} \end{cases} \tag{3-9}$$

식 (3–9)의 세 번째 식은 우리가 통상적으로 '비스-비바 방정식vis-viva equation'으로 알고 있는 식이다. L′에서 $v_{L'}$과 $\gamma_{L'}$은 다음 식으로 주어진다.

$$\begin{cases} v_{L'} = \sqrt{\mu\left(\dfrac{2}{r_E} - \dfrac{1}{a}\right)} \\ \gamma_{L'} = \cos^{-1}\left[\dfrac{\sqrt{a(1-e^2)/r_E}}{\sqrt{2-r_E/a}}\right] \end{cases} \tag{3-10}$$

위 식은 식 (3–9)를 $r = r_E$에서 다시 쓴 것이다. 식 (3–9)의 세 번째 식은 식 (2–22)에서 v^2을 취하고 $l^2 = \mu a(1-e^2)$과 다음의 관계식을 사용하면 얻을 수 있다.

$$\frac{\mu^2}{l^2}(1+2e\cos\Theta+e^2)=\mu\left(\frac{2}{r}-\frac{1}{a}\right) \tag{3-11}$$

위에서 개발한 식들은 $s'(=r_E\phi')$, $L'(r_E, \pi-\phi'/2)$과 원지점 A (r_a, π)를 알 때 궤도를 손쉽게 추정할 수 있는 방법을 제공한다. 실제로 비행시험을 레이더로 관측하면 얻을 수 있는 데이터가 원지점 고도 $h_{max}(=r_a-r_E)$다. 가상 사거리 s'과 r_{co} 및 최고고도 h_{max}를 알고 있는 경우 궤도의 e와 a는 식 (3-7)과 (3-8)에 의해 결정되고, co 점에서 비행경로각 γ_{co}와 속력 v_{co}는 식 (3-9)에 의해 결정된다. 탄도탄 시험비행에서 사거리 s와 최고고도 h_{max}(원지점 고도)를 알면 기준궤도의 a와 e를 근사적으로 구할 수 있고, $\gamma_{L'}$과 $v_{L'}$ 등 L′ 점에서 비행경로각과 속력을 구할 수 있다. 연소종료 고도 $h_{co}(=r_{co}-r_E)$만 알면 궤도방정식 (2-20)과 식 (3-7), (3-8), (3-9)를 이용해 Θ_{co}, γ_{co}와 v_{co}를 구할 수 있고, 로켓의 성능을 알 수 있다.

3. 최소에너지 기준궤도: RMET

주어진 탄도탄으로 가장 먼 표적을 공격할 수 있는 '최대사거리궤도maximum range trajectory'는 매우 현실적인 궤도다. '최소에너지궤도(MET)'는 주어진 사거리를 비행하는 최소 운동에너지를 가진 궤도를 의미한다. 하지만 단위질량당 운동에너지는 $1/2\,v_{co}^2$이므로 최소 에너지는 최소 속력을 의미하므로 MET는 주어진 사거리를 가장 낮은 속력으로 갈 수 있는 궤도인 동시에 주어진 속력으로 가장 멀리 갈 수 있는 궤도라는 뜻도 된다. 이러한 이유로 최소에너지궤도는 최대사거리궤도로 더 잘 알려져 있지만, MET는 근거리 사격에도 항상 사용할 수 있으므로 MET를 최대사거리궤도라 부르면 혼란이 올 수도 있다. 주어진 탄도탄으로 가장 멀리 비행할 수 있는 궤도가 MET인 것은 맞지만, 가까운 표적이라도 MET로 조준하고 요구속도에 이르러 엔진을 컷-오프하면 탄두는 표적으로 낙하한다. 따라서 추진제가 소진될 때 가장 멀리 가는 궤도는 MET이고, 이때 사거리가 그 탄도탄의 '최대사거리maximum range'가 되는 것이다. 그러나 가까운 표적을 MET로 사격한다고 그 사거리가 최대사거리가 되는 것은 아니다.

일반적으로는 주어진 비행시간을 이용해 람베르트 속도 $\vec{v}_R$을 구하기 위해서는 수치계산에 의존해야 하지만, 아주 간단하면서도 실제로 가장 유용한 탄도탄 궤도를 손쉽게 구할 수 있는 경우가 v_{MET}를 자유낙하궤도로 택할 때이다. 최대사거리궤도 조건은 식 (2-36)으로 정의된 람베르트 속력에서 사거리($\phi_F = s_{ff}/r_E$)를 고정하고 v_{co} 값이 최소가 되는 γ_{co}를 구하는 것과 동일하다. 여기서 s_{ff}와 ϕ_F는 각각 자유낙하 비행의 지적선의 길이와 사거리각 $\phi_F = s_{ff}/r_E$를 의미한다. 주어진 ϕ_F 값에서 v_{co}가 최소가 되는 조건은 다음과 같다.

$$\partial v_{co}^2 / \partial \gamma_{co} \,|_{\phi_F;\, r = r_{co}} = 0 \tag{3-12}$$

γ_{co}를 구하기 위해 식 (2-36)에서 ϕ_F를 고정하고, v_{co}^2를 γ_{co}로 미분하여 0으로 놓음으로써 v_{co}를 최소로 하는 γ_{co} 값은 다음 방정식의 해가 된다는 것을 알 수 있다.

$$\sin(2\gamma_{co}) = \frac{r_T}{r_{co}} \sin(\pi - 2\gamma_{co} - \phi_F) \tag{3-13}$$

통상적인 탄도탄의 표적은 지상 또는 얕은 지하에 있는 것이 보통이다. r_{co}는 지구 반경 r_E보다 100km 이상 길고 표적은 지표면 근처에 존재하므로 $r_T \simeq r_E$다. 따라서 일반적으로 $r_{co} \neq r_T$이지만, 기준궤도 $\aleph$에서는 $r_{co} = r_{L'} = r_E$이므로 $r_{L'} = r_T$ 관계가 성립한다. $\aleph$를 $\aleph_{MET}$(RMET)로 선택하면 $r_{co} = r_{L'}$이 되고 $r_{L'} = r_T$로 선택할 수 있다.[39] 더구나 대부분의 탄도탄 표적은 지표면 근처에 있으므로 $r_{L'} = r_T = r_E$로 놓을 수 있다. 따라서 식 (3-13)은 다음과 같은 해를 가진다.

$$\gamma_{L'} = \frac{1}{4}(\pi - \phi') \tag{3-14}$$

기준궤도 $\aleph_{MET}$는 항상 L′과 T를 지나는 최소에너지궤도이므로 v_{MET}와는 달리 연소종료 고도 $h_{co}(= r_{co} - r_E)$에 상관없이 결정된다. 얼핏 보면 MET는 아주 특별한 경우이지만, 실제로 가장 즐겨 사용하는 궤도일 것으로 추정된다. 탄도탄의 최대사거리보다 짧은 거리에 있는 표적도 발사점과 표적점까지의 거리를 MET로 연결하는 $\gamma_{L'}$ 값을 구하고 식 (2-36)에 대입하여 요구되는 속력 $v_{L'}$를 구한다. 로켓이 소진되기 훨씬 전이라도 로켓의 속력과 비행경로각이 v_{co}와 γ_{co}에 도달하면 동력 비행궤도는 $\aleph_{MET}$와 접촉되고 이때 강제로 엔진을 컷-오프하면 탄도탄의 RV는 $\aleph_{MET}$를 따라 표적 T로 낙하한다. 이러한 방법으로 '최소사거리' 밖의 모든 표적을 MET로 사격할 수 있다.

사거리 s가 짧은 경우는 $v_{L'}$과 $\gamma_{L'}$은 다음과 같이 근사된다.

---

39) $r_T \neq r_E$이라도 상관없다. L′은 L 근처에서 거의 임의로 정할 수 있는 오프셋 위치로 취급하면 된다.

$$\gamma_{L'} \simeq \frac{1}{4}(\pi - s'/r_E) \tag{3-15}$$

$$v_{L'}^2 \simeq \frac{2\mu}{r_E} \frac{\sin\left(\frac{s'}{2r_E}\right)}{1+\sin\left(\frac{s'}{2r_E}\right)} \tag{3-16}$$

$s' \ll r_E$인 경우는

$$\gamma_{L'} \simeq \frac{1}{4}\pi \,(=45^\circ)$$

$$v_{L'}^2 \simeq g\,s'$$

가 되어 편평 지구 근사에서 얻은 식 (2-6)에 $\gamma_0 = \pi/4$ 대입하여 얻은 최대사거리 속력과 일치한다.[40]

사거리가 지구 반경에 비해 아주 작은 경우에는 45°로 던질 때 가장 멀리 가는 것은 경험을 통해 알고 있고, 식 (3-7)과 (3-15) 및 식 (3-16)에서 보았듯이 $\phi' \ll 1$인 경우 궤도가 포물선이 된다는 것을 쉽게 확인할 수 있다.[41] 그러나 사거리가 지구 반경에 비해 무시할 수 없는 거리로 증가하면 궤도는 포물선이 아니라 타원으로 바뀌고 최대사거리를 주는 초기 비행경로각 $\gamma_{L'_{MET}}$는 45°가 아닌 식 (3-14)에 의해 결정된다. 기준궤도 $\aleph_{MET}$가 지표면과 만나는 점 L′에서 속도 $\vec{v}_{L'_{MET}} = \left(v_{L'_{MET}}, \gamma_{L'_{MET}}\right)$는 다음과 같이 주어진다.

---

40) $\delta = 0$이라도 접촉점이 존재한다. 일반적으로 δ는 $\delta_{min} < \delta < \delta_{max}$과 같이 상한과 하한이 존재한다. δ_{min}은 비교적 작은 음수가 될 수 있다.

41) $\lim_{\phi' \to 0} e = 1$이므로 타원은 포물선으로 접근하고 장반경은 $a = r_a/2$이 된다.

$$\gamma_{L'_{MET}} = (\pi - \phi')/4 \tag{3-17}$$

$$v_{L'_{MET}} = \sqrt{\frac{\mu}{r_E}} \sqrt{\frac{1-\cos\phi'}{\cos^2\gamma_{L'_{MET}} - \cos\gamma_{L'_{MET}}\cos(\gamma_{L'_{MET}} + \phi')}}$$
$$= \sqrt{\frac{\mu}{r_E}} \sqrt{\frac{2\sin(\phi'/2)}{1+\sin(\phi'/2)}}$$

(3-18)

여기서 r_E는 지구 반경 6371km를, s′는 L′에서 T까지 대원을 따라 잰 사거리이고, ϕ'는 기준궤도상의 L′에서 표적 T까지 '가상 사거리각' s'/r_E을 의미한다. 식 (3-17)은 식 (3-11)에 $r_T/r_{co} = 1$을 대입하고 풀어서 얻었고, 식 (3-18)은 식 (2-36)에 식(3-17)에 의해 정의된 $\gamma_{L'_{MET}}$를 대입하고 co 점 대신 L′ 점으로 대체하여 얻은 식이다. 식 (3-18)을 s′에 대해 풀면 다음과 같은 식을 얻을 수 있다

$$s' = 2r_E \sin^{-1}\left(\frac{1}{2\chi - 1}\right) \tag{3-19}$$

$$v_o = \sqrt{\mu/r_E}, \quad \chi = (v_o/v_{L'_{MET}})^2 > 1 \tag{3-20}$$

v_o는 지구 중심에서 거리가 $r = r_E$인 원궤도의 궤도 속력이다. 물론 지구에는 공기도 있고 산도 있으며, 또 구球도 아니기에 이러한 궤도는 존재할 수 없지만, v_o 값을 그렇게 정했다는 의미다. L′에서 속도 $\vec{v}_{L'_{MET}} = (v_{L'_{MET}}, \gamma_{L'_{MET}})$로 출발한 기준궤도 $\aleph_{MET}$는 다음과 같다.

$$r(t) = \frac{a_{L'_{MET}}\left(1 - e^2_{L'_{MET}}\right)}{1 + e_{L'_{MET}}\cos\Theta(t)} \tag{3-21}$$

여기서 근점이각 Θ는 지구 중심에 원점을 둔 극좌표계에서 장반경을 기준으로 근지점에서 원지점 방향으로 반시계방향으로 잰 근점이각이다. L′ 지점에서 $r=r_E$이고, $\Theta_{L'}=\pi-\phi'/2$로 주어진다. 근점이각 $\Theta_{L'}$와 비행경로각 $\gamma_{L'_{MET}}$ 사이의 관계식

$$\tan\gamma_{L'_{MET}}=\frac{e_{L'_{MET}}\sin\Theta_{L'}}{1+e_{L'_{MET}}\cos\Theta_{L'}} \tag{3-22}$$

와 식 (3-21)을 L′과 T를 지나는 타원궤도 중 에너지가 최소가 되는 L′에서 속도 $\vec{v}_{L'_{MET}}$는 식 (3-17)과 (3-18)에 의해 결정되고, 이심률 $e_{L'_{MET}}$, 장반경 $a_{L'_{MET}}$와 $\aleph_{MET}$를 따라 L′과 T 사이를 자유낙하하는 비행시간 t_{ff}는 다음과 같다.

$$\begin{cases} e_{L'_{MET}} = \dfrac{1-\sin[\phi'/2]}{\cos(\phi'/2)}=\dfrac{\cos(\phi'/2)}{1+\sin(\phi'/2)} \\ a_{L'_{MET}} = \dfrac{1}{2}r_E[1+\sin(\phi'/2)] \\ t'_{ff} = 2\sqrt{\dfrac{a^3_{L'_{MET}}}{\mu}}\,(\pi-E_{L'}+e_{L'_{MET}}\sin E_{L'}) \\ \sin E_{L'}=\dfrac{\sqrt{1-e^2_{L'_{MET}}}\sin\Theta_{L'}}{1+e_{L'_{MET}}\cos\Theta_{L'_{MET}}}=\sqrt{1-e^2_{L'_{MET}}}=\sqrt{\dfrac{2\sin\phi'/2}{1+\sin\phi'/2}} \\ \cos E_{L'}=-\dfrac{\cos\phi'/2}{1+\sin\phi'/2}=-e_{L'_{MET}},\ \pi/2<E_{L'}<\pi \end{cases}$$

(3-23)

(3-23)의 t'_{ff} 식을 얻는 과정에서 원지점 A의 근점이각 $\Theta_A=\pi$,

L′의 근점이각 $\Theta_{L'} = \pi - \phi'/2$, t_{ff}에 관한 식 (2-51) 및

$$\cos E = \frac{e_{L'_{MET}} + \cos\Theta}{1 + e_{L'_{MET}}\cos\Theta}$$

를 이용했다.[42]

식 (3-23)으로 정의된 $\aleph_{MET}$는 L′과 T를 지나는 MET다. 일단 목표를 향한 $\aleph_{MET}$는 설정되었지만, 실제 탄도탄은 L′이 아닌 L 지점에서 발사된다. 탄도탄은 별도의 동력 비행궤도를 따라 가속하면서 $\aleph_{MET}$ 위의 한 점 $\vec{r}_{co}$에서 속도 $\vec{v}_{co}$가 $\aleph_{MET}$ 궤도상의 속도 $\vec{v}(\vec{r}_{\infty})$와 일치하도록 탄도탄을 유도한다. 탄도탄의 유도장치는 실제 탄도탄의 속도 $\vec{v}$와 요구속도 $\vec{v}_R$과의 차 $\vec{v}_g(=\vec{v}_R - \vec{v})$가 기준궤도상의 어느 한 점 $\vec{r}_{co}$에서 0이 되도록 속력과 방향을 제어한다. 탄도탄의 속도와 위치가 $\aleph_{MET}$상의 속도와 위치가 일치할 때 엔진 작동을 멈추면 탄도탄은 $\aleph_{MET}$로 매끄럽게 진입한다. 즉, $\vec{v}_{co}$는 $\vec{r}_{co}$에서 요구속도 $\vec{v}_R$이 된다는 뜻이다.

$\aleph_{MET}$ 위에서는 총에너지가 보존되므로 r_{co} 점에서 기준궤도상의 속력 v_R은 다음과 같다.

$$v_{co} = \sqrt{\frac{2\mu}{r_{co}}}\sqrt{\left(1+\sin\frac{\phi'}{2} - r_{co}/r_E\right)\Big/\left(1+\sin\frac{\phi'}{2}\right)} \tag{3-24}$$

탄도탄의 실제 속력 v가 위치 $\vec{r}_{co}$에서 기준궤도의 $\vec{r}_{co}$ 점에서 가

42) Ulrich Walter, *Astronautics* (Wiley-VCH Verlag GmbH & Co. KGaA, 2008) p.161.

져야 할 속도와 같아지는 순간 엔진 작동을 멈추면 연소종료 속도는 $\vec{v}_{co} = \vec{v}_R$이 된다.[43] 기준궤도를 $\aleph_{MET}$로 택하면, $\vec{r}_{co}$ 점에서 비행경로각은

$$\gamma_{co} = \cos^{-1}\left[\frac{1}{\sqrt{2}}\sqrt{\frac{r_E}{r_{co}}\frac{\sin(\phi'/2)(1+\sin(\phi'/2))}{\sin(\phi'/2)+1-r_{co}/r_E}}\right] \quad (3\text{-}25)$$

가 되는 것을 알 수 있다. 식 (3-25)는 RMET 위의 점 $\vec{r} = \vec{r}_{co}$에서 ϕ'과 비행경로각 γ_{co} 사이의 관계식으로 식 (2-26)의 두 번째 식,[44]

$$\cos\gamma_{co} = \frac{1+e\cos\Theta_{co}}{\sqrt{1+2e\cos\Theta_{co}+e^2}}$$

을 $\aleph_{MET}$ 위의 한 점 $\vec{r}_{co}$에 적용하면 얻을 수 있다. 여기서 $r_{co} = r_E (= r_{L'})$인 경우는 항등식

$$\begin{aligned}\sqrt{1+\sin(\phi'/2)} &\equiv \cos(\phi'/4)+\sin(\phi'/4)\\ &= \sqrt{2}\cos(\pi/4-\phi'/4)\end{aligned}$$

을 사용하면, $\gamma_{L'} = (\pi-\phi)/4$가 되어 식 (3-17)과 같아진다. 식 (3-23)에서

---

43) v_{co}는 추진제가 소진되기 전에 v_{co}에 도달할 수 있으므로 $\Delta v_{co} \le \Delta v_{cap}$ 관계가 성립한다.

44) 정규수, 『로켓 과학 I: 로켓 추진체와 관성유도』 (지성사, 2015), p.316. 『로켓 과학 I』에서 θ는 비행경로각 γ로, Ψ는 지금의 근점이각 Θ로 바꾸면 현재 우리가 쓰는 기호가 된다.

$\lim_{\phi \to 0} e_{L'_{MET}} = 1$이 되어 $\phi' \ll 1$인 경우 MET 타원은 사실상 포물선으로 바뀌는 것을 볼 수 있으며 식 (3-25)에서 $\lim_{\phi \to 0} \gamma_{L'} = 45°$임을 알 수 있다. 식 (3-23)을 이용하면 식 (3-21)의 $\aleph_{MET}$의 궤도방정식은 다음과 같이 다시 쓸 수 있다.

$$r = r_E \frac{\sin(\phi'/2)\,[1 + \sin(\phi'/2)]}{1 + \sin(\phi'/2) + \cos(\phi'/2)\cos\Theta} \tag{3-26}$$

지금까지 설명은 L′과 T를 지나는 MET를 기준궤도 $\aleph_{MET}$로 잡았지만, 기준궤도가 꼭 MET가 될 필요는 없다. L′과 T를 지나는 모든 타원 중에 어느 것이든 기준궤도로 선택할 수 있다. $\aleph$를 기준궤도로 택한 경우 δ를 0으로 취해도 아무 문제가 없다. $\delta = 0$일 때는 L′과 실제 발사점 L은 같은 점이고, $s' = s$가 된다. 이 경우 실제 사거리 s는 최소에너지 사거리가 된다!

〈그림 3-2〉의 co 점에서 기준궤도로 진입한 탄도탄은 기준궤도를 따라 재돌입 시작점으로 잡은 R 점까지 비행하고, R에서 T까지는 재돌입궤도를 따라 표적에 낙하한다. 우리가 R 점을 기점으로 자유낙하궤도와 재돌입궤도가 나뉘는 것처럼 소개했지만, 사실 물리적으로는 뚜렷한 경계는 없다. 고도에 따른 대기밀도를 고려한 운동방정식을 풀면 대기저항이 없는 자유낙하 단계에서 대기저항이 점차 증가하다가 나중에 극심해지는 단계로 매끄럽게 연결된다.

자유낙하궤도에서는 RV 자세가 아무런 문제가 되지 않으나 대기의 영향을 크게 받는 재돌입 구간에서는 세 가지 해결해야 할 큰 문제가 있다. 첫째, RV의 형상을 양력이 생기지 않도록 설계하고 '재돌입각reentry angle'이라고 하는 양력이 생기지 않는 방향으로 RV

자세를 유지해야 한다. 둘째, 6000~8000K의 RV 표면온도로 인한 극심한 마찰열의 내부 유입을 막아주는 가벼운 열 차폐 장치가 필요하다. 셋째, 상승궤도보다 훨씬 심한 $50g$에서 $150g$에 이르는 감속도 deceleration에 견디는 전기-기계적 구조로 설계해야 한다.[45] 재돌입각을 맞춰주면 재돌입궤도와 기준궤도 간의 차이는 그리 크지 않을 것으로 판단한다.[46]

45) 재돌입 속력의 제곱과 $\sin\gamma_{re}$에만 비례한다. 식 (5-13)을 참조하기 바란다.

46) 실제 문제에서는 재돌입궤도는 대기저항을 고려한 운동방정식을 직접 풀어서 구한다.

제 3 장

동력 비행궤도

1. 동력 비행의 기본방정식

로켓의 운동방정식

로켓이 발사대를 이륙해서 발사대와 표적을 연결하는 기준궤도 ℵ에 진입할 때까지 동력 비행을 유도조종하기 위해서는 로켓의 운동을 지배하는 운동방정식의 해가 필요하다. 지구 중심에 원점을 두지만, 먼 별에 대한 방향이 고정된 관성좌표계에서 운동방정식을 표현하면 다음과 같다.

$$\mathrm{m}(t)\frac{d\vec{v}}{dt}=\vec{\mathrm{F}}_{\mathrm{T}}+\mathrm{m}(t)\vec{g}(\vec{r})+\vec{\mathrm{F}}_{\mathrm{ext}} \tag{3-27}$$

$$\mathrm{F}_{\mathrm{T}}=\dot{\mathrm{m}}_{\mathrm{P}}v_e+(\mathrm{p_e}-\mathrm{p_a})\mathrm{A_e}, \tag{3-28}$$

$$\vec{g}(\vec{r})\simeq\left[-\frac{\mu}{r^2}+3\frac{\mu r_{eq}^2 J_2}{r^4}\left(\frac{3}{2}\sin^2\vartheta-\frac{1}{2}\right)\right]\hat{\mathrm{r}}$$

$$+\left[-\frac{\mu r_{eq}^2 J_2}{r^4} 3\sin\vartheta\cos\vartheta\right]\hat{\vartheta}, \qquad (3\text{-}29)^{47)}$$

$$\vec{F}_{ext} = \vec{F}_D + \vec{F}_L + \vec{F}_{steering} + \cdots. \qquad (3\text{-}30)$$

여기서 $m(t)$는 시간 t에서 로켓의 전체 질량, $\dot{m}_p$는 매초 소모하는 추진제 질량, A_e는 노즐 끝의 단면적, $\vec{v}$는 관성좌표계에 대한 탄도탄의 속도, $\vec{F}_T$는 로켓엔진의 추력, $\vec{g}(\vec{r})$은 지구가 지구 외부에 만드는 중력가속도다. $\mu(=GM_E)$, r_{eq}, $J_2(=1.086541\times10^{-3})$ 및 ϑ는 각각 '표준 중력 파라미터standard gravitational parameter, 적도반경, 기준타원체 모델과 구형球形 지구 모델 차이를 나타내는 파라미터 및 위도를 나타낸다. $\vec{F}_{ext}$는 대기저항과 양력, 조종력 및 바람의 힘 등을 모두 포함한다.

공력학적 힘은 대기저항air drag $\vec{F}_D(\vec{v},\vec{r})$, 공기 흐름과 받음각angle of attack에 의해 생기는 양력lift force $\vec{F}_L(\vec{v},\vec{r})$, 발사체의 자세를 제어하고 비행방향을 바꾸는 힘steering force $\vec{F}_{steering}$ 외에 비행방향과 로켓의 축-방향이 달라서 생기는 측면 하중 및 바람에 의한 풍력 등이 모두 $\vec{F}_{ext}$에 포함한다. 이 중 '동력 비행궤도powered flight trajectory'와 '재돌입궤도'에서 중요한 $\vec{F}_{ext}$ 성분은 $\vec{F}_D(\vec{v},\vec{r})$와 $\vec{F}_L(\vec{v},\vec{r})$이다. 순수한 탄도탄은 재돌입궤도가 자유낙하궤도에서 크게 벗어나지 않게 재돌입체 RV 형태를 설계해야 하고, 재돌입 과정에서 양력이 생기지 않도록 RV가 자세를 잡아야 한다. 이러한 RV 축과 국지수평

47) $\vec{g}(\vec{r})$은 지구 중심에 원점을 두지만, 먼 별에 대해 방위가 고정된 관성좌표계에서 측정하는 지구를 대표하는 기준타원체가 만드는 중력가속도gravitational acceleration를 의미한다. 『로켓 과학 I』, pp.244-283을 참조하기 바란다. 이 책에서는 식 (3-29)에서 첫 항만 사용하겠다.

면이 만드는 각을 재돌입각이라고 한다. 불균일한 융제融劑, ablation가 일어나면 양력이 생기므로 균일한 융제가 일어나도록 설계하고, RV는 고르게 융제가 되도록 축을 중심으로 회전시키는 것도 필요하다. $\vec{F}_D(\vec{v},\vec{r})$와 $\vec{F}_L(\vec{v},\vec{r})$은 다 같이 속력의 제곱과 비행하는 위치에서 대기밀도에 비례하므로 다음과 같이 쓸 수 있다.

$$\vec{F}_D(v,r) = -\frac{1}{2}\rho(r)v^2 C_D(\alpha,Re,v)A_\perp \hat{v}, \tag{3-31}$$

$$\vec{F}_L(v,r) = \frac{1}{2}\rho(r)v^2 C_L(\alpha,Re,v)A_\parallel \hat{v}_\perp, \tag{3-32}$$

$\hat{v}$와 $\hat{v}_\perp$는 각각 속도 방향과 속도에 수직한 방향의 단위벡터다. 로켓이 작동하는 중에는 추진제가 소모되어 질량이 감소하므로, 질량이 시간 t의 함수임을 강조하기 위해 m(t)로 표기했다. C_D와 C_L은 비행체의 형상과 속력 v 및 레이놀즈수Reynolds number N_R 외에 속도벡터와 추력방향 사이의 각인 '추력방향각thrust angle' $\alpha(t)$에도 관련된다. $A_\perp$는 $\vec{v}$에 수직인 비행체의 단면적을 나타내고 $A_\parallel$는 '평면도형 면적planform area'을 나타낸다.

레이놀즈수는 유체역학에서 관성력inertial forces과 점성력viscous forces의 비로 정의되는 양으로 레이놀즈수가 작으면 점성력이 지배적이고 흐름은 층류laminar flow를 형성한다. 반면, 레이놀즈수가 크면 흐름은 난류turbulent flow가 된다. 로켓이나 RV 같은 형상에서는 $Re > 5\times10^5$이 되어야 층류가 난류로 바뀐다. 그러나 공기 흐름의 속력 v가 1km/s 이상이면 흐름이 안정되어 층류가 난류로 바뀌는 N_R 값은 이보다 10배 이상 증가되지만, v가 5km/s 이상이 되면 층류-난류 전환시점의 레이놀즈수는 $N_R > 5\times10^7$일 것으로 추정한다.48) 따라서 저속으로 대기층을 지나가는 동력 비행궤도 문제에서는 C_D나 C_L은 레이놀즈수에 무관하다고 가정해도 괜찮다. 그러나 재돌입 문제에서는 층류-난류 전환이 심각한 문제로 대두될 수 있다.

탄도계수 β를 다음과 같이 도입하자.

$$\beta = \frac{mg}{C_D A_\perp} \tag{3-33}$$

β를 이용해 C_L을 다음과 같이 표현할 수 있다.

$$C_L = \frac{C_L}{C_D}\frac{mg}{\beta A_\perp} \tag{3-34}$$

운동방정식 (3-27)~(3-30) 식은 β를 사용해 다음과 같이 다시 쓰는 것이 가능하다.

$$\frac{d\vec{v}}{dt} = \frac{1}{m(t)}(\vec{F}_T + \vec{F}_{ext}) + \vec{g}(\vec{r}) \tag{3-35}$$

$$\frac{(\vec{F}_T + \vec{F}_{ext})}{m(t)} = \left[\frac{\dot{m}_P}{m(t)}v_e + \frac{p_e - p_a}{m(t)}A_e\right]\hat{T} + \left[-a_D\hat{v} + a_D\lambda\hat{v}_\perp\right] + \cdots \tag{3-36}$$

위 식에서 v_e, p_e, p_a, A_e는 각각 노즐 면에 대한 연소가스 배출속력, 노즐 출구 면에서 가스 압력, 대기압 및 노즐 출구의 단면적이

48) Lisbeth Gronlund and David C. Wright, 'Depressed Trajectory SLBMs:A Technical Evaluation and Arms Control Possibilities', *Science & Global Security*, 1992, v.3, pp.101-159; p.146.

다. $\dot{\mathrm{m}}$는 매초 연소되는 추진제량이고, 점화 후 t초 후의 로켓 질량 $\mathrm{m}(t)$는 $\mathrm{m}_0-\dot{\mathrm{m}}_{\mathrm{p}}t$로 주어진다. m_0는 탄도탄의 이륙질량이고, $\hat{\mathrm{T}}$는 추력방향의 단위벡터를 의미한다.[49] a_{D}와 λ는 다음과 같이 정의된 양이다.

$$a_{\mathrm{D}}=\frac{1}{2}\frac{\rho(\vec{r})v^2g}{\beta} \tag{3-37}$$

$$\lambda=\frac{\mathrm{C_L}}{\mathrm{C_D}}\frac{\mathrm{A}_{\parallel}}{\mathrm{A}_{\perp}} \tag{3-38}$$

관성유도장치의 가속도계는 중력가속도를 제외한 모든 단위질량당 힘 $(\vec{\mathrm{F}}_{\mathrm{T}}+\vec{\mathrm{F}}_{\mathrm{ext}})/\mathrm{m}(t)$를 측정하므로 컴퓨터를 이용한 수치계산에서는 『로켓 과학 I』[50]에서 간략히 소개한 방법으로 얻은 $\vec{g}(\vec{r})$을 유도컴퓨터에 입력함으로써 운동방정식 (3-35)를 적분할 수 있다.

운동방정식을 기술하는 좌표계로 지구 중심에 원점을 두고, 자전하는 지구에 고정된 좌표계를 선택하면 관성계의 운동방정식 (3-35)를 각속도 $\vec{\Omega}$로 회전하는 좌표계에 대한 운동방정식으로 변환할 수 있다. 정지좌표계에서 속도를 $\vec{v}_s$, 회전좌표계에 대한 속도를 $\vec{v}_r$이라 하면 두 좌표계에서 측정하는 속도와 가속도 사이에 다음과 같은 관계식이 성립한다.

$$\vec{v}_s=\vec{v}_r+\vec{\Omega}\times\vec{r} \tag{3-39}$$

---

49) 앞으로 임의 벡터 $\vec{\mathrm{Q}}$의 단위벡터는 $\hat{\mathrm{Q}}$로 표시하겠다.

50) 정규수, 『로켓 과학 I: 로켓 추진체와 관성유도』(지성사, 2015), pp.244-283.

$$\left(\frac{d\vec{v}_s}{dt}\right)_s = \left(\frac{d\vec{v}_r}{dt}\right)_r + 2\vec{\Omega}\times\vec{v}_r + \vec{\Omega}\times(\vec{\Omega}\times\vec{r}) \qquad (3\text{-}40)$$

식 (3-27)에 식 (3-39)와 (3-40)을 적용하면 회전좌표계에서 운동방정식을 얻을 수 있다. $\vec{v}_r$을 $\vec{v}$로 놓으면, 식 (3-35)는 다음과 같이 쓸 수 있다.

$$\frac{d\vec{v}}{dt} = \frac{(\vec{\mathrm{F}}_{\mathrm{T}} + \vec{\mathrm{F}}_{\mathrm{ext}})}{\mathrm{m}(t)} + \vec{\mathrm{g}}(\vec{r}) - 2\vec{\Omega}\times\vec{v} \qquad (3\text{-}41)$$

$$\vec{\mathrm{g}}(\vec{r}) = g(\vec{r}) + \vec{\Omega}\times(\vec{\Omega}\times\vec{r}) \qquad (3\text{-}42)$$

식 (3-41)에서 $(\vec{\mathrm{F}}_{\mathrm{T}} + \vec{\mathrm{F}}_{\mathrm{ext}})/\mathrm{m}(t)$는 식 (3-35)에서와 마찬가지로 식 (3-36)으로 주어진다. $\vec{\Omega}$는 지구의 평균 자전각속도이고, $\Omega(=|\vec{\Omega}|)$ 값은 다음과 같다.

$$\Omega = 7292115\times10^{-11}\ \mathrm{rad/s} \qquad (3\text{-}43)$$

마지막으로 대기밀도 $\rho(r)$을 고도의 함수로 표시하는 것이 필요하다.

2. 대기밀도

장거리 탄도탄에서 대기밀도는 탄도탄의 상승 비행궤도와 재돌입궤도에 중요한 역할을 한다. 상승 비행궤도와 재돌입궤도는 대기층을 완전히 지나가야 하므로 대기로 인한 마찰력에 의한 기계적 충격

및 마찰열로부터 탄도탄과 재돌입체를 보호해야 한다. 로켓이 가속되면 탄두부에 '정체점stagnation point'이 생기며 정체점의 압력은 $1/2\rho v^2$이고 탄두부의 곡면을 따라 가면서 압력은 줄어든다. 로켓 전체에 대한 마찰력은 $1/2\rho v^2 A_{\perp} C_D$로 표현할 수 있다. $A_{\perp}$는 비행방향에 수직한 탄도탄의 최대 단면적이고, C_D는 비행체의 형상과 속력 v 및 레이놀즈수 N_R의 함수다.[51] 이 힘이 식 (3-31)에서 정의한 마찰력 F_D다. 대기밀도가 큰 저고도를 비교적 저속으로 상승하므로 F_D는 그리 크지 않다. 속도가 증가하면서 마찰력은 v^2에 비례하여 급격히 증가한다. 그러나 대기밀도는 고도의 지수함수로 감소하기 때문에 속력 증가에 의한 압력 증가 효과보다 고도 상승에 따른 압력 감소가 더 커지는 고도가 존재한다. 이 고도에 도달하면 마찰력은 최댓값이 되고 그 후로 고도 상승과 함께 마찰력은 급격히 감소한다. 마찰력이 최대가 되는 고도를 '맥스 큐max Q'라고 한다. 상승궤도에서는 대기마찰로 인한 '기계적 충격mechanical stress'이 '열 충격thermal stress'보다 심각하다.

그러나 재돌입 경우는 연소종료 속력보다도 더 빠른 속력으로 대기권으로 진입한다.[52] 같은 대기마찰이지만 상승궤도에 미치는 영향과 재돌입체에 대한 영향은 차이가 크다. 상승궤도에서 대기밀도가 가장 높은 지역은 비교적 낮은 속력으로 통과하고, 대기밀도가 극히 낮은 고고도에서는 빠르게 가속함으로써 지나친 마찰 문제를 피할 수 있다. 반면 ICBM이 재돌입할 때는 7.0km/s 이상의 고속으로 대

51) 레이놀즈수는 관성력과 점성력의 비로 정의된 무차원 수다. 레이놀즈수가 작으면 층류가 지배적이고 레이놀즈수가 크면 난류가 지배적이다.

52) ICBM의 연소종료 고도는 180km와 250km 사이에서 7.0km/s와 7.5km/s의 속력으로 연소가 종료되지만, 공기가 거의 없는 100km 이상의 고도에서는 에너지 보존법칙에 의해 재돌입 과정에서 연소종료 고도에 도달하면 연소종료 속력과 같은 속력을 가지게 된다. 미약하지만 대기마찰이 영향을 주기 시작하는 100km 고도에 도달하면 중력에 의해 속력이 연소종료 속력보다 더 높다.

기권으로 진입한다.[53] 대기저항으로 인한 감속도는 식 (3-37)에서 보는 것처럼 속력의 제곱에 비례하지만, 마찰열이 단위면적당 매초 재돌입체 표면으로 유입되는 양 dq_w/dt는 속도의 3제곱 이상에 비례한다.[54]

$$dq_w/dt = \rho v^{\alpha} C\,,\ 3 \le \alpha \le 3.7 \qquad (3\text{-}44)$$

C는 속력구간, 공기밀도, '레이놀즈수' 및 비행체의 형상과 질량에 관련되는 함수다.

식 (3-37)과 (3-44)를 비교하면 dq_w/dt가 a_D보다 훨씬 속력에 민감하며 dq_w/dt와 a_D는 다 같이 대기밀도에 비례하는 것을 알 수 있다. 고도 100km와 해면고도 사이에서 대기밀도는 200만 배 이상 차이가 난다. 위성 발사와 위성의 수명 등에 대기마찰이 중요한 고도는 지상으로부터 대략 700km 미만이다. 이러한 영역에서 대기밀도는 고도뿐만 아니라 지구상의 위치, 계절, 시간, 및 태양 활동에 민감하고 광범위하게 수시로 바뀌는 동적인 대상이므로 대기밀도 분포를 정확히 아는 것은 불가능하다. 어느 대기 모델을 택하더라도 항상 같은 정확도를 기대할 수는 없다.

'지구의 고고도 대기 모델(MSISE-90 Model of Earth's Upper Atmosphere)'

---

53) '폰 카르만Theodore von Kármán'은 양력을 이용해 비행체가 날 수 있는 대기밀도를 계산하여 고도 100km가 한계인 것을 알았다. 이때 속도는 인공위성과 같은 궤도속도orbital velocity이다. 고도 100km를 '폰 카르만 라인von Karman line'이라고 하며 국제항공연맹 FAI(Fédération Aéronautique Internationale)는 폰 카르만 라인을 대기권과 외기권의 경계로 공인했다. 따라서 폰 카르만 라인은 우주의 시작점이라고 볼 수 있다. 대기권 내의 비행을 다루는 학문은 '항공학Aeronautics'라 하고, 카르만 라인 밖에서 비행을 다루는 학문은 '항주학Astronautics'이라고 한다.

54) John D. Anderson Jr., *Hypersonic and High-temperature Gas Dynamics,* 2nd Edition (AIAA, 2006), pp.349–350.

에 따르면 태양 활동의 강도에 따른 대기밀도 비율이 고도에 따라 크게 바뀌는 것을 알 수 있다.[55] 태양 활동이 최대일 때와 최소일 때의 대기밀도의 비는 700km 고도에서 최대가 되며 660배가 넘는다. 300km에서는 대략 24배, 200km에서는 4.7배, 80km 미만의 고도에서는 태양 활동이 대기밀도에 거의 영향을 주지 않는다. 300km 이상에서는 대기밀도 변화가 워낙 심하므로 위성의 대기권 진입 시점을 정확히 예측하기가 곤란하다. 우리가 어떠한 모델을 사용하더라도 항상 그 모델이 유용한 지상의 위치, 계절, 하루 중 시간 및 태양 활동 등을 고려하고 결과를 분석해야 한다.[56] 하지만 탄도탄이 대기층을 비행하는 시간이 짧으므로 100km 이상의 대기밀도는 궤도에 거의 영향을 미치지 않는다고 가정해도 무방하다.

대기밀도 ρ를 고도의 '지수함수 모델exponential model'로 표시하는 정적인 경험식을 소개하겠다.[57]

$$\rho = \rho_0 e^{-(h_{ellp} - h_0)/H} \tag{3-45}$$

여기서 ρ_0는 기준밀도, h_0는 기준고도, h_{ellp}는 GPS 고도, H는 '스케일 높이scale height'를 의미한다.[58] 그러나 식 (3-45) 같은 3-파라미터 공식의 정확도는 상승궤도를 설계하기에는 부적합하다.

단일 지수함수로 지상에서 700km까지 전 구간의 밀도를 대표할

---

55) MSISE-90 Model of Earth's Upper Atmosphere, 1976 in SI Units, http://www.braeunig.us/space/atmos.htm

56) 정규수, 『로켓 과학 II: 위성 궤도와 태양계 탐사』(지성사, 2016), p.119.

57) David A. Vallado, *Fundamentals of Astrodynamics and Applications* (Microcosm Press & Springer, New York, NY, 2007), pp.562-570.

58) GPS 고도는 해면고도가 아니라 지구를 대표하는 기준타원체의 표면부터 잰 고도로 이해하면 된다.

수 없는 약점을 보완하는 방법으로 다음과 같이 ρ를 '구간별 연속함수piecewise continuous function'로 짜깁기하는 방법이 제시되었다.59)

$$\rho(r) = \rho_0 e^{-\frac{h - h_i}{H_i}}, \ h_i < h < h_{i+1}, \ r = r_E + h \qquad (3\text{-}46)$$

이러한 표현식은 대부분의 예비 검토 계산에서는 충분한 정확도를 가진다. 더욱 정밀한 밀도 데이터가 필요할 경우 1976년에 발표한 '미국 표준 대기(U.S. Standard Atmosphere 1976)' 모델을 참고하기 바란다.60)

'미국 표준 대기' 모델에는 밀도, 대기압, 온도, 스케일 높이, 대기 성분, 평균 공기분자 속력, 소리속력, 평균 자유행로, 점성도, 열전도도 등에 관련한 자료를 8개의 표로 보여준다. '미국의 표준 대기'는 1962년과 1976년 두 번에 걸쳐 대기의 표준 모델을 제시했다.

우리는 『로켓 과학 I』에서와 마찬가지로 0~25km 사이에서는 '미국의 표준 대기'를, 25~500km 사이에서는 CIRA-72, 500~1000km 사이에서는 외기권 온도를 1000K로 택하고 계산한 CIRA-72 결과를 종합한 대기 모델을 인용하겠다.61) 식 (3-46)에 〈표 3-1〉에서처럼 주어진 구간별 데이터를 대입함으로써 1000km 고도까지 고도별 대기밀도를 구할 수 있다.

59) MSISE-90 Model of Earth's Upper Atmosphere, 1976 in *SI Units*, p.563.
http://www.braeunig.us/space/atmos.htm

60) "U.S. Standard Atmosphere"(1976),
https://ntrs.nasa.gov/archive/nasa/casi.ntrs.nasa.gov/19770009539.pdf

61) David A. Vallado, *Fundamentals of Astrodynamics and Applications* (Microcosm Press & Springer, New York, NY, 2007), p.564.

구간 기저고도 h_i(km)	구간 기저밀도 ρ_i (kg/m^3)	스케일 높이 H_i (km)	구간 기저고도 h_i(km)	구간 기저밀도 ρ_i (kg/m^3)	스케일 높이 H_i (km)
0	1.225×10^{-0}	7.249	150	2.070×10^{-9}	22.523
25	3.899×10^{-2}	6.349	180	5.464×10^{-10}	29.740
30	1.774×10^{-2}	6.682	200	2.789×10^{-10}	37.105
40	3.972×10^{-3}	7.554	250	7.248×10^{-11}	45.546
50	1.057×10^{-3}	8.382	300	2.418×10^{-11}	53.628
60	3.206×10^{-4}	7.714	350	9.518×10^{-12}	53.298
70	8.770×10^{-5}	6.549	400	3.725×10^{-12}	58.515
80	1.905×10^{-5}	5.799	450	1.585×10^{-12}	60.828
90	3.396×10^{-6}	5.382	500	6.967×10^{-13}	63.822
100	5.297×10^{-7}	5.877	600	1.454×10^{-13}	71.835
110	9.661×10^{-8}	7.263	700	3.614×10^{-14}	88.667
120	2.438×10^{-8}	9.473	800	1.170×10^{-14}	124.640
130	8.484×10^{-9}	12.636	900	5.245×10^{-15}	181.050
140	3.845×10^{-9}	16.149	1000	3.019×10^{-15}	268.000

표 3-1 '미국 표준 대기U.S. Standard Atmosphere(1976)', CIRA-72를 종합하여 얻은 구간별 연속 지수함수로 표현하는 데 필요한 데이터[Vallado: p.564].

3. 자전하지 않는 구형球形 지구에서의 동력 비행궤도

탄도탄 궤도 계산을 위해서는 수치계산이 필요하고, 최대한 실제에 가장 가까운 조건에서 방정식을 풀어야 한다. 동력 비행궤도 방정식의 $\vec{g}(\vec{r})$은 실제 지구 중력가속도, $\vec{\Omega}$는 자전각속도를 사용해야 한다. 정밀한 $\vec{g}(\vec{r})$을 원한다면, 상당히 복잡한 과정을 거쳐 구축한 데이터 패키지를 사용해야 할 것이다. 또 회전하는 실제 지구에서는 정해진 비행시간을 맞추기 위해 동력 비행 내내 계속해서 새로운 자유낙하궤도를 계산해야 한다. 컴퓨터로 풀 때는 지구에 고정된 좌표계를 사용하거나 방향이 먼 별에 고정된 좌표계를 사용해도 크게 문제될 것이 없다. 우리가 도입한 기준궤도에서는 돌지 않는 구형의 지구를 가정했고, 중력은 뉴턴의 역제곱 중력가속도 $\vec{g}(\vec{r})$을 가정했다.

지금까지 우리가 소개한 람베르트 유도의 근간이 되는 자유낙하궤도는 뉴턴의 역제곱 중력과 관성계에 고정된 지구를 가정하여 얻은 것이다. 따라서 다음과 같이 가정하기로 한다.

- 지구는 반경이 r_E인 구球로 되어 있고, 자전하지 않는다($\vec{\Omega}=0$).
- 좌표계는 지구 중심에 원점을 둔 극좌표계(또는 데카르트 좌표계)를 기준좌표계로 삼는다.
- 모든 힘은 발사점, 표적 및 지구 중심을 지나는 평면 안에 존재하고, 궤도는 같은 평면 안에 있다.
- $\lambda=0$으로 취함으로써 탄도탄의 양력은 무시한다.

발사지점과 원점 및 표적을 지나는 평면과 지구가 만나는 대원은 탄도탄 궤도의 지적선地跡線이다. 발사지점을 지나는 자오선과 지적선이 만드는 각이 표적의 방위각azimuth이다. 발사 전에 방위각을 정할 것이므로, 지구 중심에 원점을 둔 극좌표계에서 보는 탄도탄의 위치 $P(\vec{r})$은 $\vec{r}=(x,z)=(r\sin\Theta, -r\cos\Theta)$로 표시되며 원점에서 P까지 거리 r과 근지점부터 잰 각 근점이각 Θ에 의해 결정된다. 이러한 조건하에서 운동방정식 (3-35)는 다음과 같이 다시 쓸 수 있다.

$$\frac{d\vec{v}}{dt}=\left[\frac{\dot{\mathrm{m}}_{\mathrm{P}}}{\mathrm{m}}v_e+\frac{\mathrm{p_e}-\mathrm{p_a}}{\mathrm{m}}\mathrm{A}_e\right]\hat{\mathrm{T}}-a_{\mathrm{D}}\hat{v}-g(\vec{r})\hat{r} \qquad (3\text{-}47)$$

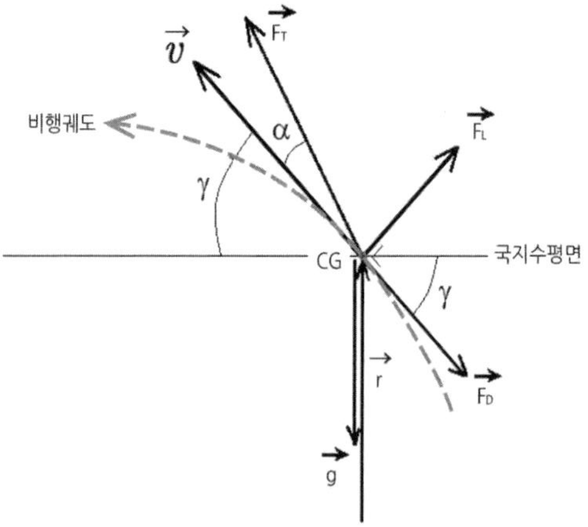

그림 3-3 로켓의 중심에 작용하는 주요 힘을 모두 표시했다.(『로켓 과학 II』, p. 187, 〈그림 2-9〉)

운동방정식에 포함된 각종 힘과 속도 간의 각을 정의해야 방정식을 다룰 수 있다. 〈그림 3-3〉에서 보는 것과 같이 속도벡터 $\vec{v}$와 추력방향 $\hat{T}$ 사이의 각은 α로 표기했다.62) $\vec{v}$는 회전하지 않는 지구에 정지한 좌표계에 대한 속도를 의미하며 $\vec{F}_{ext}$는 로켓에 작용하는 힘 중 추력과 중력을 제외한 모든 힘의 합을 대표한다.

식 (3-27)에서 $\vec{F}_T+\vec{F}_{ext}$는 가속도계에 의해 실시간으로 측정할 수 있는 물리량인 데 반해 중력 항 $\vec{g}(\vec{r})$은 가속도계로 측정할 수 없으므로 미리 유도컴퓨터에 입력해야 하는 물리량이다. 여기서는 지구 질량 M_E가 모두 중심에 모여 있다고 가정하면 $\vec{g}(\vec{r})$은 다음과 같다.

62) 힘의 합계인 $\vec{F}=\vec{F}_T+\vec{F}_{ext}$와 추력을 구별하기 위해 식 (1-4)에서 추력thrust을 나타내던 $\vec{F}$를 $\vec{F}_T$로 표기했다.

$$\vec{g}(\vec{r}) = -g(r)\hat{r} = -\frac{\mu}{r^2}\hat{r} \qquad (3\text{-}48)$$

여기서 $\mu = GM_E$는 표준 중력 파라미터로 지구에 대한 값은 $\mu = 3.986004418(8) \times 10^5 km^3/s^2$로 주어진다.

로켓의 운동을 실질적으로 지배하는 모든 힘을 〈그림 3-3〉에 표시했다.[63] 탄도탄에 작용하는 모든 힘은 L′, T 지구 중심을 지나는 평면인 궤도면 안에 존재하는 것으로 가정했으므로 이 운동은 사실상 2차원에 국한된다. 지구 중심에 원점을 가지는 관성좌표계의 수직인 두 축을 x-축, z-축이라 가정하고 각 축-방향의 단위벡터를 $\vec{u}_x(=\hat{x})$와 $\vec{u}_z(=\hat{z})$라 하자.[64] 운동방정식 (3-47)은 이러한 관성좌표계에 대해 성립하는 방정식이다.[65]

추력방향과 속도방향 사이에는 $\hat{T} \cdot \hat{v} = \cos\alpha$ 관계가 성립하고, 대기저항은 로켓의 비행방향 $\hat{u}_t(=\hat{v})$의 반대방향으로 작용하며 양력은 로켓의 비행방향에 수직방향 $\vec{u}_n$으로 작용한다. 중력은 항상 국지수평면에 수직방향으로 작용한다.[66] 따라서 로켓의 무게 중심을 원점으로 로켓과 같이 움직이는 로켓-좌표계$(\vec{u}_t, \vec{u}_n)$와 지구 중심을 원점으로 로켓과 같이 회전하는 회전좌표계co-rotating coordinate system $(\vec{u}_r, \vec{u}_\Theta)$를 도입하면 로켓의 운동방정식이 간단해진다.

〈그림 3-3〉, 〈그림 3-4〉에서 각 단위벡터 사이에 다음 관계식을 구할 수 있다.

---

63) 무게 중심과 압력 중심 등은 구별하지 않았다.

64) 단위벡터unit vector는 주어진 방향을 향하는 크기가 1인 벡터를 의미한다. $|\vec{u}| = 1$

65) 지구가 태양 주위를 공전하는 것이나 태양계의 은하 중심에 대한 운동은 무시하자.

66) 식 (3-48)을 가정했기 때문이다.

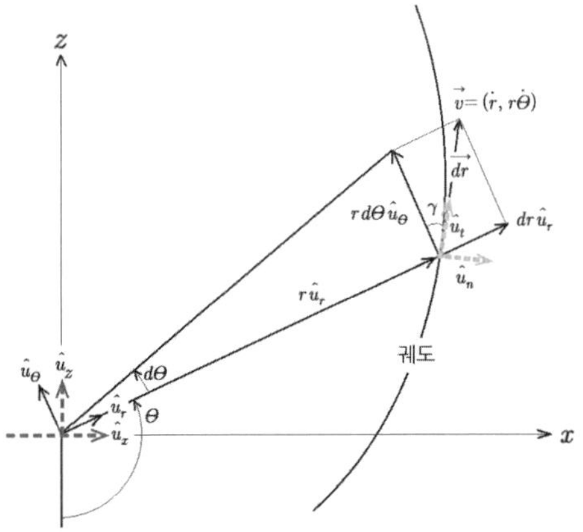

그림 3-4 비행체를 따라 도는 회전하는 좌표계에서 $d\vec{r}$을 $\vec{u}_\Theta$와 $\vec{u}_r$ 축 성분으로 분해한 것을 보여준다.(『로켓 과학 II』, p. 189, 〈그림 2-10〉 참조)

$$\begin{cases} \hat{u}_t = \sin\gamma\,\hat{u}_r + \cos\gamma\,\hat{u}_\Theta \\ \hat{u}_n = \cos\gamma\,\hat{u}_r - \sin\gamma\,\hat{u}_\Theta \\ \hat{u}_r = \sin\gamma\,\hat{u}_t + \cos\gamma\,\hat{u}_n \end{cases} \tag{3-49}$$

$d\vec{v}/dt$는 다음과 같은 속도벡터

$$\vec{v} = v\hat{u}_t \tag{3-50}$$

를 시간 t에 대해 미분하고 $d\hat{u}_t/dt = \dot{\gamma}\hat{u}_n$을 사용하면 다음 식을 얻는다.

$$\frac{d\vec{v}}{dt} = \dot{v}\,\hat{u}_t + v\dot{\gamma}\,\hat{u}_n \tag{3-51}$$

여기서 '˙'는 관련된 양이 시간 t로 미분되었음을 나타낸다.

▒ 각속도 $\vec{\Omega}$로 회전하는 지구에 대한 운동방정식

로켓과 같이 회전하는 좌표계의 가속도와 가속도계가 측정하는 가속도 간의 관계식을 알아보자. 지구에 대한 속도 $\vec{v}$를 다음과 같이 표시하자.

$$\vec{v}=\left(\frac{d\vec{r}}{dt}\right)_{\mathrm{E}} \tag{3-52}$$

여기서 $(d/dt)_{\mathrm{E}}$는 지구에 고정된 좌표계에 대한 시간 미분을 의미한다. 지구가 관성계에 대해 각속도 $\vec{\Omega}$로 회전한다면, 관성좌표계에 대한 속도는

$$\left(\frac{d\vec{r}}{dt}\right)_{\mathrm{I}}=\vec{v}+\vec{\Omega}\times\vec{r} \tag{3-53}$$

관성좌표계에 대해 다시 한 번 미분하면

$$\left(\frac{d^2\vec{r}}{dt^2}\right)_{\mathrm{I}}=\left(\frac{d\vec{v}}{dt}\right)_{\mathrm{I}}+\vec{\Omega}\times\left(\frac{d\vec{r}}{dt}\right)_{\mathrm{I}} \tag{3-54}$$

를 얻는다. 관성플랫폼에 장착된 가속도계는 입력-축 방향의 고유가속도 데이터를 출력한다. 그러나 가속도계를 장착한 로켓 자체는 각속도 $\vec{\omega}$로 회전하고 있다. 따라서 출력 데이터를 미분하고 적분하는 것은 세 개의 가속도계 입력-축으로 이루어진 좌표계에 대한 값이

다. $\vec{v}$를 가속도계-좌표계에 대해 미분한 $(d\vec{v}/dt)_{sp}$와 관성계에 대해 미분한 $(d\vec{v}/dt)_{\mathrm{I}}$ 사이에는 다음과 같은 관계식이 존재한다.67) 아래첨자 sp는 미분이 가속도계-좌표계인 '안정화 플랫폼stable platform'에 고정된 좌표계에 대한 것이라는 의미이고, 안정화 플랫폼은 탄도탄과 함께 각속도 $\vec{\omega}$로 회전하는 좌표계이다.

$$\left(\frac{d\vec{v}}{dt}\right)_{\mathrm{I}}=\left(\frac{d\vec{v}}{dt}\right)_{sp}+\vec{\omega}\times\vec{v} \tag{3-55}$$

식 (3-53)과 (3-55)를 식 (3-54)에 대입하면, 관성계에 대한 가속도와 가속도계-좌표계에 대한 가속도 간의 관계식을 얻는다.

$$\left(\frac{d^2\vec{r}}{dt^2}\right)_{\mathrm{I}}=\left(\frac{d\vec{v}}{dt}\right)_{sp}+(\vec{\omega}+\vec{\Omega})\times\vec{v}+\vec{\Omega}\times(\vec{\Omega}\times\vec{r}) \tag{3-56}$$

▒ 자전하지 않는 지구에 대한 운동방정식: $\vec{\Omega}=0$

현재 우리는 회전하지 않는 지구를 가정했으므로 $\vec{\Omega}=0$이다. 따라서 우리가 관심 있는 탄도탄의 운동방정식은 다음과 같다.

$$\begin{aligned}\left(\frac{d^2\vec{r}}{dt^2}\right)_{\mathrm{I}}&=\left(\frac{d\vec{v}}{dt}\right)_{sp}+\vec{\omega}\times\vec{v}\\&=\left[\frac{\dot{\mathrm{m}}_{\mathrm{P}}}{\mathrm{m}}v_e+\frac{\mathrm{p_e}-\mathrm{p_a}}{\mathrm{m}}\mathrm{A}_e\right]\hat{u}_{\mathrm{T}}-a_{\mathrm{D}}\hat{v}-g(\vec{r})\hat{r}\end{aligned} \tag{3-57}$$

---

67) George R. Pitman, Jr., Edited, *Inertial Guidance* (John Wiley & Sons, Inc., 1962), pp.147-150.

따라서 안정화 플랫폼에 대한 운동방정식은 다음과 같다.

$$\begin{cases} \left(\dfrac{d\vec{v}}{dt}\right)_{sp} = a_t \hat{u}_T - a_D \hat{v} - g(\vec{r})\hat{r} - \vec{\omega}\times\vec{v} \\ a_T \quad = \left[\dfrac{\dot{m}_P}{m} v_e + \dfrac{p_e - p_a}{m} A_e\right] = \dfrac{\dot{m}_P}{m(t)} v_{eff} \end{cases} \tag{3-58}$$

여기서 v_e, p_e, p_a는 각각 연소가스의 노즐에 대한 배출속도, 노즐 끝에서 배출가스 압력과 대기압을 의미하며, A_e는 노즐 끝의 단면적이다. 관성좌표계의 가속도와 가속도계가 장착된 시스템 가속도는 다음 관계식으로 연결된다. 여기서 $\hat{v}$, $\hat{r}$은 각각 속도 방향과 방사 방향radial direction의 단위벡터다. 여기서 ω는 각속도 $\dot{\Theta}$이므로 $v = r\omega$를 이용하면 '코리올리 힘Coriolis force'에 의한 가속도는

$$\vec{\omega} \times \vec{v} = -\omega v \hat{u}_n = -\frac{v^2}{r}\cos\gamma\, \hat{u}_n \tag{3-59}$$

와 같이 바꿔 쓸 수 있다.

$$\begin{cases} \hat{u}_T = \cos\alpha\, \hat{u}_t + \sin\alpha\, \hat{u}_n \\ \hat{r} \ = \sin\gamma\, \hat{u}_t + \cos\gamma\, \hat{u}_n = \hat{u}_r \\ \hat{v} \ = \hat{u}_t \end{cases} \tag{3-60}$$

식 (3-57)~(3-59) 및 식 (3-60)을 식 (3-51)에 대입하고 $\hat{u}_t$와 $\hat{u}_n$의 계수를 비교함으로써 다음과 같은 운동방정식을 얻을 수 있다.

$$
\begin{cases}
\dot{v} = a_{\mathrm{T}} \cos\alpha - \dfrac{1}{2}\rho(\vec{r})\, v^2 \dfrac{g}{\beta} - g\sin\gamma \\[2ex]
\dot{\gamma} = \dfrac{a_{\mathrm{T}}}{v}\sin\alpha - \dfrac{1}{v}\left(g - \dfrac{v^2}{r}\right)\cos\gamma
\end{cases}
\tag{3-61}
$$

$$
g = g_0 \frac{r_{\mathrm{E}}^2}{r^2}. \tag{3-62}
$$

식 (3-61)의 a_{T} 항은 로켓엔진의 추력에 의한 가속도(추력가속도)다.[68] α는 추력방향과 로켓의 속도방향의 사이의 각을 의미하는 추력방향각이며, γ는 국지수평면과 속도방향 사이의 각으로 비행경로각이라고 한다. 두 번째 식의 우변 괄호 안의 첫 항은 '중력회전 gravity turn' 항이고, 두 번째는 '원심력 항'이다. $g_0(=9.80665\mathrm{m/s^2})$는 지표면에서 중력가속도로 정의된 값이고, r_{E}는 평균 지구 반경을 의미한다.

운동방정식 (3-61)을 풀기 위해서는 표준 상태의 대기밀도 $\rho(\vec{r})$을 알아야 한다. $\rho(\vec{r})$은 〈표 3-1〉에 주어진 값을 사용하거나 훨씬 정밀한 밀도가 필요한 경우는 '미국 표준 대기' 모델을 사용한다.[69] 탄도탄의 이륙질량 $\mathrm{m_0}(=\mathrm{m}(0))$, 매초 연소하는 추진제량 $\dot{\mathrm{m}}_{\mathrm{P}}$, '연소가스 배출속도 근사값effective exhaust gas velocity' v_{eff}와 로켓의 단 수는 미리 정해진 파라미터다. $\dot{\mathrm{m}}_{\mathrm{P}}$는 값이 일정하다고 가정한다.[70] 탄도탄이 동력 비행을 하는 목적은 발사지점에서 이륙한 후 표적을 연결하는 자유낙하궤도에 진입할 수 있는 '요구속도'에 도달하기 위해서다. 통상적으로 ICBM은 0.5~2g의 실질 가속도로 이륙하고, 추진제가 연소하

---

68) 정규수, 『로켓 과학 I: 로켓 추진체와 관성유도』 (지성사, 2015), pp.82-98.

69) U.S. Standard Atmosphere (1976), https://ntrs.nasa.gov/archive/nasa/casi.ntrs.nasa.gov/19770009539.pdf

70) 가속도계의 출력을 사용할 때는 $\dot{\mathrm{m}}_{\mathrm{P}}$에 대한 가정은 필요하지 않다.

여 노즐을 통해 배출됨에 따라 로켓 질량은 계속 줄어든다. 반면, 추력은 일정하므로 가속도는 8~10g 정도로 증가한다.[71] 충분한 추진제를 탑재하고 적절히 유도된 로켓은 마지막 단의 추진제가 소진되기 전에 표적으로 자유낙하할 수 있는 요구속도 $\vec{v}(\vec{r})=\vec{v}_R(\vec{r})$에 도달할 수 있다. $\vec{v}(\vec{r})$이 $\vec{v}_R(\vec{r})$에 도달하도록 속력을 v_R로 가속하는 역할을 하는 것은 로켓엔진이고 방향을 $\hat{v}_R$이 되게 추력방향을 조종하는 역할은 관성유도장치의 몫이다.

유도컴퓨터는 주어진 초기조건 아래 운동방정식 (3-61)을 풀어 $v(t)$와 $\gamma(t)$를 구한 다음 속도 $\vec{v}(t)=v(t)\hat{v}(t)$를 구한다. 그러나 동력 비행 중인 탄도탄의 속도는 식 (3-61)만으로는 풀 수 없다. 대기밀도는 지구 중심에서부터 잰 거리 r에 의해 결정되고, 중력과 원심력항 역시 r의 함수이기 때문이다. 따라서 r 값이 주어져야 식 (3-61)을 적분할 수 있고, 그 결과 속력 v와 비행경로각 γ 역시 r의 함수가 된다. 곧 알게 되겠지만, r을 지배하는 방정식은 Θ의 지배방정식과 연립방정식을 형성한다.

주어진 r 값에 대해 방정식 (3-61)을 적분함으로써 속도 $\vec{v}$를 $\vec{r}$의 함수로 구할 수 있다. 탄도탄의 위치 $\vec{r}$을 구하려면 지구 중심(원점)에서 로켓 중심까지의 거리 r과 근점이각 Θ를 시간의 함수로 구해야 한다. 〈그림 3-4〉의 회전좌표계 (r, Θ)에서 위치벡터 $\vec{r}$은 각속도 $\omega=\dot{\Theta}$로 회전하는 것을 알 수 있다.

한편, 〈그림 3-4〉에서 탄도탄의 중심이 좌표인 좌표계에서 국지수평면과 속도벡터가 만드는 비행경로각 γ는 다음과 같이 표현할 수 있다. 〈그림 3-4〉에서 $l=|\vec{r}\times(\dot{r}\hat{r}+r\dot{\Theta}\hat{\Theta})|=r^2\dot{\Theta}$와 $\dot{\Theta}=v\cos\gamma/r$임을 알 수 있고, $\dot{\Theta}$와 $\dot{r}$를 비행경로각 γ와 속력 v로 표현하는 연립방정

71) 비추력 및 추력은 고도에 따라 변한다.

식을 얻을 수 있다.

$$\begin{cases} \dot{\Theta} = \dfrac{v}{r}\cos\gamma \\ \dot{r} = v\sin\gamma \end{cases} \tag{3-63}$$

속도벡터 $\vec{v}$는 로켓과 같이 움직이는 좌표계에서 표현하면 다음과 같다.

$$\begin{cases} \vec{v} = v\,\hat{u}_t \\ \quad = \dot{r}\,\hat{r} + r\dot{\Theta}\,\hat{\Theta} \\ \quad = (v\sin\gamma, v\cos\gamma) \end{cases} \tag{3-64}$$

$$v = \sqrt{\dot{r}^2 + r^2\dot{\theta}^2} \tag{3-65}$$

이상에서 보았듯이 탄도탄의 동력 비행궤도는 연립방정식 (3-61)과 (3-63)의 해를 구함으로써 얻을 수 있다.

4. 탄도계수

상승 비행이나 재돌입 비행처럼 대기권 내에서 초고속 비행을 하는 비행체의 궤도를 구하기 위해서는 운동방정식 (3-61)이 포함하고 있는 탄도계수에 대한 데이터가 필요하다. 탄도계수 β가 크면 a_D 값이 작고, β 값이 작으면 a_D 값이 커진다.

그러나 2단 또는 3단으로 구성된 우주발사체나 ICBM은 축-방향의 단위면적당 질량 $m(t)/A_{\perp}$가 아주 크다. ICBM의 현대식 탄두부 warhead section는 C_D 값이 작은 뾰족한 원추형으로 설계하는 것이 보통

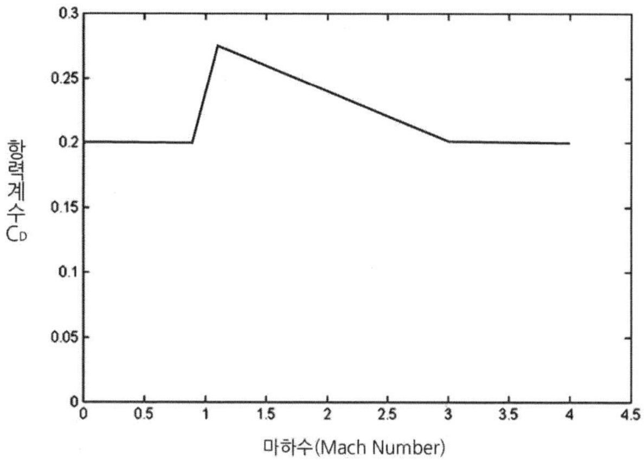

그림 3-5 대기 중에 상승하는 로켓의 속도 대 항력계수(drag coefficient) C_D 그래프[73]

이다. 질량이 M_{BM}이고 직경이 R_{BM}인 ICBM의 탄도계수는 다음과 같이 근사할 수 있다.

$$\beta = \frac{m(t)g}{\pi R_{BM}^2 C_{D0}} \tag{3-66}$$

탄도탄이 상승함에 따라 $m(t)$와 g 값이 바뀐다.

〈그림 3-5〉는 보통 로켓 모양 비행체의 항력계수drag coefficient C_D의 개략적인 값을 마하수Mach number M에 대해 가장 단순하게 표현한 그림이다. 〈그림 3-5〉는 거의 모든 구sphere－원추cone－원주long cylinder 형태의 로켓의 속도 변화에 따른 C_D의 모양으로 가정할 수 있다. 작고 가벼운 탄환에 적용되는 G7 항력계수 곡선도 이런 모양을 가졌다.[72] 일반적으로 C_D는 다음과 같이 표현할 수 있다.

72) Bryan Litz, 'Aerodynamic Drag Modeling for Ballistics', http://appliedballisticsllc.com/Articles/ABDOC130_CDM.pdf

$$C_D = C_{D0} \cdot f(M) \tag{3-67}$$

위 식에서 C_{D0}는 '무양력無揚力 항력계수zero-lift drag coefficient'라고 하는 물리량으로, 비행체의 모양과 크기 등에만 관련되고 속도에 무관한 반면, f(M)은 비행체의 속도와 '레이놀즈수'의 함수다. 여기서 $M(=v/v_s)$는 마하수를 의미한다.

〈그림 3-5〉는 0.2f(M)을 그린 것으로 생각할 수 있다. f(M)은 아음속 구간인 M<1.0에서는 거의 변화가 없지만 속력이 음속에 가까워지면 대기가 압축되면서 '충격파shock wave'가 발생하고, 대기압과 온도가 급상승한다. v_s는 소리속력sound speed을 의미한다.

따라서 비행체의 운동에너지는 대기의 충격파 에너지와 내부에너지로 소모되므로 비행체의 속력은 낮아진다. 대기 항력계수 C_D의 f(M)은 $M \sim 1$ 근방에서 급격히 증가하고, $M > 1$에서는 M이 증가하면 서서히 감소하여 1로 접근한다. 속도가 4km/s 이상이 되면 관성력과 점성력의 비인 레이놀즈수가 급격히 증가한다. 즉, 점성력에 비해 관성력이 압도적으로 크므로 〈그림 3-6〉 (b)의 쐐기꼴 비행체 표면에 작용하는 마찰력surface friction은 무시할 정도로 작아진다. 따라서 C_{D0}를 0.2라 하면 〈그림 3-6〉의 C_D는 정성적으로 대략 다음과 같이 가정할 수 있다. 〈그림 3-5〉를 수식으로 표현하면 다음과 같다.

$$\begin{cases} C_D = 0.2 & , \ 0.0 < M < 0.9 \\ C_D = -0.1375 + 0.3750M & , \ 0.9 < M < 1.1 \\ C_D = 0.3184 - 0.0395M & , \ 1.1 < M < 3.0 \\ C_D = 0.2 & , \ M > 3.0 \end{cases} \tag{3-68}$$

73) Geoffrey Forden, "GUI Missile Flyout: A General Program for Simulating Ballistic Missiles", *Science & Global Security*, 15 (2007), pp.133-146 :
https://www.princeton.edu/sgs/publications/sgs/archive/15_2_Forden.pdf

구간 $0.9 \le M \le 3.0$을 제외하고 $C_D = C_{D0}$로 가정했고, $0.9 \le M \le 3.0$ 구간 내 평균은 0.24로 C_D 값은 개략적인 계산에서 $C_D \simeq C_{D0}$로 가정해도 무방하다.

5. 로켓의 속도 성능

발사대 L을 떠난 탄도탄은 동력 비행궤도 중에 표적을 지나는 자유낙하궤도에서 요구하는 요구속도 $\vec{v}_R$을 만족시키도록 유도되고, 요구조건이 만족되는 순간 엔진을 컷-오프하고 RV를 분리하면 RV는 자유낙하궤도를 따라 표적으로 낙하한다. 〈그림 3-1〉에서 v_{co}는 고도가 h_{co} 점에서 기준궤도로 진입하는 데 필요한 속력이고, γ_{co}는 진입에 필요한 비행경로각이다. 고도 h_{co}에서 로켓의 속력 $v(\vec{r}_{co})$가 v_{co}와 일치한다는 의미는 다음과 같다.

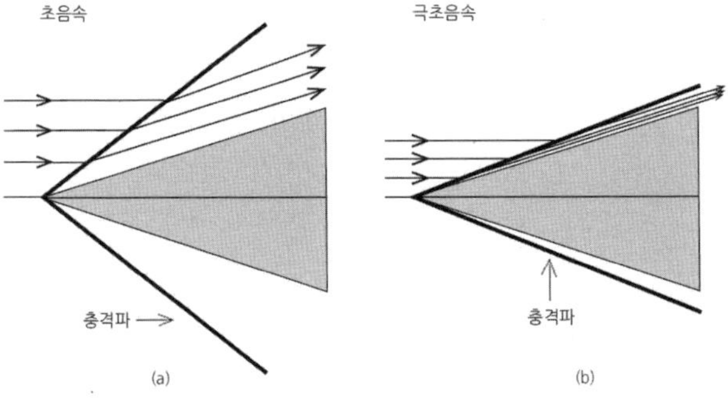

그림 3-6 쐐기꼴로 생긴 비행체의 마하수가 작을 때는 첫 그림 (a)에서 보는 형태의 충격파를 생성하지만 마하수가 M≫1이면 둘째 그림 (b)에서와 같이 비행체면과 충격파면 사이의 간격이 거의 없어진다.

$$v_{co} = \Delta v_{co} - \Delta v_{gas} \quad (3\text{-}69)$$

여기서 Δv_{co}는 중력도 공기도 없는 환경에서 로켓엔진이 컷-오프될 때 엔진 추력으로 얻은 속력 '델타 브이', $\Delta v_{gas} = \Delta v_g + \Delta v_a + \Delta v_s$는 이륙 후 엔진 컷-오프 직전까지 중력과 대기저항 및 조종으로 입은 속력 손실의 총합이다. 특히 탄도탄의 추진제가 소진될 때 얻을 수 있는 델타 브이는 Δv_{cap}로 표시한다.[74] Δv_{cap}은 주어진 로켓이 낼 수 있는 Δv의 최댓값이다. 보통은 추진제가 소진되기 전에 미션 요구속도에 도달하고 엔진이 강제로 컷-오프되므로 Δv_{co}는 Δv_{cap}보다 값이 같거나 작다. 개발 당사자가 아니면 이론적으로 v_{co}를 예측하는 것은 쉽지 않다.

로켓의 단 수가 N일 때 무중력 진공상태에서 낼 수 있는 최고속력 Δv_{cap}는 다음과 같다.[75]

$$\Delta v_{cap} = -\sum_{k=1}^{N} v_{ek} \ln\left[(1-\epsilon_k)\omega_k + \epsilon_k\right] \quad (3\text{-}70)$$

여기서 v_{ek}는 k-단 로켓의 노즐에 대한 연소가스 배출속력, ϵ_k는 k-단 로켓의 비활성 질량 m_{sk}와 k-단 로켓의 총질량 m_k의 비 m_{sk}/m_k를 나타내며, 나머지 양들은 다음과 같다.

$$\omega_k = M_{k+1}/M_k,$$

74) cap는 capacity를 의미한다. 따라서 Δv_{cap}는 무중력 진공에서 추진제가 소진될 때까지 가속해서 얻을 수 있는 로켓의 최고속도를 나타낸다.

75) 정규수, 『로켓 과학 I: 로켓 추진체와 관성유도』 (지성사, 2015), pp. 208-222: 『로켓 과학 I』의 식 (3-3)과 (3-6) 참조.

$$\epsilon_k = m_{sk}/m_k,$$

$$m_k = m_{sk} + m_{pk},\ \ k = 1, 2, ..., N,$$

$$M_0 = \sum_{k=1}^{N} m_k :\ \text{로켓의 총질량(=이륙질량−탑재질량)}$$

$$M_1 = m_L + M_0 :\ \text{이륙질량}$$

$$M_k = m_k + M_{k+1} = \sum_{j=k}^{N} m_j + m_L,\ \ k \le N,$$

$$M_{N+1} = m_L.$$

M_0, M_1, m_L은 각각 로켓의 총질량total stage mass, 이륙질량, 탑재질량throw weight이고 m_{pk}는 k-단의 추진제 질량이다. 탄도탄은 엔진 추력에 의해 가속되며 고도를 높여 간다. 고도가 높아지면 대기압이 낮아지므로 배출속력 v_{ek}는 증가하지만, 증가하는 정도는 연소실 압력과 '노즐 확장비nozzle exit area ratio'의 세부 설계에 따라 달라진다.

식 (3-70)에는 연소시간에 대한 정보가 들어 있지 않다. 중력도 없고 공기도 없는 곳이라면 연소시간은 최종속도에 먼저 도착하느냐 늦게 도착하는 차이밖에 없지만, 중력과 공기가 있는 지구에서는 차이가 크다. 극단적인 예를 들어보겠다. 로켓의 연소속도를 엔진 추력 가속도 $1g$ ($=9.81\text{m/s}^2$)가 되도록 조절하고, 다른 경우는 $10g$로 가속하도록 추력을 조절했다고 가정하자. 무중력 진공환경에서 비행시험을 한다면, 추진제가 소진될 때 두 경우 모두 같은 속도 Δv_{cap}에 도달한다. 하지만 중력이 존재하는 지표면에서 수직으로 발사한다면 첫 번째 경우는 발사대 위에서 뜰 듯 말 듯하다가 추진제가 고갈되겠지만, 두 번째 경우는 $9g$로 가속해 $t_{burn\,out}$시간 후 속도가 $9g\,t_{burn\,out}$이 될 것이다.

공기마찰은 속력의 제곱과 대기밀도에 비례하므로, 대기밀도가 높은 영역을 가능하면 저속으로 빨리 빠져나가기 위해 수직으로 상승하는 것이 유리하고, 중력에 의한 감속을 줄이기 위해서는 되도록 빨리 기수를 수평방향으로 돌리는 것이 필요하다. 이와 같이 서로 상충되는 두 가지 손실 요인을 절충하는 동력 비행궤도를 택할 수밖에 없다. 따라서 탄도탄의 추진기관 구조, 추진제 종류, 추진제 질량, 구조물 질량 및 동력 비행궤도에 대한 구체적인 정보 없이 동력 비행 중인 탄도탄의 속도 $\vec{v}$를 추정한다면 정확도가 많이 떨어질 수밖에 없다.

실제 탄도탄은 관성유도장치에 의해 유도조종된다. 관성유도에 쓰이는 관성감지기들은 중력을 감지할 수는 없지만, 그 외의 모든 힘에 의한 가속과 회전은 모두 감지하고 적분해서 속도와 거리 방향 등을 측정할 수 있다. 물론 중력에 대한 데이터는 미리 유도컴퓨터에 저장해두고 관성감지기에서 측정한 가속도와 합쳐야 관성좌표계에서 측정하는 탄도탄에 작용하는 총 가속도를 얻을 수 있다.[76] 탄도탄의 유도컴퓨터는 로켓의 가속도계가 측정한 고유가속도와 미리 입력한 중력 데이터를 반영하여 적분함으로써 항상 현재 탄도탄의 위치와 속도를 계산한다. 유도컴퓨터는 탄도탄의 속도가 요구속도 $\vec{v}_R$에 도달하면 엔진을 컷-오프함으로써 $\vec{v}_{co}(=\vec{v}_R)$ 속도로 기준궤도에 진입하도록 탄도탄을 조종한다.

시험비행에서 관측한 원지점의 고도 h_{max}와 사거리 s 정보만으로도, 같은 탄도탄을 MET로 사격할 때 도달 가능한 최대사거리에 대한 개략적인 정보를 구할 수 있다. 연소종료 위치 $\vec{r}_{co}$와 연소시간을 정확히 알면 더 정확한 최대사거리를 추정할 수 있다.

76) 정규수, 『로켓 과학 I: 로켓 추진체와 관성유도』 (지성사, 2015), pp.234-243.

4부

크로스 프로덕트 유도조종

제 1 장

개방형 유도

발사대를 이륙한 직후부터 얼마간은 속력이 아주 낮기 때문에 식 (3-61)에서 대기저항 a_D항의 기여는 아주 작을 것으로 예측되므로 초기 비행궤도를 검토하는 과정에서는 이 항은 무시할 수 있다. $\dot{\gamma}$를 정의하는 방정식 (3-61)의 두 번째 식 우변에는 $\sin\alpha/v$에 비례하는 항과 $-g\cos\gamma/v$에 비례하는 항이 존재한다. 이륙가속도가 아주 큰 로켓이 아니라면 이륙 직후 v 값이 작으므로 $\cos\gamma(t)$와 $\sin\alpha(t)$가 0이 아닌 한 급격히 기울어질 수 있어 제어가 힘들다. 따라서 우주발사체나 ICBM같이 이륙가속도가 작은 대형 로켓은 속력이 대략 $v \approx 50\mathrm{m/s}$ 정도가 될 때까지 $\gamma = \pi/2$와 $\alpha(\mathrm{t}) = 0$을 유지할 필요가 있다. 이에 따라 장거리 탄도탄은 수직($\gamma = \pi/2$, $\alpha = 0$)으로 발사하고 '롤roll' 기동이 필요하면 이때 실시한다. v가 어느 정도 커진 뒤 발사체의 비행경로각 γ를 표적방위 방향으로 기울여주는 것이 통상적인 발사방법이다.[1] 고체로켓이면 대략 이륙 후 3초 후, 액체로켓 경우는 10여 초 후에 γ 값을 표적방향으로 기울이기 위한 초기 피치 기동을 실시할 것으로 본다.

운동방정식 (3-61)과 (3-63)은 4개의 함수 v, γ, r, θ에 대한 4개의 비선형 1차 미분방정식으로 구성된 연립방정식이다. 따라서 운동방정식의 일반해는 4개의 임의상수free parameter를 포함하고, 이러한 임의상수를 유일하게 결정하기 위해서는 4개의 조건이 필요하다. 발사 순간($t=0$)의 발사대의 위치와 비행체의 속도를 탄도탄의 궤도가 만족해야 할 초기조건으로 취할 수 있다. 〈그림 3-2〉와 같은 발사궤도에 대해 운동방정식 (3-61)과 (3-63)을 풀기 위한 이륙 순간의 초기조건은 다음과 같다.

$$\begin{cases} r(0) = r_{\mathrm{E}} \\ \Theta(0) = \Theta_{\mathrm{L}} (= \pi - \phi'/2 + \delta/r_E) \\ v(0) = 0 \\ \gamma(0) = \pi/2 \end{cases} \tag{4-1}$$

지구 반경 r_{E}와 발사대의 근점이각 Θ_{L}은 극좌표계에서 발사대 위치를, $v(0)$과 $\gamma(0)$은 이륙 순간의 속도를 의미한다. 열거한 4개의 조건은 4개의 적분상수를 유일하게 결정하고 궤도는 발사지점에서 출발한다. 부수적인 조건 $\alpha(0)=0$ 역시 필요하다. $\alpha(t)$는 탄도탄을 조종하는 '조종 파라미터steering parameter'다. $\alpha(t)$를 조절함으로써 탄도탄의 동력 비행궤도와 속도방향을 조종할 수 있다. 다단로켓으로 추진되는 ICBM에서 각 단의 연소가 끝나는 것과 동시에 다음 단의 로켓이 점화된다고 가정하겠다.[2]

---

1) 소형 로켓의 초기 가속도는 중력가속도보다 훨씬 크기 때문에 $-g_0\cos\gamma/v$에 의한 중력회전gravity-turn이 크게 문제되지 않지만, 대형 우주발사체의 이륙가속도는 중력가속도에 비해 많이 작기 때문에 $\gamma=\pi/2$로 취해 속도가 작은 영역에서 중력회전 항을 0으로 만드는 것이 필요하다.

사거리가 10,000km 이상인 고체로켓 ICBM의 엔진 연소시간은 짧게는 120초, 길어야 200초 미만이다.[3] 마지막 로켓엔진이 컷-오프되면 이때 위치와 속도를 초기조건으로 하는 자유낙하운동을 시작한다. 이러한 자유낙하궤도가 표적을 지나면 탄도탄은 표적을 명중한다고 말한다.[4] 람베르트 속도를 보통 '미션 요구속도' v_R이라고 한다. 탄도탄이 표적을 명중하는 조건은 연소가 종료될 위치에서 탄도탄의 속도 $\vec{v}(\vec{r}_{co})$가 그 점에서 요구속도 $\vec{v}_R(\vec{r}_{co})$와 일치하는 것이다. $t=t_{co}$에서 연소가 종료된다고 가정하면, 이때 위치와 속도는 다음과 같이 주어진다.

$$\begin{cases} r(t_{co}) = r_{co} \\ \theta(t_{co}) = \theta_{co} \\ v(t_{co}) = v_{co} = v_R \\ \gamma(t_{co}) = \gamma_{co} = \gamma_R \end{cases} \tag{4-2}$$

t_{co}는 연소종료 시간, r_{co}는 지구 중심에서 연소종료 위치까지 거리, Θ_{co}는 연소종료 위치의 근점이각, v_R과 γ_R은 각각 '요구속력'과 '요구 비행경로각'을 의미한다. 식 (4-2)는 연소종료 위치 $\vec{r}_{co}$와 표적위치 $\vec{r}_T$를 지나는 무수히 많은 타원(자유낙하궤도) 중에 비행시간,[5] 또는 최소에너지 조건,[6] 또는 원지점을 지정함으로써 유일하게 결정

---

2) 물론 단 분리 후 짧은 '코스팅coasting'이 있다 해도 수치계산에서 문제가 되는 것은 아니다.

3) 러시아는 Topol-M과 변형의 연소시간을 120초 전후로 발표하고 있다. 제1단 로켓은 'the Soyuz Federal Center for Dual-Use Technologies'에서 개발했으며 특별히 추력가속도 a_T가 높은 것으로 알려져 있다. 3단이 모두 연소되는 시간은 120초 전후라고 한다.

4) 어떠한 오차도 없는 아주 이상적인 경우를 가정했다.

5) Lambert trajectory 조건.

6) MET 조건.

된 타원으로 $\vec{r} = \vec{r}_{co}$에서 매끄럽게 진입하기 위한 조건을 의미한다.[7] t_T는 발사 후 RV가 표적에 도달하기까지 소요된 총 비행시간이다.

t_T를 미리 정해주는 람베르트 유도는 전술 전략적으로 큰 의미를 가질 수가 있다. ICBM 중대flight의 모든 탄도탄을 한꺼번에 발사하더라도 목표 상공에 일정한 시간 간격을 두고 도달하게 할 필요도 있고, SLBM 한 척에 탑재한 SLBM을 몇 분에 거쳐 발사하더라도 동시에 목표에 도달하게 하든가, 또는 DT(depressed trajectory)로 발사할 필요도 있기 때문이다.

한편, MET를 이용하면 주어진 탄도탄으로 가장 먼 표적을 공격할 수도 있고, 최소사거리와 최대사거리 사이의 표적을 가장 높은 정확도로 공격할 수도 있다. 반면, 최고고도를 미리 정하는 궤도는 탄도탄 개발 단계에서 비행시험용으로 가장 적합하다고 판단한다. 특히 탄도탄이 소진될 때까지 거의 수직으로 상승하는 궤도를 사용한다면, 중력저항과 대기저항을 예측하기가 비교적 쉽고 굳이 최대사거리 시험을 하지 않고도 최대사거리 시험에서 얻는 것만큼 많은 데이터를 얻을 수 있기 때문이다. 물론 의외의 대형사고 위험이 상존하는 것은 감수해야 한다.

발사시의 초기조건을 만족하기 위한 4개의 적분상수는 이미 다 결정했기 때문에 식 (4-2)를 추가로 만족하기 위한 임의상수는 해에 남아 있지 않다. 그러나 식 (3-61)은 비행 중에도 임의로 바꿀 수 있는 파라미터 $\alpha(t)$를 포함한다. 즉, 추력각thrust angle이라고 하는 시간의 함수 $\alpha(t)$는 추력과 비행방향 $\hat{v}$ 사이의 각을 의미한다. 따라서 $\alpha(t)$를 적절히 조절함으로써 속력이 v_R에 도달할 때 γ도 γ_R이 되도록 유도컴퓨터를 프로그램 할 수 있다.[8] 이렇게 $\alpha(t)$를 조절하

7) 궤도의 최고 고도 조건.

는 과정을 유도조종이라 하고, $\vec{v}_R$을 구하는 것을 표적조준이라고 한다. 따라서 $\alpha(t)$를 조정하여 식 (4-2)를 만족시킬 수 있다.9)

탄도탄의 유도조종을 개방 유도open-loop guidance 단계와 폐쇄 유도closed-loop guidance 단계로 나누어 다루는 것이 여러모로 합리적이다. ICBM 같은 장거리 탄도탄은 ~8.3km/s 이상의 Δv_{cap}을 가지도록 설계하므로 수십 톤 이상의 추진제를 탑재한다.10) 초고속을 얻기 위해서는 로켓 전체 질량 중 추진제 비율이 90% 이상 차지해야 하므로 구조물은 로켓의 최대 가속도에서 자체 무게와 페이로드를 지탱하는데 필요한 최소한도로 사용한다. 특히 액체로켓 탄도탄은 축-방향 가속과 공기마찰로 인한 하중은 비교적 잘 견디지만, 공기 중에서 급격한 방향 전환 등에 의한 횡방향 스트레스에는 취약하다. 횡방향 스트레스에도 견딜 수 있도록 여유 있게 설계하면 추진제 비율이 떨어져 Δv_{cap}이 줄어든다. 대기밀도가 높은 구역을 지날 때는 횡적 스트레스를 많이 받는 심한 기동을 되도록 피할 수 있게 유도 프로그램을 짬으로써 로켓 동체 및 구조물의 질량을 최소로 줄일 수 있다. 그러나 고체로켓 탄도탄은 구조적으로 액체로켓보다 훨씬 튼튼하므로 발사 직후부터 표적방향으로 바꾸기 시작할 수 있다. 한 예로 미니트맨이 사일로를 벗어난 후 대략 3초 후면 표적방향을 향해 기수를 부드럽게 돌리기 시작하고 1단 로켓이 소진되기 훨씬 전에 맥스Q를 통과하고, 이후에는 좀 더 과감하게 방향 조종을 하는 것으로 추정한다.

---

8) $\alpha(t)$를 바꾸는 방법에는 주 엔진의 추력방향을 제어하거나 2개 또는 그 이상의 보조엔진vernier engine이 필요하다. 4개의 보조엔진을 다는 경우 보조추력과 비행방향 사이의 각을 이용해 비행방향 조종이 가능하다. 2개 이상의 보조엔진을 장착하면 롤roll 제어도 가능하다.

9) 매 순간 임의로 바꿀 수 있는 $\alpha(t)$는 무한개의 파라미터와 같다.

10) MGM-134 미지트맨Midgetman은 중량이 13.6톤밖에 안 되는 예외적인 경우도 있다.

기준궤도 $\aleph$를 사용하는 유도방법에서는 고체로켓 탄도탄을 ICBM 사거리로 발사할 경우, 2단이 소진되고 3단이 점화될 즈음에는 속력이 충분히 크므로 $\vec{r}$과 $\vec{v}$를 $\vec{r}_R$과 $\vec{v}_R$이 되도록 $\alpha(t)$를 조종함으로써 탄도탄을 표적을 지나는 자유낙하궤도 $\aleph$로 진입시킬 수 있다. t_{co}를 엔진 컷-오프 시간이라 하면 $t = t_{co}$에서 $\vec{r}_{co} = \vec{r}_R$, $\vec{v}_{co} = \vec{v}_R$이 되고, 이와 동시에 엔진을 컷-오프하고 로켓에서 RV를 분리한다. 분리된 RV의 자세를 재돌입각으로 맞추고 축을 중심으로 회전시키면 RV는 양력의 영향을 거의 받지 않고 균일하게 '융제'되면서 목표로 낙하한다. 이러한 기동은 보통 다단로켓의 마지막 단에서 실시하게 된다. 고체로켓이면 3단에서 실시하고, 2단 액체로켓이면 2단에서 실시한다.

1. 수직 상승궤도

초기 가속도가 비교적 낮은 대형 탄도탄은 수직으로 발사한다. 이륙 후 추력방향과 속도방향이 같으므로 $\alpha(t) = 0$이 된다. 로켓이 발사대를 이륙한 직후 아무런 조치를 취하지 않는다면 로켓의 운동은 다음 방정식에 의해 완전히 결정된다.

$$\begin{cases} \dot{v} = \dfrac{\dot{\mathrm{m}}_P}{\mathrm{m}(t)} v_{eff} - g_0 \\ \dot{\gamma} = 0 \end{cases} \tag{4-3}$$

$\dot{\mathrm{m}}_P$는 매초 연소되는 추진제 질량이며 상수로 가정하고, 질량 $\mathrm{m}(t)$는 매초 연소실로 공급하는 추진제 질량 $\dot{\mathrm{m}}_P$만큼 감소한다.

$$\mathrm{m}(t) = \mathrm{m}_0 - \dot{\mathrm{m}}_{\mathrm{P}} t \tag{4-4}$$

위치에 대한 방정식 (3-63)은 다음과 같이 간단해진다.

$$\begin{cases} \dot{\Theta} = 0 \\ \dot{\mathrm{r}} = v \end{cases} \tag{4-5}$$

위치방정식 (4-5)와 속도방정식 (4-3)의 해는 다음과 같다.

$$\begin{cases} v(t) = v_{eff} \ln\left(\dfrac{\mathrm{m}_0}{\mathrm{m}_0 - \dot{\mathrm{m}}_{\mathrm{P}} t}\right) - g_0 t \\ \gamma(t) = \dfrac{\pi}{2} \end{cases} \tag{4-6}$$

$$\begin{cases} r(t) = r_{\mathrm{E}} + h_0(t) \\ \Theta(t) = \Theta_{\mathrm{L}} (= \pi - \phi'/2 + \delta/r_{\mathrm{E}}) \end{cases} \tag{4-7}$$

$$h_0(t) = v_{eff}\, t - \frac{1}{2} g_0 t^2 - v_{eff} \frac{(\mathrm{m}_0 - \dot{\mathrm{m}}_{\mathrm{P}} t)}{\dot{\mathrm{m}}_{\mathrm{P}}} \ln\left(\frac{\mathrm{m}_0}{\mathrm{m}_0 - \dot{\mathrm{m}}_{\mathrm{P}} t}\right) \tag{4-8}$$

여기서

$$v_{eff} = v_e + \frac{(p_e - p_a)\mathrm{A}_e}{\dot{\mathrm{m}}_{\mathrm{P}}} \tag{4-9}$$

는 임의의 대기압 p_a에서 노즐 출구단면적 A_e에 대한 연소가스의 배출속도다. 식 (4-6) 우변의 첫 항은 t초 동안 로켓의 추력에 의해 가속되어 얻은 속력이고, 둘째 항은 중력에 의해 추력과 반대방향인 지구 중심 방향으로 가속된 속력 손실을 나타내는 항이다. 중력에 의한 감속은 로켓이 수직으로 올라가는 동안 내내 로켓의 속력을 매초 9.806m/s^{2}씩 잠식한다. 탑재한 추진제 $\mathrm{m_{P0}}$를 소진하는 데 걸리는 연소시간 $t_{bo}(=t_{burn\ out})$가 길면 길수록 중력에 의한 속력 손실 Δv_g $(=\Delta v_{gravity}=g\,t_b)$는 커진다.

2. 저궤도 구간에서 유도조종: 개방형 유도

탄도탄은 수직으로 발사해야 하는 분명한 이유가 있지만, 식 (4-6)으로 표현되는 수직으로 상승할 때 속도는 수직 상승에 따른 문제점을 보여주고 있다. 탄도탄에 탑재한 총 추진제 질량을 $\mathrm{m_{P0}}$라고 하면 추진제가 소진될 때 연소시간은 $t_b=\mathrm{m_{P0}}/\dot{\mathrm{m}}_\mathrm{P}$이 된다. 여기서 매초당 연소되는 추진제 질량 $\dot{\mathrm{m}}_\mathrm{P}$는 거의 일정한 값을 가진다고 가정하자. 주어진 탄도탄에 탑재한 $\mathrm{m_{P0}}$ 값은 일정하므로 $\dot{\mathrm{m}}_\mathrm{P}$ 값이 커지면 t_b는 줄어들고, $\dot{\mathrm{m}}_\mathrm{P}$ 값이 작아지면 t_b 값은 늘어난다. 식 (4-6) 우변의 첫 항은 t_b에 무관하게 일정한 값을 가진 로켓의 최대속도 능력 Δv_{cap}를 나타낸다. 식 (4-6)이 의미하는 것은 추진제가 소진될 때 탄도탄의 속력은 다음과 같다.

$$v_b(=v(t_b))=\Delta v_{cap}-g\,t_b \qquad (4\text{-}10)$$

극단적인 예로 $t_b=0$이면 연소종료 속력은 순간적으로 가속되어 Δv_{cap}가 되고, 중력에 의한 속도 손실은 전혀 없지만, $t_b>0$이면 v_b는 $g\,t_b$만큼 줄어든다.

얼핏 생각하기에 식 (4-6)의 $v(t)$ 표현에서 연소시간 t_b를 줄이는 것이 실제로 무슨 득이 될까 의아해할 수도 있다. 어차피 로켓엔진이 종료되면 중력이 $-g_0(t-t_b)$를 통해 속력을 계속 감속시킬 텐데, 조금 일찍 연소종료가 되든 조금 나중에 종료가 되든 무슨 상관이 있을까 생각할 수도 있다. 하지만 t_b(또는 $\dot{m}_P$)는 연소종료 시 관성계에 대한 연소종료 속력 v_b(burn out speed)를 $-gt_b$만큼 감속시킨다. 연소가 종료되면 탄도탄은 동력 비행에서 자유낙하운동으로 전환되고 이때부터 탄도탄의 총에너지 ε(=운동에너지+퍼텐셜에너지)는 보존된다. 이 경우 식 (2-16)에서 v_b 값이 커지면 $-\varepsilon$ 값이 작아지므로 (2-19) 식에 의해 a는 커진다. 즉, t_b가 작으면 탄도탄은 훨씬 더 높이 올라갈 수 있다는 의미다.

이러한 결과는 $\gamma < \pi/2$인 경우에도 적용된다. 일반적으로 연소종료 순간 로켓의 속력 v_b은 다음과 같이 쓸 수 있다.

$$v_b = v_{cap} - \overline{g\sin\gamma}\, t_b \tag{4-11}$$

여기서 $\overline{\mathrm{g}\sin\gamma}$ 는 $g\sin\gamma$의 동력 비행궤도를 따른 시간에 대한 평균값을 의미한다.[11] 식 (4-10)과 (4-11)에서 공기마찰은 고려하지 않았다.

같은 로켓이라도 인위적으로 추력을 낮춰throttle back 운행하면 연료를 모두 소모할 때까지 시간 t_b가 길어진다. 로켓이 낼 수 있는 속력 v_{cap}는 변하지 않지만, t_b가 길어질수록 중력에 의한 감속 $\overline{\mathrm{g}\sin\gamma}\, t_b$가 커지므로 연소종료 속력 v_b는 감소하고 총에너지도 감소한다. 일단

11) 정규수, 『로켓 과학 II: 위성 궤도와 태양계 탐사』(지성사, 2016), pp.193-195.

엔진 작동이 멈추면 그다음부터는 로켓의 운동은 중력의 영향으로 초기속도 $\vec{v}_b$로 자유낙하운동을 시작한다. 케플러 궤도의 장반경 a는 동력 비행에서 얻은 v_b가 커질수록 크므로, t_b가 작을수록 더 높은 궤도에 올라갈 수 있다. 더욱 정확하게 표현하자면 동력 비행구간에서 수직방향으로 비행하는 시간이 짧든가, 아니면 t_b가 작으면 v_b가 커진다. 하지만 t_b를 줄이는 데 따른 기술적인 문제 때문에 t_b를 무조건 짧게 할 수는 없다. t_b가 작으면 같은 양의 추진제를 짧은 시간 안에 연소해야 하므로 연소실 압력과 온도가 올라가므로 연소실은 고온고압에서 견디는 신소재를 사용하든가 아니면 기존 소재를 더 많이 사용해야 하는데, 이는 기술적 한계에 부딪힌다거나 구조물의 무게가 증가한다는 뜻이다. 기술적인 문제 외에도 t_b가 작다는 의미는 대기밀도가 낮은 고도에서 로켓의 속력이 높아진다는 뜻이므로, 공기마찰열과 공기역학적 스트레스 문제가 그만큼 커진다는 뜻도 된다. 남은 방법은 $\overline{\sin\gamma}$ 값이 작은 상승궤도를 택해 낮은 속력으로 수직 상승하는 구간을 되도록 줄여 중력 손실을 막는 것이다. 주어진 Δv_{cap}를 가진 로켓의 동력 비행궤도를 어떻게 설계하느냐에 따라 연소종료 속력 v_b는 상당히 달라질 수 있다.12)

ICBM과 같은 대형 로켓은 β 값이 크므로 대기저항에 의한 속력 손실이 중력에 의한 손실에 비해 상당히 작은 편이다. 따라서 대기저항의 손실을 다소 늘리더라도 중력에 의한 속력 손실을 크게 줄이는 것이 중요하다. 고체로켓 탄도탄의 경우 발사 후 고도가 50m 내외에 이르면 '피치 프로그램pitch program'을 시행하여 비행경로각 γ를 줄여 60° 또는 50°로 만드는 것이 통상적인 발사 과정이다.

---

12) 참고로 말하면, 속도가 클 때 로켓을 이용해 방향을 바꾸면 추진제 소모가 심할 뿐만 아니라 로켓 몸체에 상당히 큰 횡적 스트레스를 가하게 된다.

탄도탄은 $\gamma=90°$로 발사하지만, 지상에 낙하할 때까지 10,000km 이상 비행하려면 γ_{co} 값은 22° 미만으로 줄여야 한다. 식 (3-61)에서 $\dot{\gamma}$ 방정식

$$\dot{\gamma} = \frac{1}{v} a_{\mathrm{T}} \sin\alpha - \frac{1}{v}\left(g - \frac{v^2}{r}\right)\cos\gamma \qquad (4\text{-}12)$$

는 v가 작으면 α 값을 조금만 바꿔도 $\dot{\gamma}$ 값이 크게 바뀐다. 하지만 v가 조금만 커져도 $\dot{\gamma}$는 α 값에 덜 민감해진다. α를 바꾸면 추력방향이 바뀌고, 추력방향을 바꾸려면 속력 손실은 피할 수 없다. 조종에 기인한 속력 손실 $\Delta v_s (= v_{steering})$는 속력에 비례한다. 속력이 v인 로켓에서 로켓의 추력을 사용해 비행방향만 $\Delta\Theta$만큼 바꾼다고 가정하자. 간단한 계산에서 필요한 추가적인 '델타 브이'는 $\Delta v = \sqrt{2(1-\cos\Delta\Theta)}\, v$가 되는 것을 알 수 있다. '치올코프스키 로켓 방정식Tsiolkovsky rocket equation'[13]을 사용하면 이러한 방향 전환에 소모되는 추진제량을 계산할 수 있다.

$$\mathrm{m_{before}} = \mathrm{e}^{\Delta v / v_{eff}}\, \mathrm{m_{after}} \qquad (4\text{-}13)$$

$\mathrm{m_{before}}$와 $\mathrm{m_{after}}$는 방향 전환 기동을 실시하기 전과 한 후의 로켓의 질량을 의미한다. v_{eff}가 3km/s라 가정하고 $v \approx 0.05$km/s라면 현재 질량의 1.7% 미만, $v \leq 0.34$km/s 이내에서는 현재 질량의 6% 미만으로 30°의 방향 전환이 가능하지만, 속력이 4km/s인 상태에서는 현재 질량의 반에 해당하는 추진제를 소모해야 한다. 따라서 표

---

13) 정규수, 『로켓 과학 I: 로켓 추진체와 관성유도』 (지성사, 2015), pp.195-207.

적방향으로 피치기동은 되도록 속력이 낮을 때 실시하거나 중력회전 효과를 최대한 이용해야 한다.

우리가 수직으로 돌을 던지면 어느 정도 올라갔다가 다시 던진 곳으로 떨어진다. 하지만 약간이라도 수직에서 벗어난 각도로 던지면 돌이 운동하는 궤적은 포물선을 그리면서 땅으로 떨어진다. 중력이 없는 세상에서는 초기에 기울어진 각도로 직선을 따라 상승하겠지만, 중력은 속도방향을 수평방향으로 휘게 만들어 포물선을 그리게 한다.[14] 이렇게 중력이 속도를 수평방향으로 휘게 하는 현상을 '중력회전gravity turn'이라고 하며 동력 비행시간이 긴 우주발사체 발사 과정에서는 중력회전을 적절하게 사용할 수 있다.

장거리 탄도탄은 수직 발사에 성공하면 되도록 빨리 초기 피치기동을 실시하여 비행방향을 목표궤도 방위방향으로 약간 기울여주고 비행경로각 γ를 되도록 빨리 줄이는 것이 중력 손실과 방향 전환을 위한 조종 손실을 최소로 하는 방법이라 할 수 있다. 이러한 피치기동의 목적은 탄도탄을 목표로 유도하는 것이 아니다. 수직으로 발사한 탄도탄을 저속에서 비행경로각 γ를 충분히 줄이면서 속도를 늘려 람베르트 궤도로 진입시키는 '폐쇄형 유도'에 적합한 위치와 속도로 조종하는 것이 피치기동이다. 반면, 유도 목표가 특정 위치나 속도로 정해지지 않은 유도를 '개방형 유도'라고 한다. 따라서 개방형 유도에서는 조종한 결과가 다음 조종에 '피드백' 되지 않는다. 탄도탄에서 사용할 수 있는 개방형 유도방식에는 여러 가지가 존재한다.

동력 비행 상승궤도의 유도조종에는 피치 변화율을 일정하게 유지하는 'CPR 유도constant pitch rate guidance', 중력회전을 이용하는 방법, 또는 '영각迎角: angle of attack' α의 변화율 $\dot{\alpha}$를 추진제 경제를 최적

14) 편평 지구를 가정하면 포물선이 되고 둥근 지구에서는 타원이 된다.

화하도록 구간별 연속함수로 설정하는 방법 등이 있다.[15] 피치각 $\omega(t)$는 추력방향 $\hat{a}_T$와 국지수평면 사이의 각으로 $\omega(t)=\alpha(t)+\gamma(t)$라고 표시한다. CPR은 다음과 같이 쓸 수 있다.

$$\dot{\alpha}(t)+\dot{\gamma}(t)=\dot{\omega}_0 : constant$$

이 식을 적분하면 아래와 같이 $\alpha(t)$를 구할 수 있다.

$$\alpha(t)=-\gamma(t)+\dot{\omega}_0 t+\alpha_0 \tag{4-14}$$

여기서 ω_0와 α_0는 시뮬레이션을 통해 추진제량의 소모를 최소가 되게 정해야 하는 상수이다. 또 다른 선택으로는 $\alpha(t)$를 구간별로 다음과 같이 선택할 수 있다.

$$\dot{\alpha}_n=\dot{\gamma}_n e^{-\kappa_n t}, \ n=1,\ 2,\ 3, \cdots \tag{4-15}$$

식 (4-15)는 구간별 파라미터 $\dot{\gamma}_n$과 κ_n을 추진제량의 소모를 최소화하는 조건으로 시뮬레이션을 통해 선택한 경험식으로 보면 된다.

---

15) Ulrich Walter, *Astronautics* (Wiley-VCH Verlag GmbH & Co. KGaA, Weinheim, 2008), pp.126-129.

제 2 장

폐쇄형 유도

1. 폐쇄형 유도

탄도탄의 고도가 충분히 높아지면 대기저항이 줄어들어 좀 더 역동적인 기동이 가능하므로 초기에 실시한 개방형 유도방식을 폐쇄형 유도방식인 Q-유도 또는 기준궤도와 접촉하도록 유도하는 '기준궤도 유도방식reference trajectory guidance'으로 교체한다. 수학에서는 두 곡선이 만나는 점에서 N개의 도함수derivatives가 같을 때, 두 곡선은 그 점에서 N-차 접촉N-th order osculation을 한다고 말한다.[16] 탄도탄 유도에서 '접촉'은 동력 비행궤도와 자유낙하궤도가 만나는 점에서 속도(속력과 방향)가 같음을 의미한다.[17] 자유낙하궤도는 미리 정해진 기준궤도 $\aleph$일 수도 있고, Q-유도에서 $\mho$일 수도 있다. 기준궤도 유

16) $f(x_0) = g(x_0)$, $d^n f(x)/dx^n|_{x=x_0} = d^n g(x)/dx^n|_{x=x_0}$, $n = 1,2,3,\ldots,N$ 일 때 $f(x)$와 $g(x)$는 N-차 접촉이라고 한다.

17) 한 점에서 접촉하는 두 개의 자유낙하궤도는 동일한 자유낙하궤도이다.

도에서 동력 비행궤도와 ℵ의 접촉점에서 엔진을 컷-오프하면, 탄도탄은 ℵ를 따라 표적으로 낙하한다. 동력 비행궤도 위의 한 위치에서 탄도탄의 속도가 그 위치에서 표적으로 자유낙하하는 데 필요한 속도와 같아지면 엔진을 컷-오프하는 Q-유도에서는 컷-오프 위치는 표적을 통과하는 자유낙하궤도 ℧의 시작점이 된다.

〈그림 4-1〉은 L에서 탄도탄을 MET 조건으로 표적 T를 조준하여 발사하더라도 유도하는 방식이 기준궤도 유도방식이냐 Q-유도방식이냐에 따라 co 위치가 달라지고 자유낙하궤도 역시 달라지는 것을 보여준다. 동력 비행궤도가 표적을 지나는 기준 자유낙하궤도와 어느 한 점에서 접촉하는 순간 엔진 작동을 멈추고 RV를 분리하면 RV는 기준궤도를 따라 표적에 명중한다. 물론 자유낙하궤도가 표적으로 낙하하기 위해서는 두터운 대기층을 통과하는 재돌입 구간을 지나야 하며, 대기저항으로 속도가 줄기 때문에 진공으로 가정하고 얻은 자유낙하궤도인 기준궤도에서 벗어날 뿐만 아니라 탄착점에 조

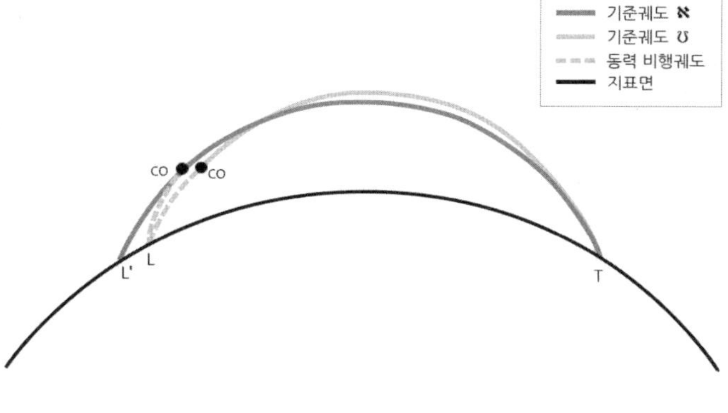

그림 4-1 기준궤도 유도의 기준궤도 ℵ와 Q-유도의 자유낙하궤도 ℧와 엔진 컷-오프 위치 co를 보여준다. L은 실제로 탄도탄을 발사하는 위치를 나타내고, L′은 기준궤도가 지표면과 만나는 위치를 의미한다. L′과 L은 같은 점을 선택해도 별 문제 없다.

금 못 미치는 것이 사실이다.[18] 그러나 벗어나는 정도는 재돌입궤도 시뮬레이션에서 계산할 수 있고, 현대식 RV 경우 10,000km 사거리 기준으로 수백m를 넘지 않을 수도 있다.[19] 기준궤도 유도에서 탄도탄으로 표적을 명중시키는 문제는 어떻게 탄도탄의 동력 비행궤도를 표적을 통과하는 자유낙하궤도와 접촉하도록 탄도탄의 방향과 속도를 조종하느냐 하는 것이다.

고체로켓 엔진으로 가속되는 장거리 탄도탄은 엔진이 작동하는 120~200초 동안 평균 $5g$ 또는 그 이상의 가속도로 가속한다. 탄도탄의 사거리가 아무리 길어도 탄도탄이 표적에 명중하도록 비행을 제어할 수 있는 시간은 엔진 작동시간 내로 제한될 수밖에 없다. 탄도탄의 엔진 작동시간은 탑재한 추진제가 소진되는 120~200초이지만, 탄도탄이 10,000km 밖의 표적까지 비행하는 데는 대략 35분 내외의 비행시간이 필요하다. 따라서 표적까지 비행시간의 1/12도 안 되는 시간에 탄도탄이 정확히 표적을 명중할 수 있도록 유도조종을 끝내야 한다. 엔진이 멈춘 후 $\vec{r}_{\mathrm{co}}(t_{\mathrm{co}})$는 자유낙하운동의 시작점이 되고, 초기 속도가 $\vec{r}_{\mathrm{co}}(t_{\mathrm{co}})$인 RV는 중력이 이끄는 대로 표적을 향해 자유낙하한다. ICBM의 연소종료 고도($h_{\mathrm{co}} = r_{\mathrm{co}} - r_{\mathrm{E}}$)는 보통 180km 이상이므로 공기마찰은 무시해도 괜찮다. 따라서 탄도탄의 유도조종은 탄도탄의 연소종료 속도 $\vec{v}_{\mathrm{co}}(\vec{r},t)$를 표적으로 자유낙하는 데 필요한 초기 속도 $\vec{v}_{\mathrm{R}}(\vec{r},t)$이 되도록 추력방향과 속도방향 사이의 각 $\alpha(t)$를 제어하는 문제로 귀착된다. $\alpha(t)$의 제어는 추력변환노즐이나 보조로켓을 사용한다.

---

18) 양력이 생기면 훨씬 더 멀리 날아갈 수도 있지만, 여기서는 양력이 없는 경우만 고려한다.

19) 재돌입 각도에 따라 더 많이 차이가 날 수도 있다. 시뮬레이션을 통해 거리 오차를 보정하는 기준궤도를 택함으로써 공기마찰로 인한 오차를 교정할 수 있다.

람베르트 문제의 해답에서 얻은 co 점의 속도가 바로 자유낙하궤도가 되기 위한 요구속도 $\vec{v}_{\mathrm{R}}(t)$이다. 이 책 2부에서 람베르트 속도를 자유낙하 비행시간 t_{ff}, r_{co}와 r_{T} 및 자유낙하 사거리각 $\phi_{\mathrm{F}}(=(\Theta_{\mathrm{T}}-\Theta_{\mathrm{co}})/r_{\mathrm{E}})$의 함수로 얻었다. 사거리 s는 발사지점에서 표적까지 탄도탄 궤도의 지적선 거리 $\mathrm{s}=r_{\mathrm{E}}(\Theta_{\mathrm{T}}-\Theta_{\mathrm{L}})$를 의미하고 co와 표적 T 사이의 비행시간 t_{ff}는 $t_{ff}=t_{\mathrm{T}}-t_{\mathrm{co}}$로 표현할 수 있다. 여기서 t_{T}는 L에서 발사된 탄도탄이 표적에 도달할 때까지의 시간으로 미리 주어진 양이지만 t_{ff}는 co에서 표적 T 사이의 비행시간으로 Q-유도에서는 매 람베르트 계산 간격마다 $t_{ff}=t_{\mathrm{T}}-t_{\mathrm{Ls}}$ 변화하는 양이다. t_{Ls}은 람베르트 계산을 실시하는 시간을 의미한다.

식 (3-12)는 최소에너지 자유낙하궤도의 시작점에서 비행경로각 $\gamma_{\mathrm{co_{MET}}}$를 구하는 공식이다.[20] 연소종료 위치 co에서 γ 값이 $\gamma_{\mathrm{co_{MET}}}$보다 크면 탄도탄의 궤도를 '고궤도lofted trajectory', 작으면 '저궤도(DT: depressed trajectory)'라고 한다. 이 모든 궤도는 람베르트 문제에서 비행시간만 바꿔주면 얻을 수 있으므로 주어진 점과 표적을 지나는 모든 자유낙하궤도를 '람베르트 궤도Lambert trajectory'라고 하자. 실제 탄도탄을 발사하여 유도하는 과정은 두 가지로 나누어 생각할 수 있다. 첫 단계에서는 수직으로 이륙한 탄도탄이 수 초간 수직 상승한 후에 비행방향이 표적을 향하도록 필요한 '롤 기동roll maneuver'을 하고 비행경로각 γ를 줄이기 위한 '피치기동pitch maneuver'을 실시한다.[21] 이러한 초기 피치기동의 목적은 $\vec{v}_{\mathrm{co}}(\vec{r},t)$가 $\vec{v}_{\mathrm{R}}(\vec{r},t)$이 되게 하는 것이 아니다. 추진제의 소모를 최소로 하면서도 동력 비행 후반에 실시할 기준궤도 유도나 Q-유도 같은 폐쇄형 유도조종을 무리

20) 엔진 컷-오프 co는 연소종료를 의미하는 B와 같은 의미다.

21) 미니트맨인 경우 수직 상승은 대략 3초간 지속되는 것으로 보인다.

없이 시작할 수 있는 탄도탄의 위치와 속도를 확보하는 데 있다. 개방형 유도를 함으로써 탄도탄은 저속일 때 γ 값을 무리 없이 줄여주고 '제로 크로스 프로덕트 조종법 ZCPS(zero cross product steering)'[22][23][24] 같은 폐쇄형 유도를 시작하기에 적합한 속력으로 가속해준다.

2. 속도 오차

탄도탄 유도조종의 기본은 동력 비행 중인 탄도탄의 속도 $\vec{v}(\vec{r})$이 그 위치에서 표적으로 낙하하는 자유낙하궤도에 접촉하는 데 필요한 요구속도 $\vec{v}_{\mathrm{R}}(\vec{r})$과 같게 탄도탄을 조종하는 것이다. 조종 과정은 $\vec{v}_{\mathrm{R}}(\vec{r})$과 $\vec{v}(\vec{r})$의 차 $\vec{v}_g(\vec{r})$를 0으로 보내는 '피드백 루프feedback loop'를 형성한다. '속도 오차 VGT(velocity to be gained 또는 velocity to go)'라고 하는 $\vec{v}_g$는 다음과 같이 정의한다.

$$\vec{v}_g(t) = \vec{v}_{\mathrm{R}}(t) - \vec{v}(t) \qquad (4\text{-}16)$$

여기서 $\vec{v}_{\mathrm{R}}(t)$은 표적으로 자유낙하하는 물체가 $\vec{r}$ 점에서 가져야 하는 속도로 미션 요구속도이다. $\vec{v}_g(t)$는 시간 t에서 요구속도와 탄도탄의 실제 속도와의 차이고, 유도조종은 $\vec{v}_g(t)$를 0으로 보내는 작업이라 할 수 있다.

---

22) George R. Pittman, Jr., Edited, *Inertial Guidance* (John Wiley & Sons, Inc., N.Y., 1962), pp.266-271.

23) Richard H. Battin, *Astronomical guidance* (McGraw-Hill Book Inc., New York, 1964), pp.123-124.

24) Richard H. Battin, *An Introduction to the Mathematics and Methods of Astrodynamics*, Rev. Ed. (AIAA, 1999), p.11, pp.552-553.

자유낙하궤도 위의 위치 $\vec{r}_{\mathrm{R}}$에서 $\vec{v}_{\mathrm{R}}(\vec{r}_{\mathrm{R}})$은 다음과 같이 중력만 작용하는 질점의 운동방정식의 해로 주어진다.

$$\frac{d\vec{v}_{\mathrm{R}}(\vec{r}_{\mathrm{R}})}{dt}=\vec{g}(\vec{r}_{\mathrm{R}}) \qquad (4\text{-}17)$$

한편, $\vec{r}$에서 동력 비행 중인 탄도탄의 속도 $\vec{v}(\vec{r})$은 추력, 중력 및 대기저항이 모두 작용하는 질점의 운동방정식

$$\frac{d\vec{v}(\vec{r})}{dt}=\vec{a}_{\mathrm{T}}+\vec{a}_{\mathrm{D}}+\vec{g}(\vec{r}) \qquad (4\text{-}18)$$

의 해solution로 주어진다. $\vec{a}_{\mathrm{T}}$, $\vec{a}_{\mathrm{D}}$ 및 $\vec{g}(\vec{r})$은 각각 추력가속도, 대기저항에 의한 감속도 및 중력가속도다.

$$\vec{a}_{\mathrm{T}}=\left[\frac{\dot{\mathrm{m}}}{\mathrm{m}}v_e+\frac{(p_e-p_a)}{\mathrm{m}}\mathrm{A}_e\right]\hat{u}_{\mathrm{T}}=\dot{\mathrm{m}}_{\mathrm{P}}v_{eff}\,\hat{u}_{\mathrm{T}} \qquad (4\text{-}19)$$

$$\vec{a}_{\mathrm{D}}=-a_{\mathrm{D}}\,\hat{v}=-\frac{1}{2}\frac{\rho(\vec{r})\,v^2 g}{\beta}\,\hat{v} \qquad (4\text{-}20)$$

$$\vec{g}(\vec{r})=-g(\vec{r})\,\hat{r}=-\frac{\mu}{r^2}\,\hat{r} \qquad (4\text{-}21)$$

식 (4-16)을 시간에 대해 미분하면 $\vec{v}_g$가 만족하는 방정식을 얻는다.

$$\frac{d\vec{v}_g}{dt}=\frac{d\vec{v}_{\mathrm{R}}(\vec{r}_{\mathrm{R}})}{dt}-\frac{d\vec{v}(\vec{r})}{dt} \qquad (4\text{-}22)$$

여기서 $\vec{r}_R$이 $\vec{r}$과 같은 경우와 다른 경우를 구별하는 것이 중요하다. 두 경우는 본질적으로 다른 결과가 나오므로 $\vec{r}_R = \vec{r}$인 경우와 $\vec{r}_R \neq \vec{r}$를 나누어 소개하도록 하겠다.

$\vec{r}_R = \vec{r}$ 경우

자유낙하궤도 위의 점 $\vec{r}_R(t)$에서 $\vec{v}_R(\vec{r}(t))$은 식 (4-17)의 해이므로 시간에 따른 변화는 자유낙하궤도의 접선방향으로 제한된다. 그러나 탄도탄의 동력 비행궤도 위의 한 점 $\vec{r}(t)$에서 t를 자유낙하를 시작할 때 시간이라 하면 람베르트 속도는 자유낙하 시작점과 끝점의 위치 및 두 점 간의 비행시간 $t_{ff} = t_T - t$, 또는 최소에너지 조건, 또는 원지점 고도 등에 직접 관련되는 양이다. 이에 $\vec{v}_R(\vec{r}(t))$은 $r_R(t)$뿐만 아니라 시간 t의 명시적 함수가 된다. 따라서 $\vec{r}(t)$에서 시간에 대한 $\vec{v}_R(\vec{r})$의 미분은 다음과 같이 주어진다.

$$\left.\frac{d\vec{v}_R(\vec{r})}{dt}\right|_{\hat{v}} = \frac{\partial \vec{v}_R}{\partial t} + \vec{v}(\vec{r}) \cdot \vec{\nabla}_r \vec{v}_R(\vec{r})\Big|_{t_{ff}, r_T} \tag{4-23}$$

$\vec{v} = \vec{v}_R - \vec{v}_g$를 사용해 식 (4-23)은 다음과 같이 다시 쓸 수 있다.

$$\begin{aligned}\left.\frac{d\vec{v}_R(\vec{r})}{dt}\right|_{\hat{v}} &= \frac{\partial \vec{v}_R}{\partial t} + [\vec{v}_R(\vec{r}) - \vec{v}_g(\vec{r})] \cdot \vec{\nabla}_r \vec{v}_R(\vec{r})\Big|_{t_{ff}, r_T} \\ &= \left[\frac{\partial}{\partial t} + \vec{v}_R \cdot \vec{\nabla}_r\right]\vec{v}_R - \vec{v}_g(\vec{r}) \cdot \vec{\nabla}\vec{v}_R\Big|_{t_{ff}, r_T} \\ &= \frac{d\vec{v}_R}{dt} - \vec{v}_g(\vec{r}) \cdot \vec{\nabla}_r \vec{v}_R(\vec{r})\Big|_{t_{ff}, r_T}\end{aligned}$$

$$= \vec{g}(\vec{r}) - \vec{v}_g(\vec{r}) \cdot \overrightarrow{\nabla}_r \vec{v}_{\mathrm{R}}(\vec{r})\Big|_{t_{ff}, r_{\mathrm{T}}} \qquad (4\text{-}24)$$

식 (4-17), (4-18), (4-22) 및 (4-24)에서 속도 차 $\vec{v}_g$의 운동방정식은 다음과 같이 구할 수 있다.

$$\frac{d\vec{v}_g}{dt} = \vec{p}(\vec{r}) - \vec{a}_{\mathrm{T}}(t) \qquad (4\text{-}25)$$

$$\vec{p}(\vec{r}) = -\overleftrightarrow{Q} \cdot \vec{v}_g - \vec{a}_{\mathrm{D}} \qquad (4\text{-}26)$$

$$\overleftrightarrow{Q} = \overrightarrow{\nabla}_r \vec{v}_{\mathrm{R}}(\vec{r})\Big|_{t_{ff}, r_{\mathrm{T}}} \qquad (4\text{-}27)$$

특기할 만한 사실은 $\vec{v}_g(t)$ 방정식 자체에는 중력 항이 사라지고 없다는 것이다. 물론 $\vec{v}_{\mathrm{R}}$을 통해 $\vec{g}(\vec{r})$이 간접적으로 $\overleftrightarrow{Q}(t)$에 영향을 미치는 것은 사실이다. $\overleftrightarrow{Q}(t)$는 Q-매트릭스라 하고, 초기에는 $\overleftrightarrow{Q}(t)$ 요소들을 탑재한 유도컴퓨터로 계산하는 것이 불가능했고, 지상의 대형 컴퓨터로도 겨우 계산할 수 있었다. Q-매트릭스 방법은 'MIT 기계설계연구소MIT Instrumentation Laboratory'[25]의 '레이닝J. Halcombe Laning, Jr.'이 제안했으며, 레이닝과 바틴Richard H. Battin이 개발했다.[26] 다행히 Q-매트릭스 요소들은 동력 비행시간에 대해 아주 서서히 바뀌는 것으로 알려졌고, 시간에 대해 1차 또는 2차 다항식으로 근사할 수 있었다. 탑재

25) 1932년 MIT 항공학과 교수 드레이퍼Charles Stark Draper가 비행기의 추적과 제어와 항법장치 제작을 학생들에게 가르치려고 만든 실험실이 제2차 세계대전을 거치면서 비밀 기계 제작을 하게 되었고 나중에 'MIT 기계설계연구소'로 바뀌었다. MIT 기계설계연구소는 초정밀 자이로gyroscope와 항법장치 전문설계연구소로 발전했다. 1973년 MIT에서 독립하여 지금은 '찰스 스타크 드레이퍼 설계연구소Charles Stark Draper Laboratory'가 되었고, 세계에서 가장 정밀한 관성감지기(IMU: inertial measurement unit)를 개발하고 있다.

26) Richard H. Battin, *An Introduction to the Mathematics and Methods of Astrodynamics*, Rev. Ed. (AIAA, 1999), pp.7-12.

컴퓨터로 Q-매트릭스 요소들을 실시간으로 계산하여 사용하는 유도방식을 '명시적 람베르트 유도explicit guidance'라고 한다.

$\vec{r}_R \neq \vec{r}$ 경우

$\vec{v}_g(t)$를 정의한 방정식 (4-16)에서 $\vec{v}_R$은 실제 탄도탄의 위치 $\vec{r}$과 다른 위치에서 정의된 요구속도일 수 있다.[27] 이 경우, $\vec{v}_g$의 운동방정식 (4-22)는 다음과 같이 쓸 수 있다.

$$\frac{d\vec{v}_g}{dt} = \frac{d\vec{v}_R(\vec{r}_R)}{dt} - \frac{d\vec{v}(\vec{r})}{dt}$$

$$= \vec{g}(\vec{r}_R) - \vec{a}_T(t) - \vec{a}_D(t) - \vec{g}(\vec{r})$$

$$= \vec{p} - \vec{a}_T \qquad (4\text{-}28)$$

$$\vec{p} = \vec{g}(\vec{r}_R(t)) - \vec{g}(\vec{r}(t)) - \vec{a}_D$$

$$= g(r)\hat{r} - g(r_R)\hat{r}_R + a_D\hat{v} \qquad (4\text{-}29)$$

위 식에서 $\vec{r}(t)$는 시간 t에서 탄도탄의 동력 비행궤도 위 한 점의 위치를 나타내고, $\vec{r}_R(t)$은 시간 t 때 기준궤도 위의 위치를 나타낸다. 식 (4-28)은 기준궤도 유도에서 $\vec{v}_g$를 지배하는 방정식이다. 식 (4-29)에서 중력가속도와 대기저항에 의한 감속도는 다음과 같이 정의했다.

$$\vec{g}(\vec{r}) = -g(r)\hat{r} = -\mu/r^2\,\hat{r}$$

$$\vec{a}_D = -a_D\,\hat{v}$$

---

27) ibid., pp.29-30.

제3장

'크로스 프로덕트' 조종법(CPS)

1. 제로 크로스 프로덕트 조종법(ZCPS): $\vec{v}_g(t) \times d\vec{v}_g(t)/dt = 0$

람베르트 속도 $\vec{v}_R(t)$와 동력 비행 중인 탄도탄의 속도 $\vec{v}(t)$의 차 $\vec{v}_g(t)$를 0이 되도록 탄도탄의 방향을 조종하는 것이 동력 비행궤도와 람베르트 궤도가 접촉하기 위한 필요조건이다. Q-유도에서는 항상 $\vec{r}_R(t) = \vec{r}(t)$이므로 $\vec{v}_g(t) = 0$은 위치 $\vec{r}(t)$에서 두 궤도가 접촉할 필요충분조건이 되지만, 미리 선택한 기준궤도로 유도하는 방식에는 $\vec{v}_g(\vec{r}(t)) = 0$ 외에 $\vec{r}(t) = \vec{r}_R(t)$가 되는 조건이 추가로 필요하다.

$\vec{v}_g \times d\vec{v}_g/dt = 0$이 되도록 로켓을 유도하는 방법을 '제로 크로스 프로덕트 조종 ZCPS(zero cross product steering)'이라고 하자.[28] 시간의 함수인 어떤 벡터를 0으로 몰고 가는 확실한 방법은 그 벡터의 시

28) $\vec{A} \times \vec{B}$를 '벡터 외적外積vector product' 또는 '크로스 프로덕트cross product'라고 한다.

간에 대한 미분과 원래 벡터를 역평행anti-parallel하게 조종하는 것이다. 만약 $\vec{W}$가 다음 식을 만족하면

$$\vec{W}\times\frac{d\vec{W}}{dt}=0$$

$d\vec{W}/dt=\lambda\hat{W}$이 된다는 의미다. $\vec{W}=W\hat{W}$라 놓으면 $d\hat{W}/dt=0$이 된다. 따라서 $\vec{W}$ 벡터의 방향은 완전히 고정되고, 위 식은 다음과 같이 다시 쓸 수 있다.

$$dW/dt=\lambda$$

즉, $\lambda<0$인 경우 벡터 $\vec{W}$의 절대치 W는 단조롭게 감소하여 0을 지나므로 $\vec{W}$ 벡터의 모든 성분이 동시에 0을 지난다. 이것이 ZCPS의 이론적 근거다.

이러한 조건을 $\vec{v}_g(t)$에 적용하면 $\vec{v}_g(t)$가 0이 될 필요충분조건은 다음과 같다.

$$\frac{d\vec{v}_g(t)}{dt}=-\mathrm{K}\,\hat{v}_g(t),\quad \mathrm{K}>0 \tag{4-30}$$

여기서 K는 상수 또는 t, $r(t)$, $r_{\mathrm{R}}(t)$, $v_g(t)$의 함수라도 상관없지만 항상 $\mathrm{K}>0$을 만족해야 한다.

식 (4-30)이 성립하기 위한 '필요조건necessary condition'은 $\vec{v}_g$와 $d\vec{v}_g/dt$의 시간에 대한 변화율의 '벡터 외적外積(cross product)'이 0이 되는 것이다.

$$\vec{v}_g(t) \times \frac{d\vec{v}_g(t)}{dt} = 0 \qquad (4\text{-}31)$$

여기서 $\vec{v}_g(t)$는 크기 $v_g(t)$와 $\vec{v}_g(t)$ 방향의 단위벡터 $\hat{v}_g(t)$의 곱으로 다시 쓸 수 있다.

$$\vec{v}_g(t) = v_g(t)\,\hat{v}_g(t) \qquad (4\text{-}32)$$

식 (4-25) 또는 (4-28)의 각 변에 $\vec{v}_g(t)$로 벡터 외적을 취하고 식 (4-31)을 사용하면 다음과 같은 식을 얻는다.

$$\vec{v}_g(t) \times \vec{p} = \vec{v}_g(t) \times \vec{a}_{\mathrm{T}} \qquad (4\text{-}33)$$

위 식의 양변에 다시 $\vec{v}_g(t)$로 벡터 외적을 취하면 다음과 같은 식을 얻는다.

$$\vec{p}(t) - \vec{a}_{\mathrm{T}}(t) = [\hat{v}_g(t) \cdot \vec{p} - \hat{v}_g(t) \cdot \vec{a}_{\mathrm{T}}]\,\hat{v}_g(t) \qquad (4\text{-}34)$$

식 (4-34)는 $\vec{p} - \vec{a}_{\mathrm{T}}$는 $\vec{v}_g(t)$와 같은 방향을 갖는 것을 보여준다. 식 (4-25)와 (4-34)에서 다음 식을 얻을 수 있다.

$$\frac{d\vec{v}_g(t)}{dt} = -[\hat{v}_g(t) \cdot \vec{a}_{\mathrm{T}} - \hat{v}_g(t) \cdot \vec{p}]\,\hat{v}_g(t) \qquad (4\text{-}35)$$

$\vec{v}_g(t)$가 (4-31)로 표현된 조건을 만족하도록 요구하면, $d\vec{v}_g(t)/dt$는

$\vec{v}_g(t)$와 같은 방향을 갖게 된다. 따라서 임의시간 t에서 $\vec{v}_g(t)$는 다음과 같이 쓸 수 있다.

$$\frac{dv_g}{dt} = -[\hat{v}_g(t) \cdot \vec{a}_{\mathrm{T}} - \hat{v}_g(t) \cdot \vec{p}] \qquad (4\text{-}36)$$

식 (4-32), (4-35) 및 식 (4-36)에서 $\hat{v}_g(t)$는 시간에 무관한 상수 단위벡터가 된다. 즉, $\vec{v}_g(t)$의 방향은 시간에 상관없이 관성좌표계에 대해 고정된 방향을 가리킨다.

$$\frac{d\hat{v}_g(t)}{dt} = 0 \qquad (4\text{-}37)$$

$v_g(t)$가 반드시 0이 될 '충분조건sufficient condition'을 알아보자. 식 (4-28)의 양변을 제곱하면 다음 식을 얻는다.

$$\left(\frac{dv_g(t)}{dt}\right)^2 = a_{\mathrm{T}}^2 + p^2 - 2\vec{a}_{\mathrm{T}} \cdot \vec{p}$$

식 (4-25)를 $\vec{a}_{\mathrm{T}}$에 관해 풀고 위 식에 대입하면 $dv_g(t)/dt$에 관한 2차방정식을 얻고, 해를 구하면 다음과 같은 식을 얻을 수 있다.

$$\frac{dv_g(t)}{dt} = -\mathrm{K} \qquad (4\text{-}38)$$

$$\mathrm{K} = \left[a_{\mathrm{T}}^2 - p^2 + (\vec{p} \cdot \hat{v}_g)^2\right]^{1/2} - \vec{p} \cdot \hat{v}_g > 0, \quad a_{\mathrm{T}} > p \qquad (4\text{-}39)$$

우주발사체나 탄도탄 같은 대형 로켓에서 a_{T}는 p에 비해 훨씬 크므로 항상 $\mathrm{K}>0$이 성립한다. 그 결과 (4-39)를 만족하는 $v_g(t)$는 t의 단조감소함수monotonically decreasing function가 된다. 즉, $\vec{a}_{\mathrm{T}}$의 방향을 식 (4-31)이 만족하도록 조종해주면 $v_g(t_{\mathrm{co}})=0$을 만족하는 t_{co}가 틀림없이 존재한다는 의미다.[29]

2. 논제로 크로스 프로덕트 조종법(NZCPS) : $\vec{v}_g \times d\vec{v}_g/dt \neq 0$

$\vec{v}_g(t)\times d\vec{v}_g(t)/dt=0$으로 정의된 ZCPS에서는 식 (4-37)에서 보는 대로 $\vec{v}_g(t)(=v_g(t)\hat{v}_g)$는 관성좌표계에서는 고정된 방향을 가리킨다. 그러나 $\vec{v}_g(t)\times d\vec{v}_g(t)/dt\neq 0$로 정의되는 '논제로 크로스 프로덕트 조정법(NZCPS: non-zero cross product steering)'에서는 $\vec{v}_g(t)$의 방향이 계속 바뀐다. 그러나 NZCPS의 특별한 경우로 $\vec{a}_{\mathrm{T}}$를 $\vec{v}_g(t)$와 같은 방향으로 유지하는 다음과 같은 조종법이 유용하다.[30]

$$\vec{v}_g(t)\times\vec{a}_{\mathrm{T}}(t)=0 \tag{4-40}$$

식 (4-28)을 이러한 가정 아래 다시 쓰면 다음과 같다.

$$\frac{d\vec{v}_g}{dt}=\vec{p}(\vec{r})-a_{\mathrm{T}}(t)\,\hat{v}_g \tag{4-41}$$

---

29) 추진제가 소진되기 전에 속력이 $v_{\mathrm{R}}(t)$를 상회할 만큼 Δv_{cap}이 크다고 가정했다.

30) 나중에 소개할 EMS(energy management steering)는 $\vec{a}_{\mathrm{T}}$와 $\vec{v}_g(t)$ 사이의 각을 일정하게 유지하는 유도조종 방식이다.

위 식에 $\vec{v}_g = v_g \hat{v}_g$를 대입하고 양변에 $\hat{v}_g(t)$로 내적內積, inner product을 취하면 $v_g(t)$에 대한 다음과 같은 방정식을 얻는다.

$$\begin{cases} \dfrac{dv_g(t)}{dt} = -a_{\mathrm{T}} + \vec{p} \cdot \hat{v}_g \\ \vec{v}_g(t) = v_g(t)\hat{v}_g(t) \end{cases} \tag{4-42}$$

대형 로켓에서 a_{T}는 중력가속도 g보다 항상 크므로 $a_{\mathrm{T}} > \hat{v}_g \cdot \vec{p}$가 만족되고 $v_g(t)$는 단조롭게 감소하므로 $v_g(t)$는 0을 지난다. 식 (4-42)로 정의한 $\vec{v}_g(t)$는 ZCPS 때와는 달리 $d\vec{v}_g(t)/dt$와의 벡터 외적 $\vec{v}_g(t) \times d\vec{v}_g(t)/dt$가 0은 아니다.

가장 일반적인 NZCPS 경우 $\vec{v}_g(t)$는 식 (4-28)로 정의된다. $\vec{v}_g(t) = v_g(t)\hat{v}_g(t)$의 시간에 대한 미분은 다음과 같다.

$$\frac{d\vec{v}_g(t)}{dt} = \frac{dv_g(t)}{dt}\hat{v}_g(t) + v_g(t)\dot{\omega}(t)\hat{v}_{g\perp}(t) \tag{4-43}$$

여기서 $\hat{v}_{g\perp}(t) = d\hat{v}_g(t)/d\omega$은 $\hat{v}_g(t)$를 궤도면 내에서 반시계방향으로 $\pi/2$만큼 회전시켜 얻은 단위벡터다. 식 (4-43)에 $\hat{v}_g(t)$로 벡터 외적을 취하면

$$\begin{cases} \hat{v}_g(t) \times \dfrac{d\vec{v}_g(t)}{dt} = \dot{\omega} v_g(t)\hat{n}(t) \\ \dot{\omega}(t) = \dot{\gamma}(t) + \dot{\alpha}_g(t) - \dot{\theta}(t) \end{cases} \tag{4-44}$$

$\hat{n}(t) = \hat{v}_g \times d\hat{v}_g/d\omega$는 궤도면에 수직인 단위벡터이다. 여기에서

$\gamma(t)+\alpha_g(t)-\theta(t)$는 식 (4-47)에서 정의된 $\hat{v}_g(t)$의 방향각이다. 식 (4-28)의 양변을 $\hat{v}_g(t)$로 벡터 외적을 취하고 식 (4-44)를 사용하면 다음과 같은 식을 얻는다.

$$v_g(t)\dot{\omega}\hat{n}=\hat{v}_g(t)\times\vec{p}-\hat{v}_g(t)\times\vec{a}_{\mathrm{T}} \qquad (4\text{-}45)$$

$\dot{\omega}=0$인 경우는 ZCPS가 되어 식 (4-45)는 식 (4-33)으로 전환되고, $\vec{a}_{\mathrm{T}}(t)=a_{\mathrm{T}}\hat{v}_g(t)$인 경우 식 (4-45)는

$$v_g(t)\dot{\omega}\hat{n}=\hat{v}_g\times\vec{p} \qquad (4\text{-}46)$$

으로 전환된다. 식 (4-46)은 $\vec{a}_{\mathrm{T}}(t)=a_{\mathrm{T}}\hat{v}_g(t)$인 경우 $\vec{v}_g(t)$의 회전은 중력에 의해 결정되는 것을 보여준다.

▒ 단위벡터

필자가 소개하는 'CPS' 유도는 NZCPS와 ZCPS의 두 단계로 구성된다. 이륙 직후 3~10초 사이에 초기 피치기동을 실시하고 바로 NZCPS와 ZCPS를 순차적으로 시행하든가, 아니면 식 (2-12) 같은 적절한 개방형 유도과정을 거쳐서 ZCPS를 바로 실시할 수도 있다. 적절한 시점에 도달하면 폐쇄형 조종법인 ZCPS로 전환하여 기준궤도 위의 한 점에 접촉하면 엔진을 컷-오프하는 것이 CPS이다. 지금까지 CPS에 필요한 개념과 계산에 필요한 공식들을 유도했다. 계산에 필요한 각종 위치벡터, 속도벡터, 가속도방향 등이 등장한다. 그러나 실제 계산을 위해서는 이 벡터들을 관성좌표계에서 크기와 축-방향에 대한 각으로 표시해야 한다. 우리가 선택한 관성좌표계는 궤

도면에서 수평방향 축을 x-축, 여기에 수직인 축을 z-축으로 취하고 궤도면에 수직인 축을 y-축으로 취하며, 축의 방향은 '오른손 법칙right-hand rule'을 따르고 지구 중심에 원점을 두는 '데카르트 좌표계'이다. 지구 중심에 원점을 둔 '극좌표계'를 사용하여 각종 벡터의 관성좌표계에서 성분을 표시하겠다.

단위벡터들은 좌표-축에 대한 각도 또는 다른 단위벡터와 만나는 각도에 의해 결정된다. 단위벡터는 $\hat{Z}=\vec{Z}/|\vec{Z}|$와 같이 벡터를 벡터의 절대값(크기)으로 나눈 길이가 1인 벡터로 원래 벡터의 방향을 가리킨다. 지금까지 위치를 나타내는 각을 근점이각을 기본으로 사용했지만, 이제부터는 〈그림 4-2〉에서처럼 극좌표각 θ를 사용하여 위치벡터 $\vec{r}$을 표시하기로 한다. 근점이각 Θ를 극좌표각 θ로 표현하면 $\Theta(t)=\pi/2+\theta(t)$이 된다.

〈그림 4-3〉은 CPS 설명에 필요한 각종 단위벡터와 사이각을 보여주고, 극좌표계에서 표현한 단위벡터들을 보여준다. 앞으로 필요한 단위벡터들과 단위벡터를 결정하는 각들은 〈그림 4-3〉에 예시했고, 관

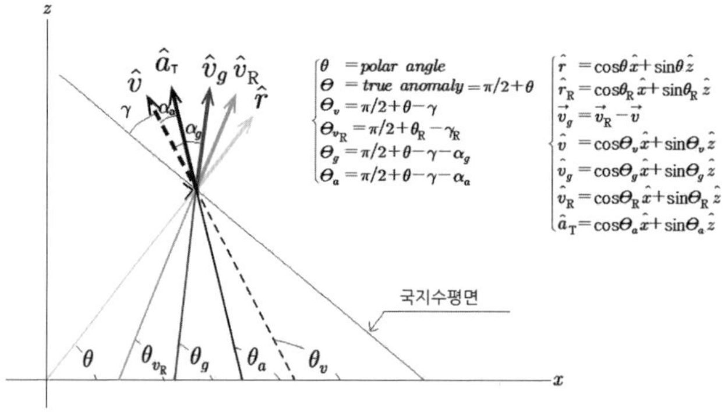

그림 4-2 근점이각 Θ와 극좌표 각 θ와의 관계를 보여준다. $\hat{x}$와 $\hat{z}$는 각각 x-축 방향과 z-축 방향의 단위벡터를 나타낸다.

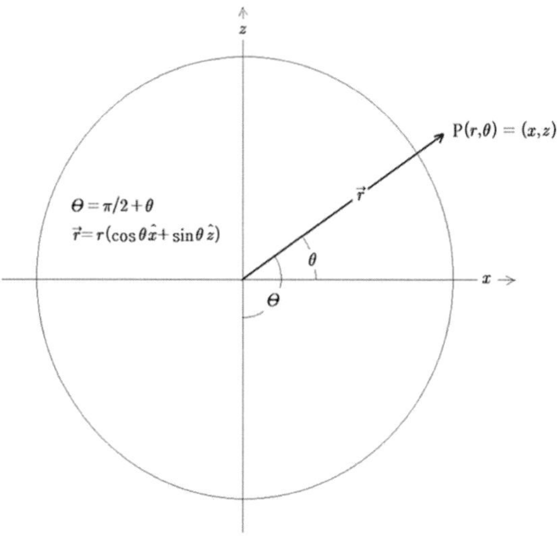

그림 4-3 CPS 유도에 필요한 여러 가지 벡터를 극좌표계에서 표시했고, 이 벡터들이 x 축과 국지수평면 및 속도벡터 사이의 각을 표시했다. '근점이각' Θ와 '극좌표각' θ는 $\Theta=\pi/2+\theta$이 된다. Θ_{R}, Θ_v, $\Theta_{v_{\mathrm{R}}}$, Θ_g 및 Θ_a는 각각 국지수평면과 $\vec{r}_{\mathrm{R}}$, $\vec{v}$, $\vec{v}_{\mathrm{R}}$, $\vec{v}_g$ 및 $\vec{a}_{\mathrm{T}}$의 사이각을 표시하고, $\vec{a}_{\mathrm{T}}$는 총 고유가속도 $\vec{a}$(때로는 추력가속도 $\vec{a}_{\mathrm{T}}$만) 방향을 표시한다.

련된 단위벡터들은 다음과 같이 표시할 수 있다. Θ, Θ_{R}은 위치벡터 $\vec{r}$과 자유낙하궤도 위의 위치벡터 $\vec{r}_{\mathrm{R}}$의 근점이각이고, Θ_v, $\Theta_{v_{\mathrm{R}}}$, Θ_g, $\Theta_{a_{\mathrm{T}}}$는 각각 $\vec{v}$, $\vec{v}_{\mathrm{R}}$, $\vec{v}_g$, $\vec{a}_{\mathrm{T}}$의 근점이각을 의미한다. 우리가 앞으로 사용하게 될 단위벡터들을 극좌표각으로 표현하면 아래와 같이 정리된다.

$$\begin{cases} \hat{r} = \cos\theta\,\hat{x} + \sin\theta\,\hat{z} \\ \widehat{r_{\mathrm{R}}} = \cos\theta_{\mathrm{R}}\,\hat{x} + \sin\theta_{\mathrm{R}}\,\hat{z} \\ \hat{v} = \sin(\gamma-\theta)\,\hat{x} + \cos(\gamma-\theta)\,\hat{z} \\ \hat{v}_{\mathrm{R}} = \sin(\gamma_{\mathrm{R}}-\theta_{\mathrm{R}})\,\hat{x} + \cos(\gamma_{\mathrm{R}}-\theta_{\mathrm{R}})\,\hat{z} \\ \hat{v}_g = \sin(\gamma+\alpha_g-\theta)\,\hat{x} + \cos(\gamma+\alpha_g-\theta)\,\hat{z} \\ \hat{a}_{\mathrm{T}} = \sin(\gamma+\alpha_a-\theta)\,\hat{x} + \cos(\gamma+\alpha_a-\theta)\,\hat{z} \end{cases} \quad (4\text{-}47)$$

제4장

기준궤도를 이용한 CPS 유도 및 에너지 소모 조종법

제3장에서는 $\vec{v}_g$가 식 (4-31)을 만족하도록 추력방향 $\vec{a}_T(t)$을 $\vec{v}_g \times d\vec{v}_g/dt = 0$이 되도록 조종함으로써 $\vec{v}_g(t)$가 관성좌표계에 대해 일정한 방향을 가지게 할 수 있는 것을 보았다. 따라서 ZCPS에서는 $\vec{v}_g(t) = v_g(t)\,\hat{v}_g$와 같이 쓸 수 있고, $\hat{v}_g$는 시간의 함수가 아닌 상수벡터가 되며 식 (4-38)과 (4-39)에 의해 시간이 흐르면 $v_g(t)$가 0이 되는 순간이 온다. 한편, NZCPS인 경우도 화학로켓인 경우 항상 $a_T > \hat{v}_g \cdot \vec{p}$를 만족하므로 $v_g(t)$는 단조롭게 감소하다가 0이 된다.

반면 Q-유도방식에서는 Q-매트릭스를 구하기 위해 매시간 간격마다 현재의 탄도탄의 위치 $\vec{r}(t)$에서 요구속도 $\vec{v}_R(\vec{r}(t))$를 계산한다는 것을 의미한다. 따라서 동력 비행하는 탄도탄은 매시간 간격마다 같은 위치 $\vec{r}(t)$에서 속도 $\vec{v}(\vec{r}(t))$와 요구속도 $\vec{v}_R(\vec{r}(t))$를 계산하므로 탄도탄의 위치와 람베르트 궤도 위의 위치는 항상 같다. 탄도탄이 매끄럽게 람베르트 궤도로 진입할 필요충분조건은 $\vec{v}(\vec{r}) = \vec{v}_R(\vec{r})$이다. 탄도탄의 유도조종은 $\vec{v}_g(t)$를 0이 되게 추력방향을 조종만 하면 된다. Q-유도방식에서 흥미로운 점은 속도 오차 $\vec{v}_g(t)$(VTG: velocity to go) 방정식에서 중력이 사라지고, 현재 위치도 크게 중요하지 않다는 사실이다.

식 (4-27)로 정의된 3×3 Q-매트릭스 요소는 당시 1950년대 말 탄도탄에 탑재한 유도장치로 계산하는 것이 불가능했을 뿐만 아니라 버지니아 주 '달그런Dahlgren'에 있는 '미 해군병기연구소Naval Ordnance Station'의 주 컴퓨터로 계산하기에도 많은 어려움과 긴 시간이 필요했다.[31] 계산 결과, Q-매트릭스는 대칭적이고 매트릭스 요소들은 시간에 대해 매우 둔감한 동력 비행시간의 함수로 밝혀졌다. 사거리가 2500km 미만인 경우는 매트릭스 요소들은 거의 상수들로 나타났고, 사거리가 10,000km 탄도탄인 경우도 Q-매트릭스 요소들은 시간의 다항식으로 근사할 수 있었다.[32] 실제로 Q-매트릭스를 미리 계산하고 시간의 다항식으로 근사한 요소들을 유도컴퓨터에 입력한 Q-유도방식은 소어Thor 및 폴라리스Polaris 탄도탄에 적용되었다. Q-유도에서 요구속도를 계산하는 위치는 탄도탄의 실제 위치이기 때문에 요구속도에 도달하면 탄도탄은 이미 람베르트 궤도 위에 놓여 있다. 따라서 속도가 요구속도와 같아지는 순간 엔진을 컷-오프하고 RV를 섭동 없이 분리하면 RV는 표적 위로 자유낙하한다. $\vec{v}_g(t)$의 방향을 구하고 그 방향으로 추력방향을 유지하기만 해도 탄도탄을 표적으로 유도할 수 있다. 물론 현대식 탑재 유도컴퓨터로는 Q-매트릭스 계산을 실시간으로 계산하는 것도 가능하고 이러한 경우를 '명시적 유

31) Donald MacKenzie, *Inventing Accuracy: A Historical Sociology of Nuclear Missile Guidance* (The MIT Press, 1993), p.146.

32) Richard H. Battin, *An Introduction to the Mathematics and Methods of Astrodynamics*, Rev. Ed., (AIAA, 1999), p.10, Fig.4.

도'라고 한다.

식 (4-25)~(4-27)로 정의된 'Q-유도방식'[33]은 1955년 레이닝과 바틴이 제안한 탄도탄 유도방식으로 아틀라스 탄도탄에 사용된 '델타 유도'[34]방식의 경직성을 완화하여 고체로켓 탄도탄에 적용하기 쉬운 방법이다.

1. 기준궤도를 이용한 크로스 프로덕트 조종법(CPS)

Q-유도방식에서 반복되는 람베르트 계산을 피하는 방법으로 '티머시 브랜드Timothy Brand'는 미리 하나의 자유낙하궤도를 선정하고 $t=t_{co}$가 될 때 동력 비행궤도와 일치하게 되는 방법을 제안했다고 한다.[35] 이 방법에는 단 하나의 기준궤도(자유낙하궤도)를 사용하므로 람베르트 계산을 한 번만 하면 된다. 사실 기준궤도를 MET나 원지점 고도로 결정된 궤도로 취하면 기준궤도 자체가 사거리 또는 사거리와 원지점 고도의 간단한 함수로 표현되므로 람베르트 계산을 사용할 필요도 없다. 이러한 이유로 탑재 컴퓨터에 대한 요구 성능은 Q-유도에 비해 훨씬 완화될 수 있다. 기준궤도는 최소에너지궤도(MET), 발사에서 탄착까지 비행시간을 정해주는 람베르트 궤도, 또는 최고고도를 정해준 궤도 중에서 미션에서 요구하는 하나의 궤도로 택할 수 있다.

L에서 발사된 탄도탄을 기준궤도 위의 한 점에서 접촉하도록 유도하는 방법으로 CPS(cross product steering)를 사용하겠다. 기준궤도

---

33) ibid., pp.7-14.

34) George R. Pittman, Jr., Edited, *Inertial Guidance* (John Wiley & Sons, Inc., N.Y.,1962), pp.253-260.

35) Richard H. Battin, *An Introduction to the Mathematics and Methods of Astrodynamics*, Rev. Ed., (AIAA, 1999), pp.29-30.

유도에서는 동력 비행궤도 위의 탄도탄의 위치 $\vec{r}(t)$와 이에 대응하는 기준궤도 위의 점 $\vec{r}_{\mathrm{R}}(t)$과는 접촉점 외에는 같지 않다. 기준궤도를 사용하는 유도조종은 제2장 2절에서 논한 $\vec{r}_{\mathrm{R}}(t) \neq \vec{r}(t)$인 경우에 해당한다. 〈그림 4-4〉는 '기준궤도 CPS 유도'를 설명하는 데 필요한 CPS 개념도다. L′과 co를 지나는 곡선은 기준궤도를 나타내고, L과 co를 지나는 곡선은 L에서 발사된 로켓이 co에서 기준궤도에 접촉하는 동력 비행궤도를 나타낸다. zcps로 표시한 점은 ZCPS를 시작할 때 동력 비행궤도 위의 탄도탄의 위치를 의미하고, zcps′는 zcps에 대응하는 기준궤도 위의 위치다.

CPS 유도의 요체는 $\vec{v}_g(t)$가 0이 되는 순간 $\vec{r}(t) = \vec{r}_{\mathrm{R}}(t)$가 되도록 $\vec{\mathrm{a}}_{\mathrm{T}}$와 $\vec{v}$ 사이의 각 $\alpha_a(t)$를 '자동'으로 조정하는 것이다. 기준궤도를

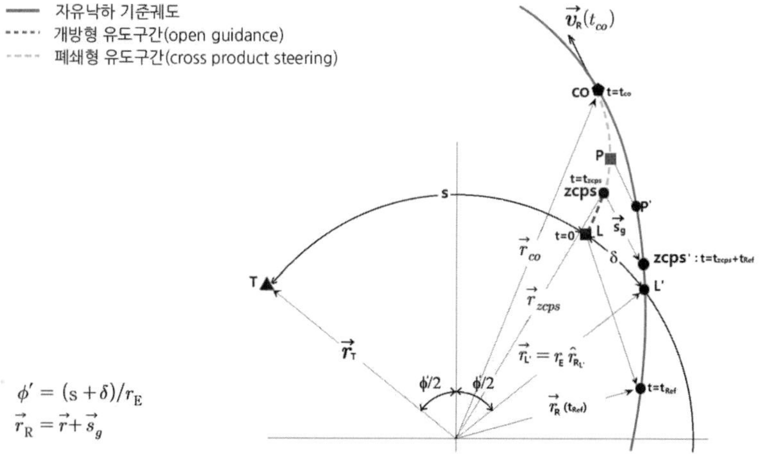

그림 4-4 원호 $\widehat{\mathrm{L'LT}}$는 지표면을 나타낸다. $\phi' = (\mathrm{s}+\delta)/r_{\mathrm{E}}$, s는 탄도탄의 실제 발사위치 L에서 표적 T까지 기준궤도의 지적선 길이인 사거리를 나타내고, δ는 발사위치 오프세트(launch point off-set)를 나타낸다. L′은 기준궤도가 지표면과 만나는 점, L은 탄도탄 발사점, zcps는 동력 비행궤도에서 ZCPS 유도를 시작하는 위치, zcps′는 zcps에 대응하는 기준궤도 위의 위치, co는 동력 비행궤도가 기준궤도에 접촉하는 위치로 엔진 컷-오프 위치이다. 동력 비행궤도 위의 임의의 한 점 P와 기준궤도 위의 대응점을 P′로 표시했다.

사용하는 경우에 식 (4-29)로 정의된 $\vec{p}(t)$를 사용하므로, $\vec{r}_{\mathrm{R}} \neq \vec{r}$ 경우에 해당한다. 식 (4-28)의 우변과 좌변에 $\vec{v}_g$로 벡터 외적을 취하고 식 (4-47)을 이용하면 다음 식을 얻는다.

$$v_g(t)\dot{\omega}(t)\,\hat{y} = \hat{v}_g(t) \times \vec{p} - \hat{v}_g(t) \times \vec{a}_{\mathrm{T}}(t) \tag{4-48}$$

여기서 $\dot{\omega}(t)$와 우변의 항들은 다음과 같다.[36]

$$\begin{cases} \dot{\omega} = \dot{\gamma} + \dot{\alpha}_g - \dot{\theta} \\ \hat{v}_g \times \vec{a}_{\mathrm{T}} = a_{\mathrm{T}} \sin(\alpha_a - \alpha_g)\,\hat{y} \\ \hat{v}_g \times \vec{p} = [-g(r_{\mathrm{R}}) \cos(\gamma + \alpha_g + \theta_{\mathrm{R}} - \theta) + g(r) \cos(\gamma + \alpha_g) - a_{\mathrm{D}} \sin \alpha_g]\,\hat{y} \end{cases} \tag{4-49}$$

식 (4-49)를 (4-48)에 대입하면 조종 파라미터 $\alpha_a(t)$를 구할 수 있다.

$$\alpha_a(t) = \alpha_g(t) + \sin^{-1}\left\{ -\frac{v_g(t)\dot{\omega}(t)}{a_{\mathrm{T}}(t)} + \frac{g(r)}{a_{\mathrm{T}}(t)} \cos(\gamma + \alpha_g) - \frac{g(r_{\mathrm{R}}) \cos(\gamma + \alpha_g + \theta_{\mathrm{R}} - \theta) + a_{\mathrm{D}} \sin \alpha_g}{a_{\mathrm{T}}(t)} \right\} \tag{4-50}$$

$$\alpha_g = \sin^{-1}\left\{ \frac{v_{\mathrm{R}}}{v_g} \sin(\theta - \theta_{\mathrm{R}} + \gamma_{\mathrm{R}} - \gamma) \right\} \tag{4-51}$$

식 (4-51)은 $\hat{v} \times \vec{v}_g = \hat{v} \times \vec{v}_{\mathrm{R}}$과 식 (4-47)에서 얻을 수 있다. $\alpha_g(t)$에는 임의로 조정할 수 있는 파라미터가 없지만, $\alpha_a(t)$는 함수 $\dot{\omega}(t)$를

36) $\hat{y}$는 오른손 법칙을 따르고 $x-z$ 평면에 수직방향의 단위벡터를 의미한다.

포함하고 있기 때문에 동력 비행궤도를 조종하는 것이 가능하다. 사실 $\vec{v}_g(t) \times d\vec{v}_g(t)/dt$ 값은 임의로 택할 수 있으므로 $\dot{\omega}(t)$는 시간의 임의함수다. 단순하게 상수로 가정해도 무방하지만, 실제 응용에서는 에너지 소모가 최소가 되게 최적화하는 것이 바람직하다.

앞에서도 암시했듯이 CPS 유도방법은 처음에는 $\dot{\omega}$가 일정한 값을 갖는 NZCPS로 개방형으로 탄도탄을 유도한다. NZCPS로 유도되는 과정에서는 $\vec{v}_g(t)$의 방향은 회전한다. $\vec{v}_g(t)$와 함께 또 하나의 중요한 물리량은 $\vec{s}_g(t)$다. $\vec{s}_g(t)$는 이륙한 로켓의 동력 비행궤도 위의 점 $\mathrm{P}(\vec{r}(t))$에서 이에 대응하는 기준궤도 위의 점 $\mathrm{P}'(\vec{r}_{\mathrm{R}}(t+t_{Ref}))$까지 거리벡터이고, $\vec{v}_g(t,t_{Ref})$는 $\mathrm{P}'(\vec{r}_{\mathrm{R}}(t+t_{Ref}))$에서 속도와 $\mathrm{P}(\vec{r}(t))$에서 속도 차를 의미한다.

$$\vec{s}_g(t,t_{Ref}) = \vec{r}_{\mathrm{R}}(t+t_{Ref}) - \vec{r}(t) = s_g(t,t_{Ref})\,\hat{s}_g(t,t_{Ref}) \qquad (4\text{-}52)$$

$$\vec{v}_g(t,t_{Ref}) = \vec{v}_{\mathrm{R}}(t+t_{Ref}) - \vec{v}(t) = v_g(t,t_{Ref})\,\hat{v}_g(t,t_{Ref}) \qquad (4\text{-}53)$$

로켓에서 재는 시간은 이륙 순간을 0이라고 가정하고 그 후의 경과시간을 잰다. 그러나 궤도방정식을 간단히 표기하기 위해 케플러 궤도에서 사용하는 시간의 기준점은 다르다. 궤도면이 정해지면 기준궤도는 식 (3-21)에 의해 결정되고, 궤도를 따라 운동하는 물체의 위치 및 속도는 근점이각 $\Theta(t)$에 의해 결정된다. 운동 물체가 근지점을 지날 때 시간을 0으로 잡고 이때 근점이각을 0으로 잡는다. 즉, $\Theta(0)=0$이다. 따라서 로켓의 상승궤도와 기준궤도를 따라 움직이는 물체의 위치 또는 속도를 비교하려면 시간을 1 : 1로 대응시켜야 한다. 따라서 식 (4-52)에서 t_{Ref}는 로켓이 이륙 순간에 해당하는 기준궤도 위의 시간이다. t_{Ref} 값을 정하기 위해서는 추가적인 조건이 필요하다.

NZCPS에서는 $\vec{v}_g(t)\times d\vec{v}_g(t)/dt \neq 0$이므로 $\hat{v}_g(t)$는 관성계에서 고정된 벡터가 아니고, $\vec{v}_g(t,t_{Ref})$와 $\vec{s}_g(t,t_{Ref})$는 회전하는 벡터가 된다. 그러나 ZCPS에서는 $\vec{v}_g(t)\times d\vec{v}_g(t)/dt = 0$이므로 $\hat{v}_g(t,t_{Ref})$는 관성계에서 방향이 고정된다. 이 조건은 $\dot{\omega}=0$이 된다. 만약 $\vec{s}_g(t,t_{Ref})$와 $\vec{v}_g(t,t_{Ref})$가 방향이 같은 $t=t_{zcps}$에서 $\dot{\omega}=0$으로 놓으면 $t \geqq t_{zcps}$ 구간에서는 $\vec{v}_g$의 방향은 관성좌표계에 대해 고정되고 $\vec{s}_g$는 $\vec{v}_g$와 방향이 평행한 고정 벡터가 된다.

$\vec{s}_g(t,t_{Ref})$와 $\vec{v}_g(t,t_{Ref})$가 평행할 조건은 다음과 같다.

$$\vec{v}_g(t)\times\vec{s}_g(t)=0 \tag{4-54}$$

식 (4-47), (4-52) 및 (4-53)을 사용해 식 (4-54)는 다음과 같이 다시 쓸 수 있다.

$$\begin{aligned} &r_{\mathrm{R}}(t_{zcps}+t_{Ref})\sin\{\gamma(t_{zcps})+\alpha_g(t_{zcps})-\theta(t_{zcps})+\theta_{\mathrm{R}}(t_{zcps}+t_{Ref})\} \\ &\quad = r(t_{zcps})\sin\{\gamma(t_{zcps})+\alpha_g(t_{zcps})\} \end{aligned} \tag{4-55}$$

기준궤도 방정식 (3-21)과 (3-26)에서 $r_{\mathrm{R}}(t_{zcps}+t_{Ref})$은 $\theta_{\mathrm{R}}(t_{zcps}+t_{Ref})$의 함수로 표시할 수 있고, 식 (4-51)과 (4-55)에서 $\alpha_g(t_{zcps})$와 $\gamma_{\mathrm{R}}(t_{zcps}+t_{Ref})$ 및 $v_{\mathrm{R}}(t_{zcps}+t_{Ref})$도 $\theta_{\mathrm{R}}(t_{zcps}+t_{Ref})$만의 함수이므로 식 (4-55)는 t_{zcps}와 $t_{zcps}+t_{Ref}$ 사이의 관계식이다. t_{zcps}가 방정식 (4-54)의 해라면 $t \geqq t_{zcps}$에서는 $\dot{\omega}$ 값을 0으로 놓을 수 있다. 따라서 $t \geqq t_{zcps}$

인 구간에서는 $\vec{s}_g(t) = -s_g(t)\hat{v}_g$가 되며 $\vec{v}_g(t) = d\vec{s}_g(t)/dt$이므로 다음 식도 성립한다는 사실이 흥미롭다.

$$\begin{cases} \vec{s}_g(t) \times \dfrac{d\vec{s}_g(t)}{dt} = 0 \\ \dfrac{ds_g(t)}{dt} \qquad = -v_g < 0 \end{cases} \tag{4-56}$$

따라서 $t \geqq t_{zcps}$이면 관성좌표계에 대한 $\vec{v}_g(t)$와 $\vec{s}_g(t)$는 같은 방향으로 고정되고, 시간에 따라 크기 $v_g(t)$와 $s_g(t)$는 단조롭게 감소하는 시간의 함수가 된다. 이상의 결과를 요약하면 다음과 같다.

$$\begin{cases} \vec{s}_g(t) \times \vec{v}_g(t) = 0 \\ \dot{\omega}(t) = 0 \\ \vec{v}_g(t)) \times \dfrac{d\vec{v}_g(t)}{dt} = 0 \\ \dfrac{d\hat{v}_g(t)}{dt} = 0 \\ \vec{v}_g(t) = v_g(t)\,\hat{v}_g \\ \vec{s}_g(t) = -s_g(t)\,\hat{v}_g \end{cases} \quad t \geqq t_{zcps} \tag{4-57}$$

이렇게 t_{zcps}를 구하고 $\dot{\omega}$를 0으로 놓으면 로켓은 식 (4-31)과 (4-37)을 만족한다. 이후부터는 ZCPS로 유도할 수 있는 조건을 만족한다. $\hat{v}_g$는 상수벡터이므로 $\vec{s}_g(t)$ 역시 상수벡터 $\hat{v}_g$에 평행한다.

$$\begin{cases} \vec{s}_g(t) = -\left\{ s_g(t_{zcps}) - \int_{t_{zcps}}^{t} v_g(t', t_{Ref}) dt' \right\} \hat{v}_g \\ \vec{v}_g(t) = \left\{ v_g(t_{zcps}) + \int_{t_{zcps}}^{t} \left[\vec{p}(t', t_{Ref}) \cdot \hat{v}_g - \vec{a}_{\mathrm{T}}(t') \cdot \hat{v}_g \right] dt' \right\} \hat{v}_g \end{cases}$$

(4-58)

식 (4-58)에서 정의된 $s_g(t,t_{Ref})$와 $v_g(t,t_{Ref})$가 동시에 0이 되는 시간 t_{co}와 t_{Ref}가 존재해야 한다. $t=t_{co}$에서 로켓엔진을 강제로 종료하면 동력 비행궤도는 기준궤도와 접촉하고, 탄도탄은 기준궤도를 따라 표적으로 자유낙하한다. 기준궤도에서 시간은 $t_{co}+t_{Ref}$임을 기억하면, 컷-오프 조건은 사실상 t_{co}와 t_{Ref}의 함수다.

$$\begin{cases} s_g(t, t_{Ref}) = s_g(t_{zcps}, t_{Ref}) - \int_{t_{zcps}}^{t} v_g(t') dt' \\ v_g(t, t_{Ref}) = v_g(t_{zcps}, t_{Ref}) - \int_{t_{zcps}}^{t} \left\{ \vec{a}_{\mathrm{T}}(t') \cdot \hat{v}_g - \vec{p}(t', t_{Ref}) \cdot \hat{v}_g \right\} dt' \end{cases}$$

(4-59)

동력 비행궤도와 기준궤도 ℵ가 접촉할 조건은 $t=t_{co}$에서 $s_g(t,t_{Ref})$와 $v_g(t,t_{Ref})$가 동시에 0이 되는 것이다.

$$\begin{cases} s_g(t_{co}, t_{Ref}) = 0 \\ v_g(t_{co}, t_{Ref}) = 0 \end{cases} \quad (4\text{-}60)$$

한편, 탄도탄이나 우주발사체로 사용하는 화학로켓에는 항상 식 (4-39)를 만족하므로 식 (4-38)에 의해 $v_g(t)=0$이 되는 $t=t_{co}$가 반드시 존재한다. (4-60)을 푸는 데 남은 문제는 $t=t_{co}$에서 $s_g(t)$도 0이 되도록

t_{Ref}를 구하는 것이다. 〈그림 4-4〉에서 zcps에서 zcps′로 향하는 벡터 $\vec{s}(t_{zcps})$는 길이가 $s_g(t_{zcps})$이고 방향은 $-\hat{v}_g(=-\sin\omega_0\hat{x}-\cos\omega_0\hat{z})$이다. 여기서 $\dot{\omega}(t)$는 편의에 따라 선택할 수 있는 임의 조종함수다. 그러나 $\dot{\omega}(t)=\dot{\gamma}(t)+\dot{\alpha}_g(t)-\dot{\theta}(t)$이므로 적분하면 $\omega(t)=\gamma(t)+\alpha_g(t)-\theta(t)$이 된다. ZCPS에서 상수 $\dot{\omega}$를 조종 파라미터로 택하면 $\omega(t)$는 $\dot{\omega}t+\omega_0$가 되고, $t=t_{zcps}$에서 $\dot{\omega}=0$으로 놓으면 $\gamma(t)+\alpha_g(t)-\theta(t)$는 상수 ω_0로 바뀌고, 조종은 ZCPS로 바뀐다. 로켓이 이륙한 뒤 경과시간이 t_{zcps}면 기준궤도 위의 시간은 $t_{zcps}+t_{Ref}$이다. 따라서 t_{Ref} 값에 따라 〈그림 4-4〉에서 zcps′ 위치가 바뀌고, 위치가 바뀌면 $\gamma(t_{zcps})+\alpha_g(t_{zcps})-\theta(t_{zcps})=\omega_{0\ zcps}$도 값이 바뀌고, $s_g(t_{zcps})$의 크기가 바뀐다. t_{Ref}를 조정하면 $v_g(t_{zcps})$와 $s_g(t_{zcps})$가 동시에 0이 되는 t_{co}와 t_{Ref}를 구할 수 있다.37)

식 (4-60)이 만족되면 $s_g(t)(=|\vec{s}_g(t)|)$와 $v_g(t)(=|\vec{v}_g(t)|)$는 다음과 같이 표현할 수 있다.

$$\begin{cases} s_g(t)=\displaystyle\int_t^{t_{co}} v_g(t')dt' \\ v_g(t)=\displaystyle\int_t^{t_{co}} \{\vec{a}_T(t')\cdot\hat{v}_g-\vec{p}(t',t_{Ref})\cdot\hat{v}_g \end{cases} \tag{4-61}$$

〈그림 4-4〉에서 δ는 기준궤도가 지표면과 닿는 점의 위치 L′에서 실제로 탄도탄이 발사되는 L까지 지표면을 따라 잰 거리다. 탄도탄의 사거리 s는 L에서 탄착점 T까지 거리다. co는 동력 비행궤도가 기준궤도와 접촉하는 점으로 이때 로켓엔진을 중지한다는 의미이다. 임의로 택할 수 있는 '오프셋 거리' δ 값의 선택의 폭은 탄도탄의 $\Delta v_{capacity}$에 따라 달라지지만, 선택할 수 있는 δ 값은 사거리와 기준궤

37) 충분한 추진제를 탑재한다는 가정이 필요하다.

도에 의해 결정되는 $\delta_{\min} < \delta < \delta_{\max}$ 내로 제한된다. 10,000km 전후의 사거리에 대한 $\delta_{\max}$는 200km 전후가 되고 $\delta_{\min}$는 0보다 약간 작은 값이다. $\delta_{\min} < \delta < \delta_{\max}$ 안에서는 필요에 따라 적당한 δ 값을 선정해도 주어진 사거리 조건을 만족하는 기준궤도는 항상 존재한다. δ 값에 따라 동력 비행궤도가 바뀌므로 Δv_{gas} 값이 약간씩 변화한다. 특히 $\delta=0$을 취하면 조준이 싱거울 정도로 쉽고 편하다.

$t \le t_{zcps}$ 구간에서는 $\dot{\omega} v_g(t) \neq 0$이고 $t_{zcps} \le t$인 구간에서는 $\dot{\omega}=0$으로 놓고 계산한다. 기준궤도는 식 (3-21)~(3-23)으로 주어지며 탄도탄의 동력 비행궤도는 추력, 중력, 대기저항 및 조종력 등을 포함한 운동방정식과 유도조종은 식 (4-50)과 (4-51)에 의해 결정된 조종변수 α_a를 이용해 $\vec{v}(t)$와 $\vec{r}(t)$를 구한다. 시뮬레이션에서는 대기저항으로 인한 감속도 $-\vec{a}_{\mathrm{D}}(t)$를 편의상 $\vec{p}$에 포함하는 것이 편하다. 그러나 실제로 탄도탄을 발사할 경우 탄도탄의 가속도계는 추력가속도 $\vec{a}_{\mathrm{T}}$, $\vec{a}_{\mathrm{D}}$, 바람 및 조종력을 구별할 수 없고 '총 고유가속도' $\vec{A}(t)$를 감지하고 유도컴퓨터에 입력해준다. 따라서 실제로 관성유도로 탄도탄을 유도할 때는 식 (4-28)과 (4-29) 대신 다음과 같이 약간 변형된 식으로 $\vec{v}_g(t)$ 방정식을 정의하는 것이 편하다. $\vec{A}(t)$는 $\vec{a}_{\mathrm{T}}$ 또는 $\vec{a}_{\mathrm{T}}+\vec{a}_{\mathrm{D}}+\vec{a}_{\mathrm{etc}}$로 취할 수 있다.

$$\hat{a}_{\mathrm{T}} = \sin(\gamma+\alpha_a-\theta)\,\hat{x} + \cos(\gamma+\alpha_a-\theta)\,\hat{z} \tag{4-47}$$

$$\begin{cases} \dfrac{d\vec{v}_g}{dt} = \vec{p} - \vec{A} \\ \vec{p} \quad = \vec{g}_{\mathrm{R}}\left(\vec{r}_{\mathrm{R}}(t)\right) - \vec{g}\left(\vec{r}(t)\right) \\ \vec{A}(t) = \vec{a}_{\mathrm{T}}(t) + \vec{a}_{\mathrm{D}}(t) + \vec{a}_{\mathrm{etc}} \end{cases} \tag{4-62}$$

$$\alpha_A(t) = \alpha_g(t) + \sin^{-1}\left\{-\frac{v_g(t)\dot{\omega}(t)}{A(t)} + \frac{g(r)}{A(t)}\cos(\gamma+\alpha_g) - \frac{g(r_R)}{A(t)}\cos(\gamma+\alpha_g+\theta_R-\theta)\right\} \tag{4-63}$$

$$\alpha_g = \sin^{-1}\left\{\frac{v_R}{v_g}\sin(\theta-\theta_R+\gamma_R-\gamma)\right\} \tag{4-64}$$

여기서 $\vec{A}(t)$는 가속도계가 측정하는 고유가속도이고 $\alpha_a(t)$는 $\vec{A}(t)$와 $\vec{v}$ 사이각이다.

이제부터 시뮬레이션을 위한 표현인 식 (4-45)로 정의되는 $\alpha_a(t)$를 기준으로 CPS를 소개하기로 한다. $t \le 3\,s$ 구간에서 수직상승 이후에는 $\dot{\omega}(t)$를 적절한 상수 또는 함수로 취하고 NZCPS를 실시한다. $t=t_{zcps}$에서 $\vec{v}_g(t)$와 $\vec{s}_g(t)$과 평행하게 되면 $\dot{\omega}(t)$를 0으로 대체하고 $\vec{v}(t_{co})$와 $\vec{s}_g(t_{co})$가 동시에 0이 되도록 t_{co}와 t_{Ref} 값을 구한다.

기준궤도는 L′과 T를 연결하는 MET, 또는 비행시간을 정해놓은 저고도궤도 또는 고고도궤도 중에 미션에 적합한 하나를 선택한다. 기준궤도가 지표면과 닿는 위치 L′를 '가상 발사위치(virtual launch point 또는 launch point off-set)'라고 한다. 기준궤도의 장반경 a와 이심률 e는 단 한 번의 계산으로 결정할 수 있다. 특히 RMET의 a와 e는 식 (3-23)에서 보는 것처럼 아주 간단한 $\phi'(=s'/r_E)$의 함수가 된다. 이 경우 기준궤도 방정식은 식 (2-20)으로 주어진다. 궤도 속도는 '비스-비바 방정식' (3-10)과 γ와 근점이각 Θ 간의 관계식 (2-26)에 의해 결정된다. 기준궤도 위의 속도와 위치는 Θ에 의해 완전히 정해진다. 근점이각 대신 극좌표각 θ로 표시하면 속도와 $r(t)$는 다음과 같다.

$$\begin{cases} v_{\mathrm{R}}(t) &= \sqrt{\dfrac{2\mu}{r_{\mathrm{R}}(t)} - \dfrac{\mu}{a}} \\ \cos\gamma_{\mathrm{R}}(t) &= \dfrac{1 - e\sin\theta_{\mathrm{R}}(t)}{\sqrt{1 - 2e\sin\theta_{\mathrm{R}}(t) + e^2}} \\ r_{\mathrm{R}}(t) &= \dfrac{a(1-e^2)}{1 - e\sin\theta_{\mathrm{R}}(t)} \end{cases} \tag{4-65}$$

여기서 $a = a_{\mathrm{L'_{MET}}}$, $e = e_{\mathrm{L'_{MET}}}$로 놓으면 기준궤도 RMET에 대한 속도와 위치 정보를 얻을 수 있다.

〈그림 4-5〉에서 회색 실선으로 표시한 기준궤도 구간은 엔진이 종료된 후 탄도탄이 따라가야 할 기준궤도를 나타내고, L′에서 엔진 컷-오프 위치 co까지 검은색 점선으로 이어진 구간은 탄도탄이 따라가지 않는 기준궤도 구간을 보여준다. 동그라미 점선과 회색 점선으로 표시된 궤도는 탄도탄이 동력 비행으로 따라가는 실제 상승궤도를 나타내고 있다. 동력 비행궤도는 수직 이륙구간, 개방형 유도구간 및 '크로스 프로덕트 유도' 구간으로 나뉘고, co에 도달하면 표적을 명중하기 위한 요구조건인 식 (4-59)를 만족해야 한다. 〈그림 4-5〉에서 '크로스 프로덕트 유도' 구간의 점 P는 좌표가 (r, θ)이고, 여기에 대응하는 기준궤도 위의 점 P′의 좌표는 $(r_{\mathrm{R}}, \theta_{\mathrm{R}})$이다. 기준궤도를 따라 움직이는 가상 비행체virtual ballistic missile의 P′ 점에서 속도 $\vec{v}_{\mathrm{R}}$은 식 (4-65)로 주어진다.

$$\begin{cases} v_{\mathrm{R}} = \sqrt{\dfrac{\mu}{a(1-e^2)}}\sqrt{1 - 2e\sin\theta_{\mathrm{R}} + e^2} = \sqrt{\dfrac{2\mu}{r_{\mathrm{R}}} - \dfrac{\mu}{a}} \\ \vec{v}_{\mathrm{R}} = v_{\mathrm{R}}\,\hat{v}_{\mathrm{R}} \end{cases} \tag{4-66}$$

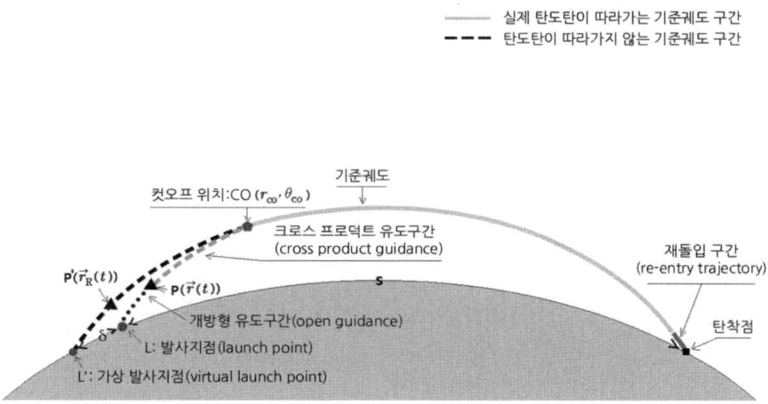

그림 4-5 유도방식으로 구분한 탄도탄궤도

시간 t에서 실제 동력 비행궤도 위의 탄도탄을 나타내는 P 점에서 위치 $\vec{r}$, 속도 $\vec{v}(\vec{r})$은 운동방정식 (3-61)과 (3-63)을 풀어서 구한다. 개방형 유도를 종료하는 시점에서 탄도탄의 위치와 속도가 폐쇄형 유도 시작점에서 운동방정식의 해를 정하는 초기조건이 된다.

$$\begin{cases} \dot{v} = a_{\mathrm{T}}(t)\cos\alpha_{a_{\mathrm{T}}}(t) - g\sin\gamma - a_{\mathrm{D}} \\ \dot{\gamma} = \dfrac{1}{v}\,a_{\mathrm{T}}(t)\sin\alpha_{a_{\mathrm{T}}}(t) - \dfrac{1}{v}\left(g - \dfrac{v^2}{r}\right)\cos\gamma \end{cases} \tag{3-61}$$

$$\begin{cases} \dot{\Theta} = \dfrac{v}{r}\cos\gamma \\ \dot{r} = v\sin\gamma \end{cases} \tag{3-63}$$

$$a_{\mathrm{T}} = \frac{\dot{\mathrm{m}}_{\mathrm{P}}}{\mathrm{m}(t)} v_{eff} \tag{4-67}$$

$$\mathrm{m}(t) = \mathrm{m}(0) - \dot{\mathrm{m}}_{\mathrm{P}} t \tag{4-68}$$

초기 피치기동 또는 임의의 개방형 유도 단계가 끝나는 $t = t_{zcps}$에서 위치와 속도는 다음과 같고, 이러한 위치와 속도는 '크로스 프로덕트 유도'의 초기조건이 된다.

$$\begin{cases} r(t_0) = r_0 \\ \theta(t_0) = \theta_0 \\ v(t_0) = v_0 \\ \gamma(t_0) = \gamma_0 \end{cases} \tag{4-69}$$

초기조건 식 (4-69)를 주고 식 (4-63)과 (4-64)로 주어진 추력각 α_{a_T}를 사용하여 식 (3-58)~(3-61)을 풀면 크로스 프로덕트 유도의 전 과정에서 속도와 위치를 구할 수 있다.

어떠한 기준궤도를 택하든지 상관없이 우리는 기준궤도의 이심률 e과 장반경 a을 해석함수analytic function로 구할 수 있다. 원지점 고도가 주어지면 식 (3-7)과 (3-8), 최소에너지 조건이 주어지면 식 (3-23)에 의해 기준궤도가 결정된다. r_R 또는 θ_R이 주어지면 식 (4-65)를 통해 $\vec{v}_R$을 구할 수 있고, 운동방정식 (3-61), (3-63)의 해로부터 $\vec{v}(\vec{r})$과 $\vec{r}(t)$을 구할 수 있다. $\vec{v}_g(t)$와 $\vec{s}_g(t)$를 구하는 데 필요한 요구속도 $\vec{v}_R(\vec{r}_R)$와 $\vec{r}_R(t)$는 자유낙하 기준궤도에서 구할 수 있다. 특히 $\aleph_{MET}$(RMET: reference minimum energy trajectory)를 기준궤도로 택하면 필요한 궤도변수는 다음과 같이 요약할 수 있다.

$$r_R(t_R) = \frac{a(1-e^2)}{1-e\sin\theta_R(t_R)}$$

$$\vec{r}_R(t_R) = r_R(t_R)\left[\cos\theta(t_R)\hat{x} + \sin\theta_R(t_R)\hat{z}\right]$$

$$
\begin{aligned}
v_{\mathrm{R}}(t_R) &= \sqrt{\frac{2\mu}{r_{\mathrm{R}}(t_R)} - \frac{\mu}{a}} \\
\vec{v}_{\mathrm{R}}(t_R) &= v_{\mathrm{R}}(t_{\mathrm{R}})\left[\sin(\gamma_{\mathrm{R}}(t_R) - \theta_{\mathrm{R}}(t_R))\hat{x} + \cos(\gamma_{\mathrm{R}}(t_R) - \theta_{\mathrm{R}}(t_R))\hat{z}\right] \\
\cos\gamma_{\mathrm{R}}(t_R) &= \frac{1 - e\sin\theta_{\mathrm{R}}(t_R)}{\sqrt{1 - 2e\sin\theta_{\mathrm{R}}(t_R) + e^2}} \\
\vec{r}(t) &= r(t)\left[\cos\theta(t)\hat{x} + \sin\theta(t)\hat{z}\right] \\
\vec{v}(t) &= v(t)\left[\cos(\gamma(t) - \theta(t))\hat{x} + \sin(\gamma(t) - \theta(t))\hat{z}\right]
\end{aligned}
\tag{4-70}
$$

여기서 t는 이륙시점부터 경과한 시간이고, t_{R}은 t에 대응하는 기준궤도 위의 시간으로 $t_R = t + t_{Ref}$로 정의했다. 기준궤도 위의 시간 경과는 '케플러 방정식' (2-44)와 (2-51)을 사용하여 구한다.

2. 에너지 소모 조종법(EMS)

지금까지 크로스 프로덕트 조종법 CPS에 관해 소개했지만, CPS는 요구되는 순간에 엔진(또는 모터)을 중단시키는 엔진 컷-오프 기능을 장착한 탄도탄에만 사용할 수 있다.

추력중단장치가 없는 탄도탄에도 적용할 수 있는 유도조종법이 '에너지 소모 조종법(EMS: energy management steering)'이다. EMS 역시 $\vec{v}_g$가 0이 되도록 탄도탄의 추력방향을 몰고 가는 것은 CPS와 같지만, $\vec{v}_g \times d\vec{v}_g/dt = v_g \dot{\omega} \hat{n}_g$으로 조종하는 대신 $\vec{a}_{\mathrm{T}}$와 $\vec{v}_g$ 사이의 각을 남아 있는 추진제량에 관련되는 값으로 취하는 것이 다른 점이다.[38] 이 방

38) Paul Zarchan, Editor in Chief, *Tactical and Strategic Missile Guidance* (AIAA, Inc., 2002).

법은 미국의 트라이던트-II, 사드THAAD, 러시아의 토폴-M, 야르, 불라바 등의 유도에 적용되고 있는 것으로 보인다. EMS는 현대식 탄도탄 조종법의 대세인 듯하다. EMS는 GEMS(general energy management steering), '연료소진 조종(PDS: propellant depletion steering)' 또는 '원호조종(CAS: circular-arc steering)' 등 다양하게 불린다.

CPS 방법에서는 탄도탄의 $\vec{v}_g$가 0이 되면 유도컴퓨터가 엔진 작동을 강제로 종료하는 신호를 보낸다. 액체로켓에서는 $\vec{v}_g$ 값이 미리 정한 작은 값에 도달하면 산화제 밸브와 연료 밸브를 잠금으로써 주 엔진을 정지시킬 수 있지만, 고체로켓에서는 비파괴적인 추진제 차단 방법이 없으므로 로켓 상단에 비스듬히 '추력중단장치(TTP:thrust termination port)'를 만들어놓고, 추력 중단이 필요할 때 TTP를 열어 연소실 압력을 줄임으로써 연소를 중단시키는 동시에 역추진력을 만들어 로켓을 탄두부로부터 떼어낸다. 주 엔진이 컷-오프된 뒤에도 보조엔진이나 'PBV(post boost vehicle)'를 사용해 속도를 정밀 조종하여 탄두의 정확도를 높이는 것이 보통이다. EMS는 추진제가 소진되기 전에 $\vec{v}_g$를 0이 되도록 조종하는 대신 탑재한 추진제가 소진되는 순간 $\vec{v}_g$가 0이 되게 로켓을 조종한다.

만약 로켓의 $\Delta v_{capacity}$가 v_g 최댓값보다 크고, 엔진 컷-오프 기능이 없는 탄도탄이라면 EMS가 가장 합리적인 조종방법이다. EMS에서는 추력가속도 $\vec{a}_{\mathrm{T}}$의 방향을 $\vec{v}_g$와의 각도 $\vartheta(\neq 0)$가 일정한 값을 갖도록 유지함으로써 남는 Δv를 소모하게 한다. 〈그림 4-6〉은 EMS에 필요한 모든 속도 간의 관계를 보여준다. 현재 모터에 남아 있는 추진제의 Δv 능력을 $\Delta v_{pc}(=\Delta v_{present\ capacity})$라고 하면, Δv_{pc}는 2ϑ에 대응하는 호의

pp.281~289.

길이로 대표되고 현재 탄도탄의 속도 $\vec{v}$와 요구속도 $\vec{v}_{\mathrm{R}}$에서 계산한 VTG $\vec{v}_g$는 각 2ϑ에 대응하는 현의 길이로 대표된다. 추력가속도 $\vec{a}_{\mathrm{T}}$는 항상 원호에 접하며 $\vec{v}_g$와 사이각 ϑ를 만든다. 여기서 ϑ는 추진제 소모각fuel depletion angle이라고 하며 다음과 같이 결정된다. 〈그림 4-6〉에서 $v_g/\Delta v_{pc}$와 각 ϑ 간에는 다음과 같은 관계식이 있음을 알 수 있다.

$$v_g/\Delta v_{pc} = \sin\vartheta/\vartheta \tag{4-71}$$

매시간 간격 Δt마다 Δv_{pc}는

$$\Delta v_{pc}(t+\Delta t) = \Delta v_{pc}(t) - a_{\mathrm{T}}\,\Delta t \tag{4-72}$$

로 주어진다. 식 (4-25)의 양변에 $\hat{v}_g$로 내적을 취하면 다음 식을 얻는다.

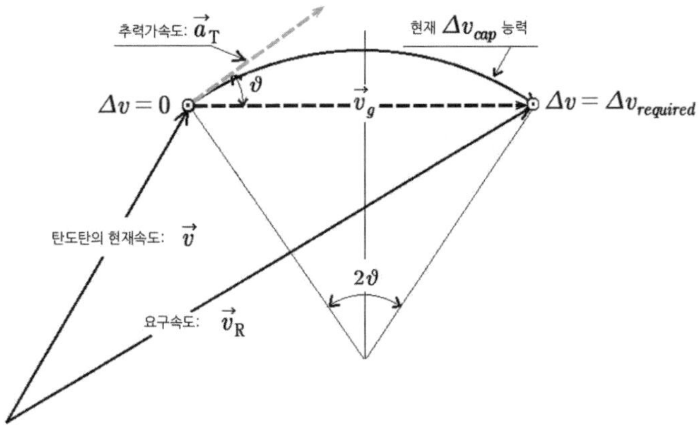

그림 4-6 EMS 조종에서 필요한 속도 간의 관계

$$\begin{cases} \dot{v}_g = -a_T \hat{v}_g \cdot \hat{a}_T + \vec{p} \cdot \hat{v}_g \\ \vec{p} \cdot \hat{v}_g = -\hat{v}_g \cdot \overleftrightarrow{Q} \cdot \vec{v}_g + a_D \hat{v} \cdot \hat{v}_g \end{cases} \tag{4-73}$$

$\vec{a}_T$와 $\vec{v}_g$ 사이각은 식 (4-71)로 정의한 ϑ이므로 v_g는 다음과 같이 구할 수 있다.

$$v_g(t) = v_g(t_0) - \int_{t_0}^{t} a_T(t') \cos\vartheta(t')\, dt' + \int_{t_0}^{t} \left[\vec{p}(t') \cdot \hat{v}_g(t') + a_D(t') \hat{v}(t') \cdot \hat{v}_g(t')\right] dt' \tag{4-74}$$

여기서 $\vec{p}(t') \cdot \hat{v}_g(t')$는 식 (4-73)의 두 번째 식으로 정의되고, EMS를 시작하는 시간 t_0를 0으로 놓겠다. 추진제가 소진되는 시간 $t = t_{bo}$에서 $v_g = 0$이 되므로

$$v_g(0) = \int_0^{t_{bo}} a_T \cos\vartheta\, \mathrm{dt} - \int_0^{t_{bo}} \vec{p} \cdot \hat{v}_g(t')\, dt' \tag{4-75}$$

여기서 t_{bo}는 탑재한 추진제가 '소진되는 시간bo: burn out time'으로 CPS의 컷-오프 시간 t_{co}보다는 길다. 추진제가 소진되는 고도는 거의 진공이므로 식 (4-75)에서 a_D 항은 무시했다. 식 (4-71)에서 ϑ에 대한 근사적인 해를 구하면 다음과 같다.

$$\vartheta \simeq \sqrt{6\left(1-\frac{v_g}{\Delta v_{pc}}\right)} \tag{4-76}$$

ϑ의 정확한 해는 식 (4-71)을 풀어서 구할 수 있다. 이후의 계산 과정은 $\vec{r}(t)=\vec{r}_{\mathrm{R}}(t)$인 경우 CPS에서와 유사한 단계를 거침으로써 $\vec{v}_g$를 0으로 몰고 갈 수 있다. 여기서 속도 $\vec{v}_g$와 $\vec{v}$ 및 $\vec{a}_{\mathrm{T}}$ 사이의 각도 관계를 살펴볼 필요가 있다. 간단한 관계식을 얻기 위해 〈그림 4-3〉에서 반시계 방향으로 운동을 한다고 가정하면 추력가속도 성분은 다음과 같이 쓸 수 있다.

$$\hat{a}_{\mathrm{T}}=\sin(\gamma+\alpha_{a_{\mathrm{T}}}-\theta)\,\hat{x}+\cos(\gamma+\alpha_{a_{\mathrm{T}}}-\theta)\,\hat{z} \tag{4-77}$$

지금까지는 CPS 방법으로 $\vec{v}_g$를 0으로 몰고 가서 미리 선정한 기준궤도로 매끄럽게 진입하는 조종방법을 자세히 소개했고, Q-유도방식과 EMS 방법은 개념을 개략적으로 소개하는 데 그쳤다. 지금은 역사적인 관심이 된 '델타 유도'방식은 제1세대 탄도탄을 유도하는 데 제 역할을 다한 유도조종 방식이다.[39][40][41] 델타 유도에 대해 좀 더 자세한 내용을 보고 싶은 독자는 '피트먼Pitman'이 편집한 『관성유도*Inertial Guidance*』를 참고하기 바란다. 이 외에도 $\vec{v}_g$ 방정식에 중력이 나타나지 않는 Q-유도방식은 델타 유도의 경직성을 완화하는 탄도탄 유도방식으로 제2, 3세대 미사일 유도에 사용되었다.[42] 탑재컴퓨

39) Richard Battin,An *Introduction to the Mathematics and Methods of Astrodynamics*, Revised Edition (AIAA, 1999), pp.4-5.

40) George R. Pitman, Jr., edited, *Inertial Guidance* (John Wiley & Sons, Inc.,1962), pp.253-260.

41) Harry O. Ruppe, *Introduction to Astronautics*, Vol. 1 (Academic Press, 1966), pp.50-87.

42) Richard Battin, *An Introduction to the Mathematics and Methods of Astrodynamics*, Revised Edition (AIAA, 1999), pp.7-14.

터의 성능이 대폭 향상됨에 따라 미리 선정한 기준궤도 없이 탄도탄의 현재 위치에서 매번 자유낙하궤도를 새로 계산하는 'Full Lambert Guidance'도 무리 없이 사용되고 있다.43) 이러한 유도조종 방법이 실제 탄도탄에 응용된 사례와 그 배경에 흥미 있는 독자는 '도널드 매켄지Donald MacKenzie'의 『정밀도 발명*Inventing Accuracy*』을 참조하기 바란다.44)

3. 회전하는 지구의 영향

지금까지 필자는 지구의 자전을 무시하고 운동방정식을 세웠다. 그러나 실제 지구는 자전과 공전을 하고 있다. 태양을 중심으로 항상 자유낙하궤도(타원)를 따라 움직이는 지구 중심에 원점이 고정된 좌표계는 먼 별에 대해 회전하지 않는 한 관성좌표계로 취급할 수 있다. 지구 중심에 원점이 고정되고, 지구와 함께 회전하는 좌표계는 관성좌표계는 아니지만 원심력과 코리올리 힘을 고려하면 자전하는 지구에 고정된 좌표계에서도 탄도탄 운동을 기술할 수 있다. 식 (3-56)에서 $\vec{\Omega}$를 0으로 놓지 않고 계산하면 수치해를 구하는 데는 별 문제가 없다.

여기에서는 지구 회전 문제를 자세히 다루는 대신 회전으로 인해 생기는 효과를 정성적으로 제시하면서 동력 비행궤도에 대한 소개를 마치겠다. 지구 자전은 탄도탄 운동에 두 가지로 영향을 미친다. 첫째는 관성계에 대한 탄도탄의 초기 속도가 바뀌는 것이고, 둘째는

43) ibid., pp.550-553.

44) Donald MacKenzie, *Inventing Accuracy: A Historical Sociology of Nuclear Missile Guidance* (The MIT Press, 1990).

표적까지 비행거리와 방위각이 바뀐다. 자전하지 않는 지구에서는 탄도탄을 동쪽으로 발사하거나 서쪽으로 발사하거나 사거리와 비행 시간에 차이가 없다. 그러나 자전하는 지구에서 동쪽으로 탄도탄을 발사하면 관성좌표계에 대한 연소종료 속력이 증가하고, 연소종료 시점의 비행경로각은 줄어든다. 반면, 서쪽으로 발사하면 연소종료 속력은 감소하고 비행경로각은 늘어난다. 자전에 의해 발사대 위치 L에서 동쪽 또는 서쪽으로 발사될 때 로켓의 증감되는 속력은 위도 latitude에 따라 다르며 그 값은 다음과 같다.

$$\begin{aligned}\delta v_E &= \pm r_E \Omega_E \cos \mathrm{Y_L} \\ &= \pm 0.4650 \cos \mathrm{Y_L} \;\; km/s \end{aligned} \tag{4-78}$$

여기서 '+'는 동쪽으로 발사할 때, '−'는 서쪽으로 발사할 때 속력 변화를 나타낸다. r_E와 $\mathrm{Y_L}$은 각각 지구 반경과 위치 L에서의 위도를 의미하고, δv_E는 위도가 $\mathrm{Y_L}$이고 지구 중심에서 거리가 r_E인 곳에 고정된 점이 관성좌표계에서 동쪽 또는 서쪽으로 움직이는 속력이다. Ω_E는 지구 자전각속도로 $\Omega_E = 7292115.1467 \times 10^{-11} \, rad/s$로 주어진다. 탄도탄이 발사대를 떠나 비행하는 동안 지구는 자전하기 때문에 지상에 고정된 표적은 위치가 바뀐다. 탄도탄의 총 비행시간을 T, 표적의 위도와 경도를 각각 $\mathrm{Y_t}$와 $\mathrm{K_t}$라 하면 지구 중심에 고정된 관성좌표계에 대한 표적의 좌표는 다음과 같이 표현할 수 있다.

$$\begin{cases} x_t = r_E \cos \mathrm{Y}_t \cos(\mathrm{K}_t + \Omega_E \mathrm{T}) \\ y_t = r_E \cos \mathrm{Y}_t \sin(\mathrm{K}_t + \Omega_E \mathrm{T}) \\ z_t = r_E \sin \mathrm{Y}_t \end{cases} \tag{4-79}$$

로켓이 지표에 고정된 위치 L에서 로켓이 이륙하면 초기 속도는 δv_E만큼 바뀌지만, 지구의 자전은 더 이상 로켓의 운동에 영향을 주지 않는다. 그러나 지상에 고정된 표적은 로켓 비행시간 동안 자전에 의해 동쪽으로 이동하므로 발사점에서 표적까지 지도상의 거리보다 더 먼 거리를 비행해야 한다. 거리뿐만 아니라 방위각도 변한다. 이러한 문제는 지구처럼 회전하는 좌표계에서 고정된 사거리 문제로 해결하든가 또는 회전하지 않는 좌표계에서 비행시간 후에 변화한 표적의 위치를 '예상조준offset targeting'함으로써 해결할 수 있다. 따라서 유도컴퓨터에는 시계도 필요하다. 비행시간 문제는 람베르트 문제로 해결하거나 기준궤도 도입으로 해결할 수 있다.

발사에서 표적까지 비행시간 T를 미리 정하면 자유낙하free flight 시간 t_{ff}는 T에서 동력 비행시간 t_{pf}를 뺀 값이 $T-t_{pf}$가 된다. '람베르트 유도'에서는 동력 비행시간 동안 적절한 시간 간격으로 $t=t_{pf}$에서 '요구속도' $\vec{v}_R(t_{ff})$를 계산한다. 이러한 과정은 탄도탄의 속도가 $\vec{v}(t)$가 $\vec{v}_R(T-t)$와 같아질 때까지 반복된다. 지상에 고정된 표적의 위도를 Y_t, 경도를 K_t라 하면 '명시적 람베르트 유도'에서는 t_{ff}가 계속 바뀐다.

비행시간 동안 표적이 이동해 있을 위치를 향해 예상조준함으로써 자전하는 지구 위의 표적을 맞힐 수 있다. 이는 독일 공군의 '한스 요아힘 마르세유Hans Joachim Marseille'를 아프리카의 별로 만들어준 '예상사격豫想射擊, deflection shooting' 기법이다.[45] 탄환의 비행시간 후에 적기가 통과할 지점에 탄환이 도착하도록 가상 표적의 위치와 시간을 예측해서 사격하는 방법이 예상사격이다. 마르세유는 이 방법과 순간적인 판단력과 고도의 비행기술을 발휘해 단신으로 16기의

---

45) Hans-Joachim "Jochen" Marseille, http://acepilots.com/german/marseille.html

P-40을 상대하여 11분 만에 6기를 격추했고, 그중 5기는 시작하자마자 6분 만에 격추했다.[46] 이와 같이 탄도탄은 비행시간 T초에 표적이 있을 위치를 겨냥하되 지구 자전에 의한 발사대의 초기속도 변화를 감안해야 한다.

이러한 발사대와 표적의 관성계에 대한 속도 차는 자전하지 않는 지구에서 발사방위각 ψ와 자전하는 지구에서 발사방위각 ψ_E는 서로 다른 값을 갖는다. 얼핏 생각하면 적도에서 동쪽으로 발사할 경우 발사대와 표적이 같은 속도로 움직이므로 정지한 지구와 사거리가 같을 것처럼 보인다. 그러나 연소종료 속도와 사거리 간의 관계식은 선형관계식이 아니라 '사거리각range angle' $\phi(=s/r_E)$과 '람베르트 속도Lambert velocity' v_L 간의 관계식이므로 식 (2-36)과 같이 사거리와 v_L이 복잡하게 연결되어 있다. MET 기준궤도에서는 식 (3-19)에 의해 비교적 간결하게 표현된다.

$$s = 2r_E \sin^{-1}\left(\frac{\lambda}{2-\lambda}\right) \qquad (4\text{-}80)$$

$$\lambda = \left(\frac{v_L}{v_0}\right)^2 < 1$$

자전하지 않는 경우 사거리 $s(v)$에 대응하는 람베르트 속력을 v라 하고, 자전하는 경우 관성계에 대한 속력을 $v+\delta v$라 하면

$$s(v+\delta v) = 2r_E \sin^{-1}\left(\frac{(v+\delta v)^2/v_o^2}{2-(v+\delta v)^2/v_o^2}\right) \qquad (4\text{-}81)$$

46) ibid.

$$\simeq 2r_E \left[\sin^{-1}\left(\frac{v^2/v_o^2}{2-v^2/v_o^2} \right) + \frac{2v/v_0}{(2-v^2/v_0^2)\sqrt{1-v^2/v_0^2}} \frac{\delta v}{v_0} \right]$$

(4-82)

여기서 v_o는 지구 중심에서 거리가 $r=r_E$인 원궤도의 궤도 속력이다. 따라서 자유낙하의 초기속도가 δv만큼 바뀜으로써 바뀌는 사거리 δs는 다음과 같다.

$$\delta s = r_E \frac{4v/v_0}{(2-v^2/v_0^2)\sqrt{1-v^2/v_0^2}} \frac{\delta v}{v_0} + O\left(\left(\frac{\delta v}{v_0}\right)^2\right) \qquad (4\text{-}83)$$

식 (4-83)에서 탄도탄을 동쪽으로 발사하면 초기조건에서 $\delta v > 0$가 되어 정지한 지구보다 사거리가 늘고, 서쪽으로 발사하면 $\delta v < 0$이 되므로 사거리가 줄어든다. 식 (4-83)은 $\delta v/v_0$의 계수는 v가 커지면 증가하고, $v=v_0$에서는 ∞가 된다. 실제로 $v=v_0$는 궤도 속력이기 때문에 사거리는 무한대가 된다. 같은 δv라도 v가 큰 경우에는 δs가 훨씬 크고, v가 작으면 δs도 작다. 다시 말해 지구 자전 효과는 사거리가 10,000km 이상의 ICBM에는 중단거리 탄도탄보다 크다는 의미이다. 물론 지구자전에 의한 총 사거리 변화를 예측하기 위해서는 탄도탄 이륙 후 탄착할 때까지 자전으로 인해 길어진(동쪽) 또는 짧아진(서쪽) 사거리 변화를 δs에서 빼거나 더해줘야 한다.

5부

재돌입의 물리학

제 1 장

재돌입궤도의 특성

지구의 대기권 밖에서 대기권으로 들어오는 과정을 '재돌입re-entry' 또는 '진입entry'이라고 한다. '재돌입'이란 용어는 주로 군사적인 페이로드가 지구 대기권으로 다시 들어올 때 주로 사용하고, '진입'은 비군사적인 페이로드에 주로 사용한다.

비군사적인 용도를 뜻하는 '진입'은 화성과 금성 및 목성 등을 연구하기 위해 다른 행성에 관측장비를 연착륙시키거나 또는 탐사기probe를 천체의 대기 속으로 진입시키는 것을 의미한다. 물론 유인위성이나 무인 캡슐의 회수도 여기에 해당한다. 대부분의 비군사적인 페이로드는 탄도계수 β가 작아서 대기밀도가 아주 낮은 고고도에서 크게 감속하고, 대기밀도가 높은 영역에 진입하면 낙하산을 사용해 안전하게 착륙하는 것이 통상적인 진입 과정이다. '스페이스 셔틀Space Shuttle'과 같이 양력lifting force을 사용해 활공궤도gliding path를 따라 감속하는 하는 방법도 사용한다.

물론 군사적인 용도의 페이로드도 이와 같은 방법을 사용하지만, 탄도탄의 탄두처럼 '탄도ballistic trajectory'를 따라 '극초음속hypersonic'으로 대기권 진입이 대표적인 재돌입 경우이다. 재돌입체가 극초음속으로 대기 속을 비행하면 대기저항에 의한 감속도deceleration a_D는 속력의 제곱과 대기밀도에 비례하고, 마찰열로 가열되는 속도heating rate dq_w/dt는 속력의 3제곱 이상에 비례한다. a_D와 q_w는 다음과 같은 경험식으로 표시할 수 있다.[1]

$$a_D = \frac{1}{2}\frac{\rho(\vec{r})\, v^2 g}{\beta} \tag{3-37}$$

$$\frac{dq_w}{dt} = C\rho_\infty^N v_\infty^M \tag{5-1}$$

N 값과 M 값은 각각 $0.5 < N < 0.8$과 $3.0 \le M \le 3.7$ 사이 값을 갖는다. ρ_∞ 및 v_∞는 각각 영향 받지 않은 공기의 밀도와 여기에 대한 비행체의 상대 속력을 의미한다. 속력이 4km/s 이상이면 공기마찰에 의한 기계적 충격보다 공기마찰에 의한 가열이 훨씬 더 심각한 문제로 대두된다.

제1장에서는 페이로드가 재돌입하는 과정에서 겪는 최대 감속도, 맥스max Q, 지상에서의 충돌속도 등을 간단한 모델을 사용해 해석적으로 분석하고, 제2장에서는 '구-원추'형의 재돌입체가 겪는 압력, 온도, 융제되는 물질의 양 등을 계산할 수 있는 개략적인 방법을 살펴보겠다.

---

1) John D. Anderson Jr., *Hypersonic and High-Temperature Gas Dynamics* (AIAA, 2006), pp.346-353.

1. 일정한 중력을 가진 편평 지구에서의 재돌입

사거리가 10,000km 이상 12,000km 이하인 탄도탄을 최대사거리궤도로 발사할 경우 연소종료 속력은 7km/s 이상 7.3km/s 전후에 있고, 국지수평면과 속도벡터 사이각인 비행경로각은 22.5°와 18° 사이에 있다. 대기를 통과하여 무동력으로 낙하하는 재돌입체의 운동을 좌우하는 단일 파라미터는 탄도계수 β다. 설명을 위해 가상적인 RV의 모양은 원추의 뾰족한 부분을 반경이 작은 구의 일부로 대체한 '구-원추'형이고, β 값은 140,000N/m^2라고 가정하자. 7km/s의 극초음속으로 움직이는 재돌입체가 비행경로각 22.5°로 대기권에 진입한다면 대략 40km 고도에 이르면 대기저항으로 인한 감속도가 중력가속도와 같게 되고, 이후로는 RV의 속도가 줄어들기 시작하여 이로부터 지상에 충돌할 때까지의 시간은 15초가 넘지 않는다. 이 동안 비행하는 거리는 지구 반경에 비해 아주 짧고, 이 구간에서 중력가속도의 변화는 무시할 수 있다. 따라서 재돌입 구간에서는 중력가속도는 일정하고 지구가 편평하다고 가정해도 실제와의 차이는 그리 크지 않다. 따라서 1차 근사로 비행경로각 γ는 상수로 취급할 수 있다. 중력가속도와 γ를 상수로 가정하고 또 편평 지구라고 가정하면 낙하궤도, 속도, 대기저항에 의한 최대 감속도인 맥스 Q 고도, 지상충돌 시간 등을 해석함수로 구할 수 있고, 이러한 근사해로부터 실제 재돌입궤도의 정성적인 특성을 찾아볼 수 있다.

이러한 가정 아래 운동방정식 (3-61)은 다음과 같이 다시 쓸 수 있다.

$$\begin{cases} \dot{v} = -\frac{1}{2}\rho v^2 \frac{g_0}{\beta} - g\sin\gamma \\ \dot{\gamma} = 0 \end{cases} \tag{5-2}$$

여기서 대기밀도 모델 $\rho = \rho_0 e^{-h/H}$에 다음과 같은 파라미터를 사용하겠다.[2]

$$\begin{cases} \rho(h) = 1.2256\, e^{-h/9144.0}\ \text{kg/m}^3, \quad h < 9144.0\ \text{m} \\ \rho(h) = 1.7523\, e^{-h/6705.6}\ \text{kg/m}^3, \quad h > 9144.0\ \text{m} \end{cases} \tag{5-3}$$

여기서 h는 미터로 잰 고도를 나타낸다. 식 (5-3)은 고도 60km 미만에서는 '미국 표준 대기(1976)'[3] 모델에서 제시한 대기밀도를 비교적 정확하게 묘사하고 있다.

탄도궤도의 재돌입궤도 방정식 (5-2)를 풀기 위한 좌표계는 〈그림 5-1〉과 같이 설정했다. 〈그림 5-1〉에서 우리는 γ 값은 일정하고 대기저항 감속도에 비해 훨씬 작은 중력가속도 g를 0으로 가정하면 식 (5-2)는 다음과 같이 다시 쓸 수 있다.[4]

$$\frac{dv}{dt} = -v^2 \frac{\rho_0 g_0}{2\beta} e^{-r\sin\gamma/H} \tag{5-4}$$

$$r = \sqrt{x^2 + z^2}, \quad z = r\sin\gamma$$

dv/dt를 dv/dz로 표시하면 식 (5-4)는 다음과 같다.

---

2) Paul Zarchan, *Tactical and Strategic Missile Guidance*, 4th Edition (AIAA, 2002), p.210.

3) U.S. Standard Atmosphere (1976), https://ntrs.nasa.gov/archive/nasa/casi.ntrs.nasa.gov/19770009539.pdf

4) 운동방정식의 중력가속도 항은 생략하지만, 중력가속도를 나타내는 g_0는 $9.8066 m/s^2$이다.

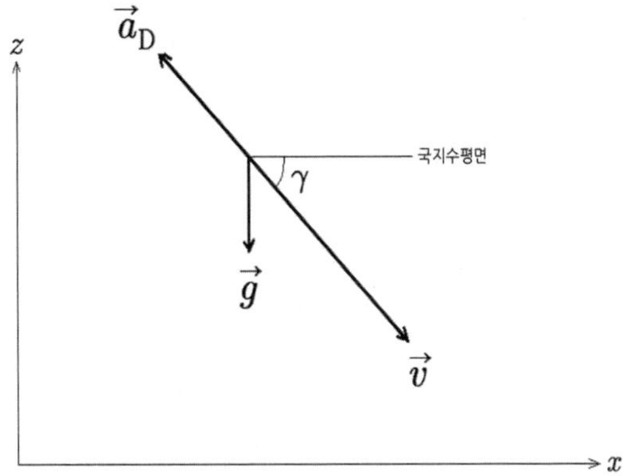

그림 5-1 재돌입과 관련한 물리량을 보여준다.

$$\frac{dv}{v} = \frac{\rho_0 g_0}{2\beta \sin\gamma} e^{-z/H} dz \quad (5\text{-}5)$$

식 (5-5)를 적분하고, 재돌입 고도 $z = z_{re}$에서 밀도를 0으로 놓으면 $v = v_{re}$의 속력으로 대기권에 진입한 재돌입체의 고도 z에서 다음과 같은 속력을 얻을 수 있다.

$$v = v_{re} e^{-\frac{g_0 H}{2\beta \sin\gamma}\rho} \quad (5\text{-}6)$$

$$\rho = \rho_0 e^{-z/H} \quad (5\text{-}7)$$

재돌입 고도에서 속력 v_{re}는 크지만 대기밀도는 거의 0이므로 재돌입체에 미치는 압력 $1/2\,\rho_{re} v_{re}^2$는 0이다. 그러나 고도가 낮아짐에 따라 대기저항에 의해 속력은 줄어들지만 밀도는 급격히 증가하고 압력도 높아진다. 그러나 고도가 20~30km 미만에 이르면 밀도 증가

보다 v^2 감소 효과가 커지기 시작한다. 따라서 압력

$$Q=\frac{1}{2}\rho v^2 \tag{5-8}$$

은 특정 고도에서 최댓값이어야 하고, Q의 최댓값을 '맥스 Q'라고 한다. 맥스 Q는 재돌입체는 물론이고 탄도탄의 상승궤도에서도 기계적 충격의 한도를 결정해주는 중요한 지표이다. Q를 z에 대해 미분하고 0으로 놓음으로써 맥스 Q가 일어나는 고도 z_{maxQ}와 밀도 ρ_{maxQ} 값을 구하면 다음과 같다.

$$\begin{cases} \rho_{\text{maxQ}} = \dfrac{\beta \sin\gamma}{g_0 \text{H}} \\ z_{\text{maxQ}} = \text{H} \ln\left(\dfrac{\rho_0 g_0 \text{H}}{\beta \sin\gamma}\right) = \text{H} \ln\left(\dfrac{\rho_0}{\rho_{\text{maxQ}}}\right) \end{cases} \tag{5-9}$$

식 (5-9)은 아주 흥미로운 내용을 보여주고 있다. $\rho_{\max Q}$와 z_{maxQ}의 값은 재돌입 속력 v_{re}에는 전혀 상관없고, 오직 β와 재돌입각 γ에만 의존한다. 이것은 우리가 당연히 속력의 함수일 것으로 생각했던 기대를 완전히 무너뜨리는 결과이다. ρ_0 =1.7523kg/m^{3}와 H=9144.0m 및 γ=22.517°를 취하고 계산한 z_{maxQ}를 〈그림 5-2〉에 β의 함수로 그렸다.

〈그림 5-2〉는 탄도계수 β 값이 작으면 맥스 Q는 높은 고도에서 일어나고, β 값이 크면 낮은 고도에서 맥스 Q가 일어나는 것을 보여준다. 주어진 β에 대해 γ 값이 증가하면 z_{maxQ}는 감소하고, γ 값이 감소하면 z_{maxQ} 값은 증가한다. 즉, β 값이 작은 형태의 RV로 설계하면, 대기가 희박한 고고도에서 속력이 감소하여 비교적 낮은

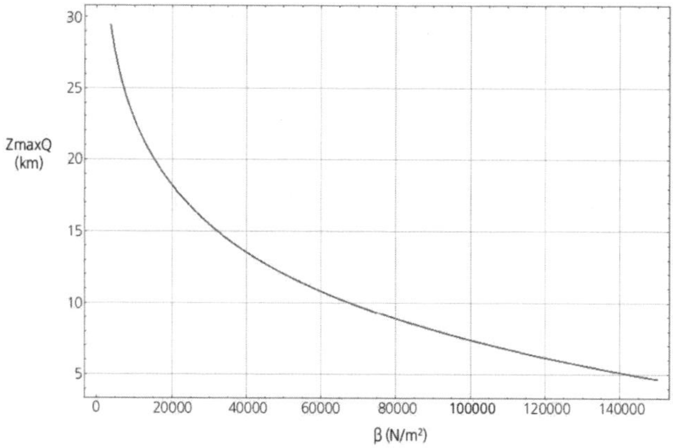

그림 5-2 MET 사거리가 10,000km인 탄도탄의 RV가 γ 값이 22.517°일 때 β 값에 대해 z_{maxQ}를 나타냈다.

속력으로 밀도가 높은 저고도로 진입하므로 RV에 유입되는 열량을 크게 줄일 수 있다. 하지만 저고도에서 저속으로 비행하므로 요격될 확률이 높고, 바람을 쉽게 타고 양력이 생길 가능성이 높아져 정확도에 한계가 있다.

방어 미사일의 요격을 피하고 정확도가 기상조건에 좌우되는 것을 피하기 위해 뾰족한 원추 형태 RV의 첨두apex를 반경이 2~3cm 내외의 반구半球로 바꾼 형태가 현대식 RV의 기준이 되고 있다. 이러한 형태의 작고 무거운 RV는 β 값이 120,000N/m^2 내외에 있다. 트라이던트-II의 Mk-5 RV의 β 값은 대략 120,000N/m^{2}이고,[5] 피스키퍼Peacekeeper의 Mk-21A의 β 값은 이보다 더 큰 144,000N/m^2 근방이 될 것으로 추정한다.[6] 고도 z_{maxQ}에서 계산한 Q_{max} 값은 다음과 같다.

---

5) Lisbeth Gronlund and David C. Wright, "Depressed Trajectory SLBS: A Technical Evaluation and Arms Control Possibilities", *Science & Security,* 1992, Volume 3, P.142.

6) Union of Concerned Scientists MIT Studies Program, *Countermeasures* (Union of Concerned Scientists, 2000), p.153.

$$Q_{max} = \frac{1}{2}\frac{\beta \sin\gamma}{e\, g_0 H} v_{re}^2 \qquad (5\text{-}10)$$

여기서 e는 자연대수의 기base e =2.7182818을 의미한다. $Q = Q_{max}$에서 속력은 식 (5-6)의 ρ에 ρ_{maxQ} 값을 대입함으로써 얻을 수 있다.

$$v_{maxQ} = v_{re}\, e^{-\frac{g_0 H \rho_{maxQ}}{2\beta \sin\gamma}} = v_{re}\, e^{-1/2} = 0.6065\, v_{re} \qquad (5\text{-}11)$$

식 (5-11)이 의미하는 것은 맥스 Q에서 속력은 β와 γ에 무관하고, 항상 재돌입 속력의 약 61%가 된다는 사실이다. RV가 맥스 Q에 도달할 때는 이미 재돌입할 때 가지고 있던 에너지의 63.2%는 공기마찰에 의해 소모된다. 즉 RV의 형태, 질량, 재돌입각에 상관없이 모든 RV는 맥스 Q에 도달할 때는 원래 가지고 있던 운동에너지의 대략 63.2%가 대기 중의 충격파 및 열에너지로 전환된다. 반면, 맥스 Q에서 고도와 밀도는 재돌입 속력과는 무관하게 탄도계수 β와 재돌입각 γ만으로 결정된다.

Q 정의의 식 (5-8)을 이용하여 운동방정식 (5-4)를 다시 쓰면 다음과 같다.

$$a_D = \frac{dv}{dt} = -\frac{g_0}{\beta} Q \qquad (5\text{-}12)$$

다시 말해 '감속도' a_D가 최댓값을 갖는 고도와 압력 Q가 최댓값을 갖는 고도가 같다는 뜻이다. 식 (5-12)와 (5-10)을 사용하면 재돌입하는 RV의 최대 a_D/g_0 값은 다음과 같다.

$$a_{D\,max}\Big|_{in\ g_0\ unit} = \frac{a_D}{g_0}\Big|_{maxQ} = -\frac{Q_{max}}{\beta}\Big|_{maxQ} = -\frac{\sin\gamma}{2e\,g_0 H}v_{re}^2$$

(5-13)

a_D는 RV가 재돌입 과정에서 겪게 되는 '감속도'이며 방향은 속도 방향과 반대방향이다. 재돌입 과정에서 RV의 가속도와 속도 변화에 대한 데이터는 RV의 형태와 열차단 설계에서 중요한 역할을 한다.

대기저항에 의한 속도의 반대방향 가속도 $-a_D/g_0$를 고도 z의 함수로 그리면 〈그림 5-3〉과 같다. 사거리 10,000km를 MET로 발사할 때 재돌입 속력과 각도를 각각 7.2km/s와 22.517°라 하면 식 (5-13)으로 계산한 가속도 a_D는 중력가속도의 55.5배에 이른다. 재돌입 고도에서는 대기밀도가 거의 0이므로 대기저항에 의한 감속도는 0이지만, 고도가 낮아짐에 따라 대기밀도가 증가하므로 감속도도 높아진다. β=144,000N/m^{2}인 RV의 고도가 50km 미만으로 낮아지

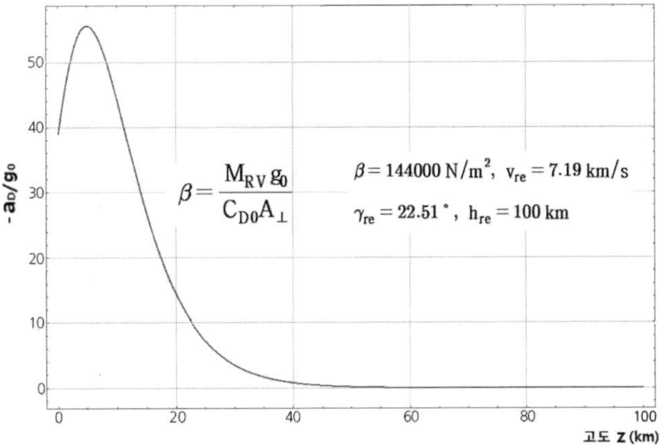

그림 5-3 사거리 10,000km, v_{re} = 7.2km/s, γ = 22.52°, H=6.7056km, ρ_0 = 1.7523kg/m^3, β = 144,000N/m^{2}인 경우 a_D/g_0의 절댓값을 고도의 함수로 나타냈다. a_D/g_0의 최댓값은 z = 4.942km에서 나타나며 그 값은 55.50이다.

면 감속도는 서서히 높아져 30km를 지나면서 급격히 높아지기 시작해 $z=4.942$km에서 최대치에 도달하고, 급격한 감속으로 인해 ρv^2에 비례하는 감속도 역시 급격하게 줄어든다. 맥스 Q와 a_{D}가 최대가 되는 고도는 똑같은 값을 갖지만, 식 (4-12)로 정해진 $\mathrm{Q_{max}}$ 값은 β에 비례하는 데 반해 (5-13)에 의해 정해진 $a_{\mathrm{D\,max}}$는 β 값과는 무관하다.

이상에서 간단한 재돌입 모델을 이용해 살펴본 바에 의하면 재돌입궤도는 상승궤도나 진공에서 자유낙하하는 궤도와는 다른 특성을 가진 것을 보았다. 편평 지구와 중력이 없는 경우를 예로 들어 얻은 결과이지만, 감속도가 중력에 비해 월등히 큰 관심 영역이므로 중력을 고려하더라도 수치적인 결과는 좀 다르겠지만 전반적인 재돌입궤도 특성은 크게 바뀌지 않는다. 더불어 재돌입 구간은 지구 반경에 비해 아주 작아 실제 지구나 편평 지구는 크게 다르지 않다. 간단한 모델을 사용해 얻은 재돌입궤도 특성은 실제 지구에서 재돌입궤도에 그대로 나타난다.

2. 대기저항에 의한 재돌입체 가열

지금까지는 대기저항에 의한 감속과 RV에 미치는 기계적 충격만을 고려했지만, 지금부터는 공기마찰에 의해 생성된 열이 RV로 유입되는 열량에 대해 소개하겠다. 대륙간탄도탄은 7km/s 이상의 '극초음속'으로 움직인다. 이러한 비행체의 단위질량당 운동에너지 ε_{k}는 다음과 같다.

$$\varepsilon_k = \frac{1}{2} v_{re}^2 \qquad (5\text{-}14)$$

따라서 단위질량당 운동에너지는 $2.45 \times 10^7 J$ 이상이다. 지상에 도착할 때 속력이 3.5km/s 미만이면 충돌 시 운동에너지는 $6.13 \times 10^6 J$이므로 원래 가지고 있던 에너지의 3/4 이상이 충격파 에너지와 열에너지로 바뀐다는 뜻이다. 다시 말해, RV의 단위질량당 운동에너지 가운데 18.38MJ(megajoule, $10^6 J$)이 대기의 열과 충격파 에너지로 바뀌었다. TNT 1kg이 폭발할 때 내는 에너지가 4.184MJ인 것을 감안하면 RV 1kg당 TNT 4.4kg에 해당하는 에너지를 생성하여 충격파면과 RV 표면 사이에 가둬놓는다는 의미다. 이러한 에너지가 모두 RV에 흡수된다면 지상에 도달할 때는 RV는 녹고 증발되어 별로 남는 것이 없을 것이다. 충격파와 RV 표면 사이에 분포된 열의 일부는 RV 표면으로 유입되고 나머지는 공기 흐름을 따라 대기 중에 흩어진다. 앞의 〈그림 3-6〉처럼 '충격파면shock wave front'과 쐐기형 RV 표면 사이의 간격은 〈그림 3-6〉(a)에서처럼 RV의 속력이 작으면 넓고, 속력이 크면 〈그림 3-6〉(b)에서처럼 매우 좁아진다. RV 표면 같은 고체면 위에서는 점성 때문에 공기 흐름의 속도는 0이 된다. 고체 표면과 '충격파' 사이를 '경계층boundary layer'이라고 하며, RV 표면에 공기 중의 열이 유입되는 것은 경계층의 온도가 RV 표면온도보다 높기 때문이다.

열이 유입되는 현상을 이해하기 위해 RV의 첨두부에 생기는 '정체점stagnation point'과 그곳의 온도를 알아보자. 정체점이란 공기 흐름을 방해하는 물체에 의해 공기 흐름이 막혀 속력이 0이 되는 점을 말한다. 베르누이Daniel Bernoulli 정리에 의해 유체속도가 0이면 정압이 최대가 되고 온도 또한 최대가 된다. 정체점의 온도를 T_0, '자유

층류free stream'의 온도를 T_∞라고 하자.[7] 에너지 방정식은

$$C_{P0}T_0 = C_{P\infty}T_\infty + \frac{1}{2}v_\infty^2 \qquad (5\text{-}15)$$

$$\simeq \frac{1}{2}v_\infty^2$$

C_{P0}와 $C_{P\infty}$는 각각 정체점과, 정체점에 영향을 받지 않은 층류에 대한 정압 열용량heat capacity을 의미한다. 마지막 식은 $T_0 \gg T_\infty$라는 가정 아래 얻었다. 공기에 대한 C_{P0}를 층류에서 값 $1004.4\text{m}^2/\text{s}^2 \cdot \text{K}$로 취하면 정체점의 온도는

$$T_0 = 4.98 \times 10^{-4}\, v_\infty^2 \qquad (5\text{-}16)$$

이 된다. v_∞는 정지한 공기에 대한 RV의 속력이다. 〈그림 5-4〉에서 보는 바와 같이 공기를 2원자분자diatomic molecule 이상기체ideal gas로 가정하면 정체점 온도가 비현실적으로 높다.[8] 정체점에서 C_{P0}는 다음과 같이 표현할 수 있다.

$$C_{P0} = \frac{k}{k-1}R \qquad (5\text{-}17)$$

k는 정체점에서 단열지수adiabatic exponent를 나타내고, R은 기체상

7) 정지상태의 대기 속을 RV가 속력 v로 달리기 때문에 첨자 ∞는 정지상태의 대기에 대한 값을 의미한다. 하지만 v_∞는 로켓에 대한 상대속도를 의미하므로 재돌입 속도 v_{re}와 같다.

8) Wilbur L. Hankey, *Re-entry Aerodynamics* (AIAA, 1988), p.5, Table 1.2.

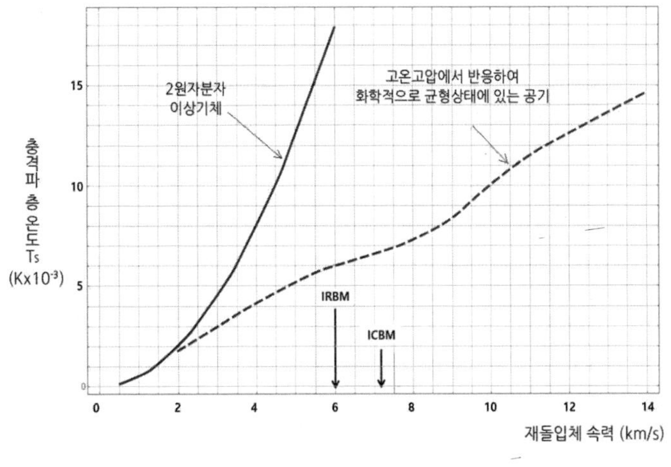

그림 5-4 고도 52km 상공에서 재돌입 속력에 따른 RV 정점의 정체점(stagnation point) 온도를 나타냈다.[9][10] IRBM과 ICBM RV의 정체점 온도는 화살표로 표시했다.

수 $8.3144598\, J \cdot mol^{-1} \cdot \mathrm{K}^{-1}$이다. 총에너지 E를 $\mathrm{E_{tr}}$ (translational energy)과 Q (non-translational energy)의 합 $\mathrm{E} = \mathrm{E_{tr}} + \mathrm{Q}$로 표시하면, k는 다음과 같이 다시 쓸 수 있다.

$$k = 1 + \frac{2}{3(1 + \mathrm{Q}/\mathrm{E}_{tr})} \tag{5-18}$$

여기서 Q는 항상 양의 값이며, 공기분자의 진동자유도vibrational degree of freedom와 회전자유도rotational degree of freedom의 들뜸상태excitations, 분자의 해리dissociation, 전자의 들뜸상태 및 전리ionization상태에 따라 증가한다. 식 (5-18)에서 k는 $1 < k \le 5/3$와 같이 제한된

9) John D. Anderson, *Modern Compressible Flow,* 3rd Edition (McGraw Hill Education, 2003), p.652.

10) John D. Anderson, *Hypersonic and High-Temperature Gas Dynamics* (AIAA, 2006), p.18.

값을 갖는다는 것을 알 수 있다. 비행체 RV의 속력 v_∞가 낮으면 거의 모든 내부 자유도가 기저상태에 있기 때문에 $Q \simeq 0$이지만 v_∞ 값이 증가하여 온도가 800K에 이르면 2원자분자의 진동에너지 모드와 회전에너지 모드가 차례로 들뜸상태가 되고 Q 값이 증가한다. 온도가 2000K에 이르면 O_2 분자가 해리되기 시작하여 4000K에서 해리가 완료되지만, 4000K부터는 N_2 분자의 해리가 시작되어 9000K에서 완료된다. 9000K 이상의 온도에서는 N과 O원자의 전리가 시작된다. 들뜸, 해리 및 전리가 진행될 때마다 Q 값은 증가하고 k 값은 감소한다. 아주 높은 온도에서는 k 값이 1.1~1.2가 될 수 있다.

〈그림 5-4〉는 고도 52km 상공에서 정체점의 온도를 나타낸다. IRBM과 ICBM이 재돌입할 때 RV 첨두의 온도는 대략 6000K에서 7000K까지 올라간다. 이러한 고온에서는 우리가 알고 있는 그 어떤 물질이든 녹고 증발하거나 승화하기 때문에 내부에 장착한 탄두를 마찰열과 감속도에 의한 충격으로부터 보호하기 위해선 특별한 방법이 필요하다.

ICBM 개발 초기에는 구리-베릴륨(Cu-Be) 합금같이 열용량이 큰 금속을 사용한 '열 흡수heat sink'형 RV를 사용했다. 이러한 열 흡수 메커니즘을 이용하기 위해서는 대기가 거의 없는 고고도에서 급속히 감속하여 대부분의 운동에너지를 RV 주변의 공기 흐름을 따라 흘려보내고 낮은 속도로 짙은 대기층에 진입하게 함으로써 RV에 흡수되는 열량을 줄여야 한다. β 값이 작게 RV를 설계하면 이러한 조건을 만족시킬 수 있다. 그러나 열 흡수형 RV는 두 가지 문제가 있다. 하나는 흡수한 열량을 간직하면서도 기계적 강도를 유지하고 내부 온도를 충분히 낮게 유지하기 위해서는 RV의 질량이 커야 한다는 것이고, 다른 하나는 저속으로 저고도에 들어온 RV는 요격에 취약하고 바람 등 기상상태의 영향을 쉽게 받으므로 정확도가 떨어진다는 것이다.

열 흡수 RV의 약점을 제거하기 위해 나온 방법이 '융제식ablation type' RV다. RV의 내면은 알루미늄 같은 가벼운 구조물로 되어 있고 외면은 '실리콘-에폭시silica epoxy', '나일론-에폭시nylon epoxy', 또는 흑연 같은 물질 층으로 구성된다. RV 외면이 수천 도의 고온에 노출되면 분해되고, 녹고, 증발하거나 승화되면서 표면의 온도가 융제온도 이상으로 상승하는 것을 막아준다. 특히 6000K 이상의 고온에 노출되는 부분은 '탄소-탄소복합체carbon-carbon complex'를 사용할 필요가 있다. 이와 같이 외면에 흡수되는 열량을 물질의 '융제현상ablative phenomena'을 이용해 RV 표면온도를 일정 온도 이하로 유지하는 RV를 '융제식 RV'라고 한다. 융제식 RV는 열 흡수식 RV에 비해 훨씬 가볍고 훨씬 높은 온도에도 견딜 수 있다. 따라서 초고속으로 지상까지 내려오면서도 내부를 열과 기계적 충격으로부터 보호할 수 있고 요격을 피할 수 있으며 정확도도 훨씬 개선된 RV 설계가 가능하다.

제 2 장

재돌입의 물리학

1. 재돌입궤도 방정식

3부의 〈그림 3-1〉에서 보듯 재돌입체가 궤도의 정점을 지나 다시 지표면을 향해 내려오면서 대기의 영향을 받기 시작하는 고도에 이르게 된다. 이러한 점을 〈그림 3-1〉에는 R로 표시했다. R의 고도를 어디로 잡아야 할지 명백한 기준은 없지만, 대체로 고도를 120km에서 90km 사이 값을 택하면 무난하다고 판단한다. 고도 120km에서 대기밀도는 대기압의 1억 분의 2 정도로 낮고, 고도 90km에서도 100만 분의 3 정도로 낮기 때문에 90km를 택하든 120km를 택하든 큰 차이는 없다. 순수한 탄도탄의 '재돌입' 과정에서는 RV 운동을 바꿀 수 있는 자체 추진력이 없으므로 방정식 (3-61)에서 추진력에 관련된 항은 0이 된다. 따라서 운동방정식 (3-61)과 (3-63)은 다음과 같이 다시 쓸 수 있다.

$$
\begin{cases}
\dot{v} = -\dfrac{1}{2}\rho(\vec{r})\, v^2 \dfrac{g}{\beta} - g\sin\gamma \\[2ex]
\dot{\gamma} = -\dfrac{1}{\mathrm{v}}\left(\mathrm{g} - \dfrac{\mathrm{v}^2}{\mathrm{r}}\right)\cos\gamma
\end{cases}
\tag{5-19}
$$

$$
\begin{cases}
\dot{\theta} = \dfrac{\mathrm{v}}{\mathrm{r}}\cos\gamma \\[2ex]
\dot{\mathrm{r}} = \mathrm{v}\sin\gamma
\end{cases}
\tag{5-20}
$$

방정식 (5-19)와 (5-20)은 재돌입 비행이 시작될 때 위치 $\vec{r}(t_R)$과 속도 $\vec{v}(t_R)$을 초기조건으로 하는 탄도 비행의 운동방정식이다. t_R은 재돌입 시점의 시간이다. '탄도 비행ballistic flight'이란 비행체에 미치는 힘이 중력과 속도의 반대방향의 힘뿐이라는 의미로 사용된다.

자유낙하궤도를 따라 비행하는 RV는 궤도의 최대고도를 지난 후 지상으로 낙하하기 시작하며, 고도 100km 전후가 되면 미세하지만 대기저항을 받기 시작한다. RV는 양력이 생기지 않도록 설계하고 양력이 생기지 않는 '재돌입각reentry angle' γ_{re}로 재돌입을 시작하도록 RV의 자세를 잡아주는 것이 보통이다. 이렇게 설정된 재돌입 비행 궤도는 아무리 대기마찰이 심해지더라도 대기마찰이 전혀 없는 자유낙하궤도의 연장선에서 많이 벗어나지는 않는다.

2. 구-원추형 재돌입체의 탄도계수

대기저항력은 $1/\beta$와 대기밀도에 비례하고, β는 C_{D0}에 반비례하고 질량에 비례한다. 양력이 없는 항력계수 C_{D0}를 구하기 위해서는 RV의 형태와 치수가 필요하고, β를 구하기 위해서는 RV(탄두 포함)의 질량과 비행방향에 수직인 단면적 $A_{\perp}$를 알아야 한다. 현대식 탄도탄의 RV는 초고속 재돌입 속도를 유지하여 요격을 피하고, 바람에 의한 표류를 최소화하기 위해 길이가 긴 뾰족한 원뿔 형태를 택하고 있다. 원뿔 첨두尖頭, nose cone의 곡률 반경을 R_N이라 하면 매초 첨두에 흡수되는 열량은 $1/\sqrt{R_N}$에 비례한다.[11] 이런 이유로 바늘 끝처럼 뾰족한 첨두 대신 수cm 반경의 반구hemisphere로 바꾸는 것이 첨두의 열 충격을 완화해주는 방법이 된다.

〈그림 5-5〉는 첨두 반경이 R_N이고, 원뿔의 상단을 밑면에 평행하게 잘라낸 절두체frustum의 '반각half angle'을 ϕ, 길이를 L, 질량이 m인 RV 모형을 보여준다.

RV가 속도 v로 대기 중을 움직일 때 RV의 항력계수drag coefficient C_D는 RV의 형태, 속력 및 '레이놀즈수Reynolds number' N_R에 따라 상당히 큰 차이를 보인다. 〈그림 5-5〉와 같은 구-원추형인 RV의 '무양력 항력계수zero-lift drag coefficient' C_{D0}는 다음과 같이 주어진다.[12][13]

$$C_{D0} = 2\sin^2\phi + (R_N/R_B)^2(1 - 2\sin^2\phi - \sin^4\phi) \qquad (5\text{-}21)$$

방정식 (5-21)은 '뉴턴의 충격이론Newtonian impact theory'을 반경이 R_N인 구sphere와 '반각'이 ϕ인 절두체에 적용해서 얻은 결과이다. 뉴턴의 충격이론은 극초음속 영역에서는 비교적 잘 맞는다. ICBM의 RV의 재돌입 속력은 7.0~7.2km/s 전후이고, 구-원추형 RV라면 지

11) John D. Anderson, *Hypersonic and High-Temperature Gas Dynamics* (AIAA, 2006), p.349.

12) Frank J. Regan, *Re-Entry Vehicle Dynamics* (AIAA Education Series, 1984), pp.219-234.

13) Frank J. Regan and Satya M. Anandakrishnan, *Dynamics of Atmospheric Re-entry* (AIAA Education Series, 1993), pp.352-355.

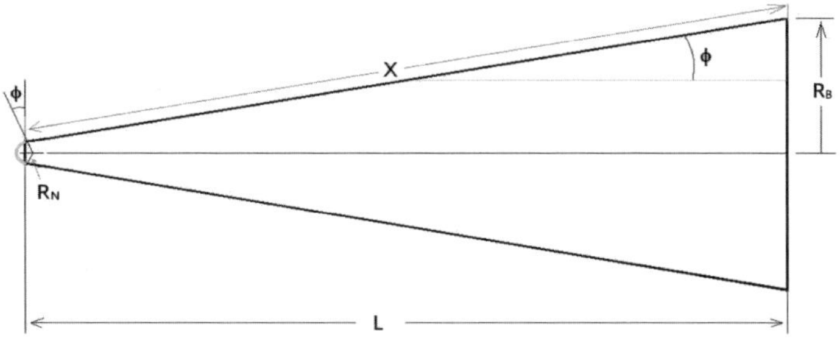

그림 5-5 첨두부는 반구형이고, 나머지는 원뿔을 밑면에 평행한 면으로 자른 원뿔 절두체로 이루어진 '구-원추(sphere-cone)'형의 RV다. R_N은 첨두의 반경이고 R_B는 원추 밑면의 반경이다.

상에 충돌할 때 속력도 3km/s 이상의 극고속이므로 뉴턴의 충격이론을 적용해 얻은 C_{D0}를 표현한 식 (5-21)을 사용해도 근사적인 계산에는 별 무리가 없다고 판단된다.

절두체 밑면의 넓이 $A_{\perp}$, RV 질량 m_{RV}, 첨두의 반경 R_N과 R_B가 주어지면 재돌입 과정을 기술하는 데 사용할 수 있는 근사적인 탄도계수 β는 다음 식에서 구할 수 있다.

$$\beta_{RV} = \frac{m_{RV} g_0}{C_{D0} A_{\perp}} \tag{5-22}$$

마지막으로, 대기밀도는 〈표 3-1〉을 사용하여 식 (3-46)으로 계산할 수 있으므로 재돌입 운동방정식 (5-19)와 (5-20)의 해를 구할 수 있다.

장거리 로켓의 RV와 같이 대기 속을 극초음속으로 비행하는 물체가 겪는 핵심적인 물리현상은 비행체의 표면을 통해 유입되는 열

surface heat transfer과 표면에 가해지는 마찰력skin-friction & wave drag이다. 마찰력을 추정하는 데 필요한 개략적인 C_{D0} 공식은 식 (5-21)로 주어지고 식 (5-22)를 이용해 개략적인 β를 계산할 수 있으므로 RV에 걸리는 기계적 부하와 재돌입궤도 및 낙하시간 등을 계산하는 것이 가능하다.

비행물체의 속력이 음속보다 커지면 충격파를 생성하고, 충격파가 지나간 대기의 압력과 온도는 높아진다. 높은 압력으로 비행체를 감속시켜 나타나는 저항을 '조파항력wave drag'이라고 한다. 충격파 생성에 따른 조파항력은 매질의 점성 유무에 상관없이 생긴다. RV에 작용하는 대기저항은 조파항력 외에도 매질의 점성에 의해 흐름이 닿는 표면에 생기는 '표면마찰skin-friction'도 중요하다. 표면마찰은 공기분자가 표면에 달라붙어 층을 이루고, 이러한 공기층에는 이웃하는 공기분자들이 달라붙어 표면 근방의 공기 덩어리가 비행체와 같이 움직이기 때문에 비행체의 속력이 감소하게 된다. 점성이 없는 매질에는 표면마찰이 생기지 않는다. 식 (5-21)은 구球형의 첨두에 생긴 조파항력과 절두체 표면에 생긴 표면마찰을 합친 결과다.

3. RV에 흡수되는 열량 계산

RV가 재돌입할 때 겪는 대기저항에 의한 기계적 충격을 이해하는 것도 중요하지만, 이보다 더 중요한 문제는 RV 표면으로 매초 유입되는 열량과 흡수된 총열량을 추정하고 이러한 열로부터 내부의 페이로드를 안전하게 지켜내는 방법을 찾는 것이다.

〈그림 5-3〉에서 예로 든 경우와 같이 7.2km/s 속력으로 22.5°로

재돌입하는 ICBM RV는 맥스 Q에서 감속도가 $55.5g_0$에 달한다. 이때의 속력은 $0.6065\,v_{re}$ =4.367km/s로 줄어들었고, 재돌입 때 가졌던 운동에너지의 63.2%는 열로 바뀌어 RV 표면과 충격파 사이의 공기 중에 분포되었다. 그러나 마하 10 이상의 극초음속으로 움직일 때 구-원추형의 RV가 만드는 충격파는 〈그림 3-6〉(b)에서 보는 것처럼 표면 근처에 분포된다. RV 에너지의 63.2%는 거의 붙어 있는 표면과 충격파 사이에 분포되고, 표면에 접한 대기의 온도 T_{aw}가 높기 때문에 매초 단위면적당 RV 표면으로 유입되는 열량 dq_w/dt도 아주 높다.

〈그림 5-4〉에서 보는 것처럼 IRBM과 ICBM의 재돌입 속도를 고도 52km에서 각각 6km/s와 7.2km/s라고 가정하면 정체점의 온도는 각각 6000K와 6700K 근방이다. 만약 RV의 표면온도 T_w가 T_{aw}와 같다면, 그 어떤 물질도 이 온도에 이르기 전에 녹고 타고 증발하므로 RV 내부의 페이로드를 보호하는 것은 불가능한 것으로 보인다. 역설적으로 들리겠지만, RV 표면의 소재가 정체점 온도보다 훨씬 낮은 온도에서 녹거나 증발하는 특성이 오히려 내부를 보호하는 기능으로 작용한다.

열은 외부의 공기로부터 RV 표면으로 유입되고, 표면의 온도를 물질의 녹는점까지 올려주고 온도가 더 올라가면 끓는점에 도달한다. 녹거나 증발하는 온도는 물질의 고유한 성질이고, 녹거나 증발하는 과정에서 많은 열량을 흡수하고 증발하여 RV 표면온도를 그 물질의 비등점에 묶어둔다. 더 많은 열량이 흡수되면 더 많은 양의 물질이 증발하면서 표면이 내부로 파고들어 물질이 증발하여 소모되지만, 공기층과 맞닿는 RV 표면의 온도는 더 이상 올라가지 않는다. 이렇게 외부로부터 유입되는 강한 열이 물체의 표면을 폭발적으로 증발 또는 승화시켜 물질을 벗겨나가는 현상을 '융제融劑, ablation'라고 하며, 이러한 목적으로 사용하는 물질을 '융제물질ablative material'이라고 한다. 이러한 융제현상은 고체로켓의 노즐nozzle과 노즐목nozzle throat 및 장거리 탄도탄의 RV에 유입되는 극심한 열로부터 내부를 보호하기 위해 사용하는 거의 유일한 메커니즘으로 알려져 있다.

RV 표면은 에너지를 모두 흡수하여 온도가 T_{aw}로 올라가는 대신 '융제물질'을 사용하기 때문에 융제온도 T_{ab}로 유지할 수 있는 반면, 유입된 열에 해당하는 융제열은 물질을 융제시켜 제거함으로써 증발된 가스와 함께 주변의 공기 흐름 속으로 유입된다.[14] 융제가 계속되는 한 융제물질 외면의 온도는 융제온도로 유지되는 반면, 융제물질 층의 두께는 얇아진다. 융제층이 남아 있는 한 RV 표면온도 T_w는 T_{ab} 이상으로 올라가지 않는다. 물론 융제층 내부로 진도되는 소량의 열은 융제물질 층을 두텁게 하고, 내부에 별도의 열 차폐막을 배치하여 내부 금속 구조물의 기계적 기능을 잃지 않게 별도의 열 차폐 수단을 강구해야 한다. 융제된 물질은 경계층으로 발산하면서 공기 흐름 속의 열을 흡수하여 공기 온도를 낮춰줌으로써 외부로부터 열 유입률을 더욱 줄여주는 역할도 한다.

RV의 각 위치에서 매초당 단위면적의 표면으로 유입되는 열량과 흡수된 총열량을 재돌입 속력의 함수로 표시하는 경험식과 융제물질이 융제되는 두께 등을 계산하는 경험식을 소개하기로 한다. $\beta=144{,}000\text{N/m}^2$, 초속 7.2km/s, 비행경로각 γ로 대기권으로 재돌입하는 RV는 고도 5km 전후에서 맥스 Q에 도달하며 이때 속력은 대략 4.3km/s 내외일 것으로 추정된다. RV의 kg당 재돌입 운동에너지

14) 융제현상 자체가 반응이 지속되는 과도기적 현상이므로 어느 물질의 융제온도가 정확히 몇 도라고 정의할 수 있는 것은 아니다. 다만 반응이 평형상태를 유지할 때 온도를 대표한다고 이해하면 된다.

$\varepsilon_0 = 2.592 \times 10^7$J/kg 중 1.638×10^7J/kg은 공기 항력에 의해 열로 바뀐다. 열로 바뀐 양을 TNT 등가에너지로 환산하면 4kg 내외의 TNT와 맞먹는 에너지다. 땅에 도달할 때의 속도는 더욱 줄어 대략 3.4km/s를 넘지 않을 것으로 추정되므로 충격파와 RV 표면 사이의 좁은 공간에 2.0×10^7J/kg(=20.0MJ/kg)의 열에너지가 분포되고 RV 뒤쪽으로 흘러 나간다. 문제는 이렇게 충격파와 RV 사이에 갇힌 열 중 얼마가 RV 표면에 유입되고, 얼마가 공기 흐름과 같이 RV 뒤로 흘러가는가 하는 것이다.

평판에 평행한 공기 흐름에 대한 '스탠턴 넘버Stanton number' C_H는 다음과 같이 쓸 수 있다.[15]

$$C_H = \frac{dq_w/dt}{\rho_\infty v_\infty (h_{aw} - h_w)} \tag{5-23}$$

스탠턴 넘버는 매초 단위면적에 유입되는 열량을 매초 단위면적을 통과하는 흐름의 열량으로 나눈 무차원 양dimensionless quantity이다. 식 (5-23)을 매초 RV 표면에 유입되는 열량 dq_w/dt에 관해 풀면 다음과 같다.

$$\frac{dq_w}{dt} = C_H \rho_\infty v_\infty (h_{aw} - h_w) \tag{5-24}$$

여기서 h_{aw}를 정체점의 엔탈피(또는 총엔탈피) h_0와 같다고 가정하면 다음과 같다.

15) John D. Anderson, *Hypersonic and High-Temperature Gas Dynamics* (AIAA, 2006), p.347.

$$h_{aw} \approx h_0 = h_\infty + \frac{1}{2} v_\infty^2 \qquad (5\text{-}25)$$

여기서 아래첨자 ∞는 경계층류boundary layer 외곽의 공기 특성을 나타낸다.[16] 극초음속으로 움직이는 RV 문제에서는 우리가 관심 있는 모든 고도에서 $h_\infty \approx 2.3 \times 10^5$J/kg이므로 h_∞는 거의 항상 $1/2 v_\infty^2$보다 훨씬 작다. 사실상 식 (5-25)는 다음과 같이 써도 무방하다.

$$h_{aw} \approx \frac{1}{2} v_\infty^2 \qquad (5\text{-}26)$$

한편, RV 표면온도 T_w는 T_{aw}나 충격파면 온도보다 훨씬 낮기 때문에

$$h_{aw} \gg h_w \qquad (5\text{-}27)$$

로 표현할 수 있다.[17][18] 식 (5-26)과 (5-27)을 사용하면 식 (5-24)는

$$\frac{dq_w}{dt} \approx \frac{1}{2} C_H \rho_\infty v_\infty^3 \qquad (5\text{-}28)$$

---

16) 충격파 이론에서는 보통 충격파가 지나가기 전 상태를 첨자 '1'로 나타내고 충격파가 지나간 후의 상태를 '2' 표시하지만, 여기서는 '1' 대신 RV에서 먼 거리 떨어져 있어 영향을 받지 않는 상태의 가스라는 의미로 '∞'로 쓴 것이다. 이러한 경계층 외곽의 흐름을 '자유류free stream'라고 한다.

17) 융제온도는 물질이 분해되거나 녹거나 또는 증발하는 온도로, 어떤 융제물질을 선택하느냐에 따라 달라진다.

18) George P. Sutton and Oscar Biblarz, *Rocket Propulsion Elements* (John Wily & Sons, Inc., 2001), pp.561-563.

와 같이 쓸 수 있다. 식 (5-28)은 RV의 흐름에 평행한 면이 단위 시간 단위면적당 열 흡수율이 v_∞의 v_∞^3에 비례하는 것을 보여주고 있다. 반면, 식 (3-37)에서 보여주는 대기저항에 의한 감속도는 v_∞^2에 비례한다. 속력 증가에 따른 열 흡수율 증가가 저항력 증가보다 훨씬 가파르게 증가하는 것을 알 수 있다. 이러한 이유로 RV 설계에서 열 차폐가 맥스 Q 문제보다 더 심각한 문제로 대두되는 것이다.

대기밀도가 아주 희박하여 공기분자의 평균자유행로mean free path가 RV 크기보다 큰 경우 뉴턴의 충격이론Newton's impact theory이 정확하며, 식 (5-28)은 다음과 같이 쓸 수 있다.[19]

$$\frac{dq_w}{dt} \approx \frac{1}{2}\frac{A_\perp}{S}\rho_\infty v_\infty^3 \tag{5-29}$$

위 식에서 $A_\perp$는 RV의 비행방향에 수직인 단면적이고 S는 표면적이다. 그러나 밀도가 높아지면 열 유입률을 식 (5-29)와 같이 ρ_∞와 v_∞의 간단한 함수로 표시할 수는 없다. C_H 자체가 ρ_∞와 v_∞의 함수로 바뀌기 때문이다. 더구나 dq_w/dt는 RV 주변의 경계층류 내의 흐름이 층류laminar flow냐 난류turbulent flow냐에 따라 변한다. 층류가 난류로 바뀌는 조건은 관성력慣性力과 점성력粘性力의 비로 정의되는 '레이놀즈수' 값이 결정한다. 무차원 양인 레이놀즈수 N_R은 다음과 같이 정의된다.

$$N_R = \frac{\rho_\infty v_\infty L}{\mu} \tag{5-30}$$

19) Lisbeth Gronlund and David C. Wright, "Depressed Trajectory SLBS: A Technical Evaluation and Arms Control Possibilities", *Science & Security*, 1992, Volume 3, p.146.

ρ_∞와 v_∞는 각각 RV의 영향을 받지 않은 경계층 밖의 대기밀도와 RV에 대한 '자유류free stream'의 속도를 의미하고 μ와 L은 동력학적 점성계수dynamic viscosity와 특성 길이characteristic length다. 비행체가 평판이라면 L은 평판의 길이고, 구-원추형의 RV에서 L은 원추 밑면에서 정점까지의 높이다.

평판 위로 공기가 흐르는 경우 속력이 $N_R = 5 \times 10^5$에서 층류에서 난류로 천이되는 것으로 받아들이지만, 층류는 속도가 증가하면 안정적이 되어 $v_\infty = 1\text{km/s}$가 되면 대략 $N_R = 5 \times 10^6$에서 천이가 일어나고, $v_\infty = 5\text{km/s}$에서는 $N_R = 5 \times 10^7$이 되어야 천이가 일어나 층류가 난류로 바뀐다. 하지만 평판의 표면이 거칠거나 용제된 부스러기가 흐름 속에 유입되면 층류의 안정성이 훼손되므로 N_R이 훨씬 작은 값일 때도 층류는 난류로 천이될 수 있다.[20] 더구나 층류에서 난류로 바뀌는 천이고도는 재돌입궤도와 탄도계수 β에 관련된다. 이러한 복잡한 현상들이 서로 얽혀 있으므로 실제로 사용할 수 있는 dq_w/dt 공식은 경험식뿐이다. 『극초음속과 고온가스 역학*Hypersonic and High-Temperature Gas Dynamics*』에서 앤더슨John D. Anderson Jr.은 식 (5-28)을 확장한 다음과 같은 경험식을 소개했다.[21][22]

$$\frac{dq_w}{dt} = C\,\rho_\infty^N v_\infty^M \tag{5-31}$$

여기서 N, M은 RV 위의 위치 및 속도 구간별로 값이 다른 상수이고, C는 해당하는 영역과 구간에서 다른 값을 갖는 변수로 대표적

20) ibid., p.146.

21) John D. Anderson Jr., *Hypersonic and High-Temperature Gas Dynamics* (AIAA, 2006), p346-353.

22) 앤더슨이 사용한 q_w는 우리가 정의한 dq_w/dt와 같다.

공기 흐름	비고	M	N	C
정체점	항상	3	0.5	$1.83\times10^{-4}\mathrm{R}_{\mathrm{N}}^{-1/2}(1-h_w/h_0)$
층류	고도 > 15~30 km	3.2	0.5	$2.53\times10^{-5}(\cos\phi)^{1/2}(\sin\phi)x^{-1/2}(1-h_w/h_0)$
난류	$\mathrm{v}_\infty \le$ 3962 m/s	3.37	0.8	$3.89\times10^{-4}(\cos\phi)^{1.78}(\sin\phi)^{1.6}x_{\mathrm{T}}^{-1/5}\left(\frac{\mathrm{T_w}}{556}\right)^{-1/4}\left(1-1.11\frac{h_w}{h_0}\right)$
	$\mathrm{v}_\infty >$ 3962 m/s	3.7	0.8	$2.2\times10^{-5}(\cos\phi)^{2.08}(\sin\phi)^{1.6}x_{\mathrm{T}}^{-1/5}\left(1-1.11\frac{h_w}{h_0}\right)$

표 5-1 층류, 난류 또는 RV 표면에 대한 공기 흐름의 속도에 따른 M, N, C 값. x_{T}는 절두체 표면을 따라 층류-난류 변환이 일어난 곳까지 잰 거리를 나타낸다.[24] 층류-난류 전환은 한꺼번에 전체에서 일어난다고 가정하면 $x_{\mathrm{T}}=x$로 놓을 수 있다.

인 값을 〈표 5-1〉에 제시했다.[23] $\mathrm{R_N}$은 구-원추형 첨두의 반경이고, x는 〈그림 5-5〉에 표기한 것처럼 절두체 표면이 첨두의 구면과 접하는 원을 기점으로 절두체의 표면을 따라 잰 거리이고, ϕ는 절두체의 반각을 나타내며 RV 표면과 밑면에 수직인 축 사이의 각을 의미한다. 식 (5-31)과 〈표 5-1〉에 주어진 공식은 간단하게 표현한 경험식으로 비행 조건이 경계층 이론을 만족하는 경우에는 사실에 가깝게 실제 상황을 기술할 수 있다. 양력이 안 생기는 궤도로 재돌입하는 구-원추형의 RV는 이러한 조건이 거의 만족되는 경우에 해당한다. 그러나 일반적으로는 식 (5-31)은 예비계산을 하는 데는 적절

23) ibid., pp.249–50; Anderson 책에서 q_w, v_∞ 및 ρ_∞의 단위는 각각 W/cm², m/s 및 kg/m³로, 필자는 W/m², m/s 및 kg/m³로 주어진 SI 단위를 사용했다.

24) John D. Anderson Jr., *Hypersonic and High-Temperature Gas Dynamics* (AIAA, 2006), pp.349–351.

하지만, 실제로 극초음속 비행체의 세부 설계를 위한 계산에는 미흡한 공식이다.[25]

식 (5-31)에서 C에는 x와 ϕ 외에 h_0와 h_w가 들어 있다. 극초음속 영역에는

$$h_w/h_0 \ll 1 \tag{5-32}$$

이므로 〈표 5-1〉에서 h_w/h_0는 무시하기로 하겠다.

실제로 실리카 페놀릭 파이버글래스silica phenolic fiberglass 같은 융제 물질의 융제온도는 대략 2500K 정도이므로 h_w/h_0는 1보다 훨씬 작기 때문에 무시해도 되는 양이다. 식 (5-31)에서 C 값은 구에 접한 점부터 절두체 면을 따라 샌 거리 x에 관련되므로 RV상의 위치에 따라 RV에 흡수되는 열 유입률이 달라진다. 〈표 5-1〉에서 보듯 열 유입률은 $1/x^{\alpha}$에 비례하고, $\alpha > 0$이므로 절두체의 밑면에 가까울수록 줄어든다. RV 전체가 매초 흡수하는 열량 dQ/dt는 식 (5-31)을 절두체의 표면에 대한 적분으로 구한 값과 정체점에 해당하는 표면적에 매초 흡수되는 열량을 더해서 얻을 수 있다.

식 (5-32)에서 h_w는 RV의 표면온도 T_w에서 잰 공기의 단위질량당 엔탈피로 근사치는 다음과 같다.

$$h_w \approx 1000\,T_w \;\; J/kg \tag{5-33}$$

극초음속으로 재돌입하는 RV 주위의 경계층 공기 흐름은 층류다. 차츰 대기밀도가 높아지면서 어느 순간 층류는 난류로 바뀌게 된다.

---

25) ibid.

현대적인 RV의 전형적인 층류-난류 전환 고도는 20km에서 30km 사이라고 추정한다.[26]

4. 융제현상과 RV의 마찰열 차폐

RV 표면으로 단위시간 단위면적으로 유입되는 열에 대한 근사식이 확립되었다. 이제 융제물질만 선정되면 융제된 두께와 내부 페이로드의 온도를 설정 온도 미만으로 유지하기 위해 필요한 융제물질 두께를 추정할 수 있다. 열 차폐 물질이란 수천 도 이상의 고온의 주변 환경으로부터 대류convective 또는 열복사선thermal radiation에 의해 물질 표면으로 유입되는 과도한 열을 막아주는 데 사용하는 물질을 말한다. RV가 6~8km/s의 극초음속으로 대기권으로 진입하면 정체점 온도는 이론적으로는 6000~8000K 이상이다. 우리가 알고 있는 어떤 물체도 이 정도 고온에 노출되면 녹고 증발한다. 정체점보다 낮은 절두체 부위라도 정체점보다는 낮지만 그래도 3000~6000K 이상의 고온에 노출될 것이므로 RV 케이스는 증발해 없어지는 드라이아이스와 같아 내부의 페이로드를 열에 안전하게 보호하는 것이 불가능해 보인다. 그러나 녹고 증발하고 승화하거나, 녹고 탄화되고 증발하는 과정 자체가 내부를 보호하는 데 적절하게 사용될 수 있다.

재돌입할 때 RV 주변 상황은 대략 다음과 같이 기술할 수 있다. RV의 영향권과 영향권 밖을 구분하는 경계가 충격파면이다. 충격파면 밖은 자유류 영역이고, 충격파면과 RV 표면 사이가 경계층류다. 점성유체인 공기 흐름이 RV 표면에 접하면 곧바로 달라붙어 표면에

26) Lisbeth Grolund and David C. Wright, "Depressed Trajectory SLBMs: A Technical Evaluation and Arms Control Possibilities", *Science & Global Security*, 1992, Volume 3, p.148.

대한 속력이 0이 되고, 표면에서 떨어진 경계층류의 RV에 대한 상대속도는 점차 증가하여 경계면에 이르면 자유류의 속력 v_∞에 도달한다. 뒤집어 말하면 RV에 대해 속력 v_∞로 움직이던 공기 흐름의 속력이 줄어들어 0과 v_∞ 사이 값을 갖는 공기 흐름으로 바뀌었다는 의미다. 운동에너지의 전부 또는 일부가 내부 에너지로 전환되어 경계층류 안에 분포되며 v_∞가 6~8km/s인 경우 충격파면과 RV 표면 사이의 공간이 아주 작기 때문에 경계층류의 온도는 높고, 매초 RV 단위면적에 유입되는 열량이 매우 클 수 있다.

매우 높은 열류에 의해 RV 외부를 감싼 페놀계통의 융제물질은 녹고, 분해되고, 탄화되는 온도로 급상승한다.[27] 또는 흑연이나 탄소-탄소복합체carbon-carbon complex는 승화sublimation된다. 밀도가 작은 융제물질은 분해되고 탄화되고 가스를 발생하거나pyrolysis, 녹은 뒤 증발하거나, 아니면 고체에서 직접 승화한다. 고체가 가스로 되는 세부 과정과는 무관하게 표면물질은 많은 잠열을 흡수한다. 표면에 과도한 열이 단시간에 유입되면 융제현상이 일어난다. 융제 결과로 생긴 고온의 가스 또는 증기는 경계층류 속으로 유입되어 가열되는 과정에서 다시 열을 흡수함으로써 RV 표면으로 유입하는 열류를 줄여준다. 이와 같이 융제 과정에서 생긴 가스나 증기가 경계층류로 유입되어 dq_w/dt를 감소시키는 현상을 '증산작용蒸散作用, transpiration'이라고 한다. 융제가 진행되면 융제물질은 소모되고, 원래 내부에 있던 융제물질이 경계층류에 노출되어 융제가 일어나는 융제면ablation front은 계속 융제물질 속으로 파고든다. 융제면에서는 화학반응이 순간적으로 끝나는 것이 아니므로 융제 과정 자체는 '과도기 현상transient process'이다. 융제 과정을 정확히 기술하는 것은 불가능하므로 근사

27) carbon phenolic, silica phenolic 또는 nylon phenolic 등.

적인 접근 기술에 국한하여 소개하도록 하겠다.

맨 처음으로 RV의 '열 차폐 시스템TPS: thermal protection system'에 사용할 융제물질로 연구한 물질은 '테플론teflon: Polytetrafluoroethylene'이다. 테플론은 매우 좁은 표면온도 영역에서 융제되는 것으로 밝혀짐에 따라 융제물질은 모두 각자의 고유한 융제온도가 존재하며 융제열 q*를 가지고 있다고 생각했다. 그러나 표면에 유입되는 열은 RV 표면의 온도를 T_{cw}에서 T_w로 올리는 데 사용되고 $T_w > T_{cw}$이므로 열전도에 의해 일부는 융제물질 내로 전달된다.[28] 계속 유입되는 열은 물질을 녹이고, 분해하고, 승화시키는 '열분해pyrolysis'에 사용되고, 이러한 과정에서 흡수되는 열량을 H_v라고 하자. 열분해가 되면 탄소는 탄화되고 나머지 증기와 가스는 경계류에 유입되어 경계류의 온도를 낮춰줌으로써 RV 표면으로 매초 유입되는 열류를 줄여준다. 융제가 화학적으로 평형상태를 유지하고 진행되는 '정상상태steady-state process'라는 가정 아래 RV 표면과 경계류 사이에 주고받는 에너지 관계식을 다음과 같이 쓸 수 있다.

$$\dot{q}_{conv} = \dot{q}_{rerad} + \dot{q}_{cond} + \dot{q}_{vap} + \dot{q}_{transp} \tag{5-34}$$

'·'는 시간에 대한 관련된 양의 변화율을 뜻한다. 식 (5-34) 좌변의 $\dot{q}_{conv}$는 매초 경계류에서 단위면적의 RV 표면으로 유입되는 대류에 의한 열류net convective heat flux를 뜻한다. 우변은 표면에 유입된 열로 인해 발생하는 각 물리현상에 기여하는 열류를 구별하여 써 놓은 것이다. $\dot{q}_{rerad}$는 열복사에 의해 표면에서 방출되는 에너지 플럭스flux, $\dot{q}_{cond}$는 열전도에 의해 융제물질 내부로 전달되는 에너지 플

28) T_{cw}는 가열되기 전의 RV 표면온도이고, T_w는 융제온도로 보면 된다.

럭스, $\dot{q}_{vap}$는 '열분해' 또는 '기화evaporation' 과정에서 흡수되는 열류, $\dot{q}_{transp}$는 융제 과정에서 생성된 가스와 증기 또는 찌꺼기 같은 융제 생성물ablation product이 경계층류로 배출되는 과정에서 흡수하는 에너지 플럭스를 나타낸다.

$\dot{q}_0$라는 열류가 RV 표면에 유입된다고 가정하자. 표면온도가 융제 시작온도 T_w에 도달하기 전까지 대류로 전달되는 모든 열은 그대로 흡수되어 표면온도를 올리는 데 사용된다. 융제 과정이 시작되면 짧은 과도기를 거쳐 정상상태에서 진행되는 '정상융제steady-state ablation'에 도달한다고 가정한다. 융제가 진행되면 융제물질은 가스나 증기가 되어 경계층류 속으로 섞여 흐름 속에 흩어지고, 내부의 융제물질이 고온에 노출되어 새로운 융제면을 형성한다. 융제면이 융제물질 안으로 파고드는 현상을 '융제면 후퇴recession'라고 하며, 물러나는 속도를 '융제면의 후퇴 속도surface recession rate'라고 한다. 원래의 융제물질 표면에서 현재 융제면까지의 수직거리를 s라 하면 융제면의 후퇴 속도는 $\dot{s}(=ds/dt)$로 표시할 수 있다. η를 '배출계수transpiration coefficient', ρ를 융제물질의 밀도, ΔH_v를 증발열heat of vaporization이라 하면 식 (5-34)는 다음과 같이 다시 쓸 수 있다.

$$\frac{dq_w}{dt}\left(1-\frac{h_{cw}}{h_0}\right)-\sigma\varepsilon T^4=\rho\frac{ds}{dt}\left[(h_w-h_\infty)+\Delta H_v+\eta(h_0-h_w)\right] \tag{5-35}$$

위 식의 양변을 $\rho ds/dt$로 나눈 양 q^*를 다음과 같이 정의하자. h_{cw}는 가열되기 전의 융제물질의 엔탈피를 의미한다.

$$\begin{cases} q^* = \dfrac{dq_w/dt(1-h_w/h_0)-\sigma\varepsilon T^4}{\rho\dot{s}} \\ \quad = (h_w - h_\infty) + \Delta H_v + \eta(h_0 - h_w) \end{cases} \tag{5-36}$$

q*는 우리가 실제 계산에서 사용할 수 있는 '사실상의 융제열량 effective ablation heat'을 정의한다. 융제온도가 낮은 융제물질에서는 $h_w/h_0 \ll 1$이라 가정해도 무방하므로 q*는 다음과 같은 근사식으로 표현할 수 있다.

$$q^* = C_P(T_w - T_{cw}) + \Delta H_v + \eta h_0 \tag{5-37}$$

C_P는 융제물질의 정압 비열이고 엔탈피는 $h_w = C_P T_w$로 주어진다. 식 (5-37)에서 T_{cw}는 융제물질이 가열되기 전의 온도cold temperature를 의미하고 T_w는 융제온도이다. 여기서 h_0는 식 (5-25)를 사용하여 구할 수 있다.

RV 표면에 전해지는 열류heat flux는 식 (5-31)과 〈표 5-1〉을 사용해 구할 수 있고 이러한 열류에 의해 융제되어 소모되는 융제물질의 질량 m은 다음 방정식을 만족한다.

$$\frac{dm(x)}{dt} = \frac{1}{q^*}\frac{dq_w(x)}{dt} \tag{5-38}$$

dm/dt는 SI 단위로 kg/m^2s로 표시된다. 정체점의 온도가 8000K 이상이 되면 열복사선 플럭스를 고려해야 하지만, IRBM 또는 ICBM 경우에는 열복사선 영향은 다른 항에 비해 몇 %밖에 되지 않기 때문에 논의에서 생략했다. 그러나 $\dot{q}_{rerad}$를 생략한 계산 결과는 필요

한 융제물질량을 과대평가한다. 정체점 영역이나 절두체 위의 임의 위치에서 융제된 질량은 식 (5-38)을 적분하여 얻을 수 있고, 융제면의 후퇴 속도와 융제된 두께는 다음과 같이 결정된다.

$$\frac{ds(x)}{dt} = \frac{1}{\rho(x)}\frac{dm}{dt} \tag{5-39}$$

$$s(x) = \frac{m(x)}{\rho(x)} \tag{5-40}$$

5. 열전도로부터 페이로드 보호

IRBM과 ICBM의 RV와 같이 초속 6km/s에서 8km/s 사이의 높은 속력으로 재돌입할 경우 어떤 물질도 기계적인 강도를 유지할 수 없는 높은 온도로 가열된다. RV 표면으로 유입되는 열은 대류convection를 통해 전해지고, 경계층류의 온도가 8000K가 넘으면 열복사선을 통한 열 유입이 중요해진다. RV의 융제물질이 복사선에 대해 투명하지 않는 한 열 유입 과정이 대류이든 열복사선이든 상관없이 유입된 열은 표면의 얇은 두께의 융제물질에 축적되어 표면의 온도를 융제온도로 급상승시킨다. 융제가 진행하면 표면온도는 T_w로 고정된다.

융제현상이 진행되는 두꺼운 융제물질의 표면을 융제면이라 하고 이 면의 위치를 $y=0$이라고 가정하자. 융제면에 수직인 방향을 y-축으로 잡자. 〈그림 5-6〉처럼 융제물질의 표면이 일정한 온도 T_0로 유지되다가 융제가 시작되는 시간 $t=0$에 $y=0$ 면의 온도를 순간적으로 $T_w(\gg T_0)$로 올렸다고 가정하자. $T(y,t)$를 시간 t초가 지난 후 융제물질 내의 온도분포라 하면 $T(y,t)$는 매질 상수가 바뀌지 않는 한 다음 방정식을 만족한다.

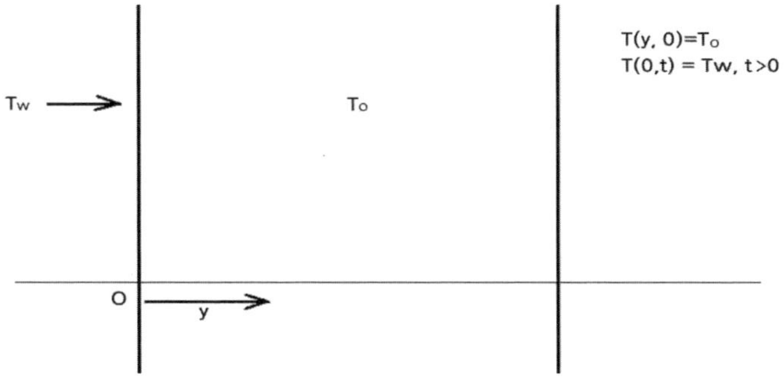

그림 5-6 일정한 온도로 T_0로 유지된 두꺼운 평판 모양의 융제물질의 한 면에 열류 dq_w/dt를 쬐어주고, 물질 내의 임의위치 y에서 t초 후의 온도 $T(y,t)$를 구하는 데 필요한 초기조건과 경계조건을 보여준다.

$$\frac{\partial^2 T}{\partial y^2} = \frac{1}{\alpha}\frac{\partial T}{\partial t} \tag{5-41}$$

경계조건과 초기조건은 다음과 같다.

$$\begin{cases} T(y,0) = T_0 \\ T(0,t) = T_w, \quad t > 0 \end{cases} \tag{5-42}$$

방정식 (5-41)을 (5-42)로 주어진 경계/초기조건으로 풀면 다음과 같은 해를 구할 수 있다.[29]

$$T(y,t) = T_w - (T_w - T_0)\,\mathrm{erf}\left(\frac{y}{2\sqrt{\alpha t}}\right) \tag{5-43}$$

29) J. P. Holman, *Heat Transfer*, 10th edition (McGraw Hill, Higher Education, 2010), p.137.

여기서 erf(z)는 오차함수error function

$$\mathrm{erf}(z) = \frac{2}{\sqrt{\pi}} \int_0^z e^{-\xi^2} d\xi \tag{5-44}$$

를 의미하고 α는 '열확산계수'로 다음과 같이 정의된다.

$$\alpha = \frac{k}{\rho c_P} \tag{5-45}$$

여기서 k, c_P, ρ는 각각 열전도도thermal conductivity, 융제물질의 열용량 및 밀도다. 식 (5-43)의 의미는 $y/\sqrt{\alpha t}$ 값이 일정하면 $T(y,t)$ 값이 일정하다는 뜻이다. 다른 말로 표현하면 온도가 일정한 점의 위치는 $\sqrt{t}$에 비례한다는 의미다. 실리카 페놀릭silica phenolic을 융제물질로 택하면 물리화학적 특성은 〈표 5-2〉와 같이 요약할 수 있다.

ρ (kgm^{-3})	k ($Wm^{-1}K^{-1}$)	c_P ($Jkg^{-1}K^{-1}$)	α (m^2s^{-1})	T_W (K)
1.650	≈ 1	2,000	3×10^{-7}	2,500

표 5-2 실리카 페놀릭의 개략 데이터

〈그림 5-7〉은 $T_0 = 400$K와 〈표 5-2〉의 데이터를 식 (5-43)에 대입하여 시간 $t=0$일 때 융제면에서 y m 떨어진 지점에서 시간에 따른 온도 변화를 그린 것이다. 사거리 10,000km ICBM을 MET로 발사하는 경우 RV의 융제가 시작된 후 15~25초 이내에 RV는 지상에 도착하므로 융제물질의 두께가 0.009m에서 0.01m 정도이면 기준으로 잡은 400K를 별로 넘지 않는 것을 알 수 있다. MET가 아닌

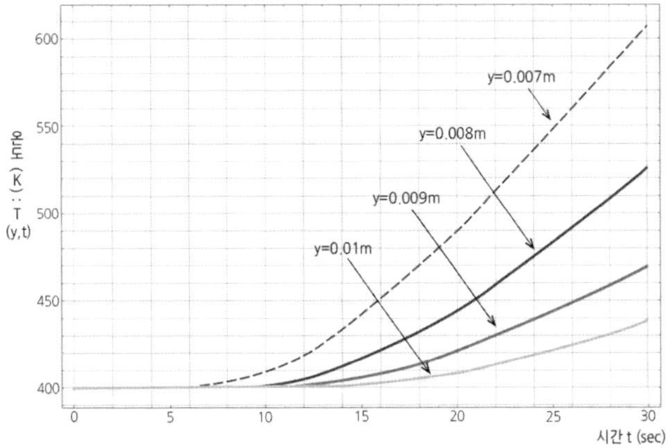

그림 5-7 융제물질을 실리카 페놀릭으로 사용하는 경우 $\alpha \approx 3 \times 10^{-7}$ $(\mathrm{m}^2/\mathrm{s})$ 이다. 시간 $t = 0$ 일 때 융제면에서 ym 떨어진 지점에서 시간에 따른 온도 변화를 그렸다. 사거리 10,000km ICBM을 MET로 발사하는 경우 RV의 융제가 시작된 후 15~25초 이내에 RV는 지상에 도착하므로 융제물질의 두께가 0.009m에서 0.01m 정도이면 기준으로 잡은 400K를 별로 넘지 않는 것을 알 수 있다. $T_0 = 400$K로 가정했다.

DT(depressed trajectory)를 택할 경우 가열 시간이 길어지므로 차폐를 위한 융제물질 두께도 두꺼워질 것으로 추정한다.[30]

30) 표면에서 전도된 속도를 계산한 양이지 융제에 의해 융제면이 후퇴하는 효과는 고려하지 않은 양이다.

6부

핵탄도탄의 살상면적과 표적 파괴확률

제 1 장
살상면적

1. 핵폭발 효과와 표적 파괴반경

핵폭발 효과

핵폭발 피해는 충격파로 인한 파괴와, 열복사선과 초기 방사선으로 인한 피해 및 방사능 낙진fall-out radiation에 의한 피해로 분류할 수 있다. 그러나 군사적인 표적에 국한할 경우에는 열선이나 방사선의 즉각적인 피해는 확실하지 않기 때문에 논의를 '블래스트파(blast wave, 또는 충격파shock wave)' 피해로 국한하는 것이 보통이다. 우라늄이나 플루토늄 1kg이 고속 연쇄반응에 의해 분열되면 방출된 총에너지는 TNT 약 20,000톤(20kt)이 폭발할 때와 같다.[1] 그러나 비록 폭발력이 같더라도 20kt 핵폭발과 TNT 20,000톤이 폭발하는 것과는 차이가 있다. TNT 폭발에서는 20kt 에너지가 대략 12,000m^3 부피 안에 분

---

1) 이 중 지연 방사능 에너지와 물질에 영향을 주지 않는 중성미자neutrino 에너지를 제외하면 17.5kt/kg 정도가 실제 폭발력이다.

포하는 데 비해, 현대식 20kt 탄두의 핵폭발에서는 같은 양의 에너지가 $1m^3$ 남짓한 부피 안에 분포한다. 차이는 이것만이 아니다. TNT 경우 중심에서 기폭된 폭발파가 6.9km/s로 퍼져나가 20,000톤의 TNT를 폭발시키는 데 소요되는 시간은 대략 0.002초(2ms)가 걸리지만 20kt의 핵폭발은 백만분의 1초(1 μs) 이내에 폭발이 완료된다. 이러한 에너지 밀도와 시간 차이는 화약폭발 온도가 수천 도에 그치지만, 핵폭발의 '화구火球, fire ball' 온도는 수십만 도 이상이고, 이러한 폭발로 일어난 충격파의 압력도 그에 걸맞게 커진다.

폭심에서 방출되는 에너지는 세 부류로 나눌 수 있다. 고온에서 가스로 바뀐 물질의 운동에너지, 가스 물질의 내부에너지, 방사선(α, β, γ, X, 중성자 등) 및 열복사에너지다. TNT 폭발에서는 가스의 운동에너지와 내부에너시는 순식간에 주변 공기의 블래스트파(또는 충격파) 에너지로 완전히 전환되어 밖으로 퍼져나간다. 그러나 핵폭발의 경우 α, β, X 및 중성자 등이 폭발물질과 주변 공기에 흡수되어 폭심 근방의 온도를 수십만 도로 가열하여 '화구'를 만들고, 내부에너지의 상당 부분이 온도의 4제곱(T^4)에 비례하여 열복사선을 방사한다.

고도 12km 미만에서는 폭발 에너지의 50%가 충격파 에너지로 전환되고 35% 미만이 열복사선으로 방출되며, 고도 30km 미만에서 일어나는 핵폭발은 폭발 에너지의 35~45%가 가시광선 및 적외선 영역의 열복사에너지로 방출된다. 고도가 더 올라가면 충격파 에너지는 줄어들고 대신 열복사에너지가 증가한다.

고도에 상관없이 대략 폭발 에너지의 85%는 충격파와 복사선 에너지로 방출되고 나머지 15% 중 5%는 중성자, 감마선, 알파 및 베타선 등 초기 방사선prompt radiation 에너지로 방출되며 10%는 방사능 낙진의 지연 방사선 에너지로 방출된다.[2)]

열핵탄두인 경우는 대략 총에너지의 50%는 핵분열에서 방출되고 50%는 핵융합에서 방출되므로 지연 방사선 에너지는 5%로 떨어지며 95%의 폭발 에너지가 폭발 후 1분 이내에 방출된다. 새뮤얼 글래스톤Samuel Glasstone과 필립 돌란Philip Dolan은 이러한 에너지 분포를 고려하여 데이터를 산출했고, 1kt는 우라늄이나 플루토늄 57g이 분열할 때 방출하는 에너지로 정의했다.[3] 이와 같은 정의에서는 우라늄 1kg이 분열하면 17.54kt이 '폭발 에너지'로 방출된다. 이는 통상적인 20kt/kg의 87.5%에 해당하는 값으로 총에너지의 12.5%에 해당하는 지연 방사선 에너지와 주위 환경과 반응하지 않는 중성미자 에너지를 제외한 값이다.

20kt 탄두가 폭발하면 $7.6 \times 10^{13} J$의 에너지가 핵물질이 차지한 부피 안에 분포되므로 핵분열 물질의 온도는 백만 도 이상이 되고 압력은 수백만 기압 이상의 상태가 된다. 이렇게 높은 온도 때문에 넓은 주파수 대역의 열복사선을 내보낸다. 복사선의 상당 부분은 바로 폭심 주변의 공기와 폭탄의 케이스 물질에 흡수되고, 에너지를 흡수한 공기와 물질이 가열되어 눈부시게 빛난다. 백만 분의 2~3초가 지나면 내부 온도가 거의 균일한 아주 눈부시게 빛나는 화구가 나타난다. 화구 안에서는 에너지 전달이 빛에 의해 이루어지고 화구 안의 온도분포가 거의 균일하므로 '등온等溫화구isothermal fire ball'라고 한다. 이렇듯 화구 안의 에너지 전달과 화구 밖으로 에너지 전달은 빛에 의해 행해지므로 화구의 반경은 빠른 속도로 늘어난다. 반경이 늘어남에 따라 온도는 급격히 내려가고 빛에 의한 에너지 전달속도도 급격히 떨어진다. 그러나 아직도 내부의 압력은 극도로 높기 때문에 화구 안의

---

2) Samuel Glastone and Philip J. Dolan, *The Effects of Nuclear Weapons*, 3rd Edition (U.S.A. DoD. and ERDA, 1977), pp.6-13.

3) ibid., p.13.

물질은 화구 밖으로 급격히 가속된다. 시간이 0.1ms가 지나면 화구 온도는 300,000K로 내려간다. 이러한 온도와 압력에서는 압력이 추진하는 충격파의 속력이 빛에 의한 에너지 수송으로 확장되는 화구 속력보다 커지기 때문에 충격파가 화구와 분리되고, 팽창이 느린 화구를 남겨두고 충격파가 주변으로 퍼져나간다.[4] 즉 온도가 30,0000K가 되면 충격파의 에너지 전달속도가 복사선의 에너지 전달속도보다 커지기 때문에 충격파면과 화구가 분리된다는 의미다.

충격파에서 과압이 최대가 되는 곳이 충격파면이고, 충격파면의 과압을 '최대 과압peak overpressure'이라고 한다. 충격파가 지나고 나면 밀도 압력 온도 및 공기 흐름의 속도 등이 거의 불연속적으로 증가한다. 충격파가 지나면 온도가 급격히 상승하기 때문에 팽창속도가 느린 초고온의 등온화구를 속에 감추고 충격파에 의해 기열된 눈부시게 빛나는 저온의 화구가 충격파면과 함께 팽창한다. 공기 중에서 구면 충격파가 지나고 나면 파면 바로 뒤에서는 충격파와 같이 방사형으로 공기가 움직이지만, 시간이 흘러 충격파면의 반경이 어느 정도 커지면 파면 뒤쪽에 대기압보다도 압력이 낮은 부분이 생기고 이 곳의 바람은 반대방향으로 분다.

충격파와 폭풍

핵폭발에 의한 대부분 시설물과 장비의 물리적인 피해는 핵폭발이 일으킨 충격파와 이에 동반하는 폭풍wind에서 비롯된다. 많은 구조물은 대기압(14.7psi)을 초과하는 과압[5]이 0.5psi 이상이면 피해를 입

---

4) Ya. B. Zel'odovich Yu. P. Raizer, *Physics of Shock Waves and High-Temperature Hydrodynamic Phenomena*, Volume II (Academic Press, 1966), pp.611-626.

5) 과압은 정압(static pressure)이 14.69595psi(pound force per square inch)를 초과하는 압력을 의미한다. 압력이 20psi면 과압은 5.3psi가 된다. 동압으로 명시하지 않으면 보통 압력은 정압을 지칭한다.

기 시작한다.[6] 여기서 *psi*는 평방인치당 1파운드의 힘(lb/in^2)을 의미한다.[7] 주어진 과압에 해당하는 폭심지ground zero로부터 거리는 폭발력 세기 Y(yield: kt단위)와 폭발고도(HOB: height of burst)에 의해 정해진다. 구조물의 각 면에 작용하는 압력에 차가 있으면 구조물에 작용하는 힘이 발생하고 이러한 힘이 구조물이 견딜 수 있는 한계를 넘으면 구조물은 파괴된다. 구조물에 대한 파괴 효과는 충격파의 최대 과압에 관계되지만, 때로는 동압dynamic pressure이 더 중요한 역할을 하는 경우도 있다. 충격파의 최대 과압이 70*psi*보다 크면 동반하는 바람의 최대 동압은 최대 과압보다 크고, 70*psi* 미만이면 동압은 과압보다 작다. 〈표 6-1〉은 해면고도에서 충격파의 최대 과압에 해당하는 바람의 속도 및 동압을 보여준다. 과압을 구조물 파괴의 기준으로 취해도 충격파로 인한 탄두 효과를 기술하는 데 큰 문제가 되지 않는다고 본다. 시설물이나 장비 또는 구조물이 파괴되는 최소 과압을 파괴강도hardness라 하고 압력의 단위는 *psi*를 그대로 사용하겠다.

시설이나 구조물은 설계와 사용한 자재에 따라 파괴되는 파괴강도가 달라진다. 시설과 구조물은 각자 고유의 파괴강도(파괴되는 최소 초과압력) H(*psi*)가 존재한다. 〈표 6-2〉에 인명에 대한 살상 초과압력과 시설 및 구조물의 파괴강도를 정리했다. 좀 더 자세한 내용을 원하는 독자는 글래스톤과 돌란의 『핵무기의 효과*The Effects of Nuclear Weapons*』[8]와 MIT의 글레이저Alexander Glaser의 요약을 참조하기 바란다.[9]

---

6) 과학기술 분야에서 SI(International System of Units)가 보편화된 지금도 과압에 관해서만은 아직도 파스칼pascal이 아닌 *psi*를 사용해왔다.

7) *psi*는 SI 단위는 아니지만, 역사적으로 관련 데이터의 대부분을 *psi* 단위로 기술하기 때문에 필자도 충격파나 '파괴강도' 등에는 *psi* 단위를 사용하겠다.

8) Samuel Glastone and Philip J. Dolan, *The Effects of Nuclear Weapons*, 3rd Edition (U.S.A. DoD. and ERDA, 1977), pp.154-230.

최대 과압 (psi)	최대 동압 (psi)	최대 바람 속도 (m/s)
200.0	330.0	929.0
150.0	222.0	794.0
100.0	123.0	633.0
72.0	74.0	522.0
50.0	41.0	418.0
30.0	17.0	299.0
20.0	8.1	224.4
10.0	2.2	131.4
5.0	0.6	72.8
2.0	0.1	31.3

표 6-1 최대 과압에 해당하는 최대 동압과 최대 바람속도(Table 3.07, Glasstone & Dolan)[10]

파괴강도: 초과 압력 H (psi)	물리적 효과
1	창유리 파손, 날아다니는 물체에 의한 경상
3	주거용 건물 파손, 중상 및 사망
5	대부분의 주거용 건물 붕괴, 중경상 및 사망 빈번
10	상업용 건물 붕괴, 대부분 사망
20	보강된 철근 콘크리트 건물 붕괴
100~500	핵무기 저장 벙커 파괴
100~1000	보강된 지휘 벙커 파괴
500~10,000	ICBM 사일로 파괴
1000~10,000	지하 깊은 곳의 지휘소 파괴

표 6-2 폭풍 또는 충격파의 초과압력이 일정 값을 넘으면 인마가 살상되고 시설 및 구조물이 파손되거나 붕괴된다. 표의 첫 열은 초과압력을 나타내고 두 번째 열은 이러한 압력이 미치는 물리적 영향을 열거했다(Alexander Glaser, "Effects of Nuclear Weapons.").[11]

---

9) Alexander Glaser, "Effects of Nuclear Weapons" : *The Effects of Nuclear Weapons*의 요약. http://www.princeton.edu/~aglaser/lecture2007_weaponeffects.pdf

10) Samuel Glastone and Philip J. Dolan, *The Effects of Nuclear Weapons*, 3rd Edition (U.S.A. DoD. and ERDA, 1977), p.81.

11) http://www.princeton.edu/~aglaser/lecture2007_weaponeffects.pdf

2. 살상면적과 사상자 수 추정

시설물이나 구조물을 파괴할 수 있는 최소 초과 압력을 구조물의 파괴강도라고 한다. 〈표 6-2〉는 유리창이 깨지는 낮은 압력부터 ICBM과 지하 깊숙이 배치된 지휘소를 파괴하는 데 필요한 압력 10,000*psi*까지 파괴강도를 건축물과 보강된 구조물의 종류별로 수록했다. 〈표 6-2〉에 의하면 과압이 1*psi* 이상이면 창유리가 깨지고 파손물에 의한 경상자가 생기며, 5*psi*에 이르면 대부분의 주거용 건물이 파괴되고, 과압이 10*psi*에 이르면 상업용 건물이 붕괴된다. 20*psi*가 되면 철근 콘크리트 건물도 붕괴되어 모든 지상 건물이 파괴된다. 그 이상의 과압에 견디도록 설계된 건물은 전쟁 시 지휘본부와 전략무기 저장소 또는 지하 ICBM 사일로 또는 지하 깊숙이 있는 전쟁지휘부 같은 군사시설밖에 없다.

낙진에 의한 피해는 오랜 시간에 걸쳐 나타나고, 폭발 후 바람 방향에 따라 피해 범위와 피해 정도가 결정되므로 낙진 효과를 군사적인 목적으로 상정하기에는 의외성이 너무 크다. 군사시설 목표에 대한 탄두 효과는 폭발 직후 목표의 기능이 살아 있느냐 없느냐에 따라 공격의 성패가 달려 있다. 방사선, 복사선 및 방사능과는 달리 블래스트파의 결과는 물리적이고, 효과는 즉각적이며, 피해 판정은 확실하다. 물론 주변 피해를 극소화하고 밀집된 기갑부대 무력화를 위해 개발한 중성자 탄두radiation enhanced warheads나 전자장비 무력화를 위한 EMP(electromagnetic pulse) 탄두는 목적 지향적으로 설계된 특수 탄두로 봐야 한다.

이에 반해 인명 피해는 충격파와 수반되는 폭풍뿐만 아니라 γ선 및 중성자(n) 같은 '즉발 방사선prompt radiation', 고온의 화구에서 방사되는 열복사선, 폭발 후 핵분열 생성물질과 유도된 방사선에 의해 오랫동안 지속되는 방사능 낙진에 의한 4가지 요인의 복합 효과로 나타난다. 블래스트파(충격파와 폭풍파)에 날아다니는 유리 파편이나 부서진 시설물의 잔해물에 맞거나 구조물에 매몰되는 등 사상자가 발생된다. 열복사선은 폭심지에서 일정 거리 안의 가연성 물질을 태워 노출된 사람에게 직접 화상을 입힌다.

넓은 영역이 동시에 불타는 경우 화재지역의 대기온도가 수백 도로 가열되고, 그 안에 있는 연소 가능한 모든 물질이 동시에 연소되면서 거대한 화염폭풍fire storm을 일으킨다. 화염폭풍은 강렬한 상승기류를 형성해 주변 공기를 화재지역으로 빨아들여 그나마 화재지역에서 생존한 사람도 밖으로 빠져나올 수 없게 하여 피해자 수가 급증한다. 위력이 Mt급(TNT 100만 톤과 동급의 폭발력) 탄두로 대도시 공격을 감행하면 열복사신에 의한 직간접 인적 피해는 블래스트 피해를 상회할 것으로 추정한다.

반면, 폭발력이 1kt 미만으로 작을 때에는 즉발 방사선 피해가 블래스트나 열복사선 피해를 상회한다. 장기적으로는 대도시 공격에서 지연 방사선에 의한 방사능 낙진 피해도 막대하다. 따라서 대도시 공격에서 민간 피해는 블래스트, 열복사선, 방사선, 방사능 등 네 가지를 종합적으로 고려한 기준이 필요하다. 그러나 〈표 6-2〉에는 사상자에 관한 기준보다는 시설 및 구조물에 대한 파괴 정도의 판단 기준이다.

1979년 미국 하원 소속 OTA(Office of Technology Assessment)는 종합적인 사상자 비율과 과압과의 관계를 명시한 데이터를 보고서로 발표했다.[12] 〈표 6-3〉은 OTA 보고서 내용을 인용했다. 〈표 6-3〉이 의미하는 바는 다음과 같다. 폭발력이 Y인 탄두가 폭발할 때 폭심지

12) Nuclear War Effects Project Staff, *The Effects of Nuclear War* (U.S. Government Printing Office, 1979), p.19, Fig.1. Printing Office, 1979), p.19, Fig.1.

과압 ΔP (psi)	사망자	중경상자	안전
$12 \leqq \Delta P < 10{,}000$	98 %	2 %	0 %
$5 \leqq \Delta P < 12$	50 %	40 %	10 %
$2 \leqq \Delta P < 5$	5 %	45 %	50 %
$1 \leqq \Delta P < 2$	0 %	25 %	75 %

표 6-3 과압 구간별 사망자와 중경상자 및 안전한 사람의 비율 추정

를 중심으로 과압이 $12psi$, $5psi$, $2psi$ 및 $1psi$가 되는 반경 $R_Y(12)$, $R_Y(5)$, $R_Y(2)$, $R_Y(1)$을 구할 수 있으면, 〈표 6-3〉의 첫 열에 해당하는 환상環狀, annular shape의 넓이를 구할 수 있다. 〈표 6-3〉을 그림으로 표시한 것이 〈그림 6-1〉이다. 동심원들의 공통 중심은 폭심지를 나타낸다.

$R_Y(H)$를 구할 수 있으면 환상구역의 면적을 구할 수 있고, 〈표 6-3〉을 이용하여 각 구역 내의 인구밀도를 알면 각 구역에서 몇 명이 사망하고 몇 명의 중경상자가 생길지 대략적인 수를 추정하는 것이 가능하다.

핵탄도탄의 목적은 멀리 떨어진 표적을 확실하게 파괴하는 데 있다. 공격받은 표적이 더 이상 원래 기능을 수행할 수 없을 때 우리는 "표적이 파괴되었다"라고 말한다. 표적의 파괴강도 H는 시설물이 파괴되는 최소 과압minimum overpressure을 평방인치당 파운드 단위 psi로 표시한 압력을 의미한다. 탄도탄의 표적은 대도시와 산업시설이 될 수도 있고, 강화된 지하 벙커 또는 극도로 강화된 슈퍼 사일로가 될 수도 있다. 핵미사일의 목표가 되는 시설물의 파괴강도 H와 탄두의 폭발력 Y(kt 단위)가 주어지면 R_Y라는 살상반경을 정의할 수 있다. 폭발력이 Ykt인 탄두의 폭심지에서 거리가 R_Y인 곳의 과

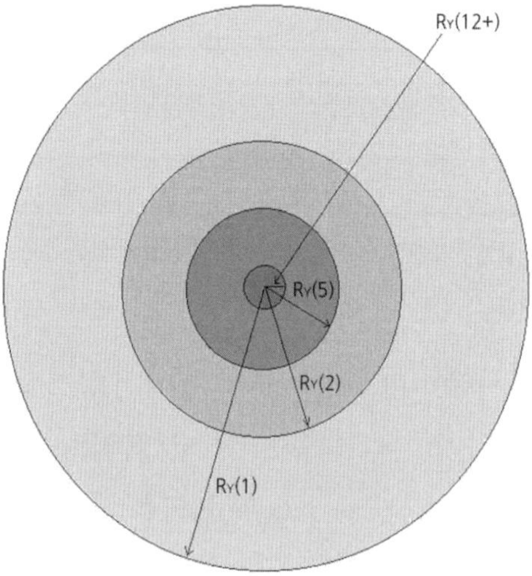

그림 6-1 폭심지를 동심원의 중심으로 할 때 과압이 12*psi*인 원의 반경 $R_Y(12)$, 5*psi*인 원의 반경 $R_Y(5)$, 2*psi*인 원의 반경 $R_Y(2)$ 및 1*psi*가 되는 원의 반경 $R_Y(1)$을 그렸다.

압이 H가 될 때 R_Y를 파괴강도가 H인 표적의 파괴반경(인명의 경우에는 살상반경)이라고 한다. 폭발력이 Y인 탄두가 폭발한 폭심지에서 R_Y 이내에 파괴강도가 H인 표적이 존재한다면, 그 표적은 파괴된 것으로 정의한다.

핵탄두의 크기를 직경이 40~70cm 내외라고 가정하면, 핵폭발은 거의 점폭발point explosion로 다루어도 무리가 없다. 이러한 경우 여러 가지 물리량에 대한 축척법칙scaling law이 존재하고 그중 하나가 다음과 같다.

$$R_Y(H) = R_1(H)\,Y^{1/3} \qquad (6\text{-}1)$$

여기서 Y는 kt 단위로 표시한 폭발력이고, R_Y와 R_1은 각각 폭발력 Y(kt)와 1kt 탄두가 폭발할 때 폭심지에서부터 과압이 H가 되는 점까지 미터m 단위로 잰 거리다.[13] 인명에 대해서는 R_Y를 살상반경이라 하고 건물이나 시설 또는 견고표적에 대해서는 파괴반경이라 한다. 1kt에 대한 파괴반경 $R_1(H)$는 글래스톤과 돌란의 저서 『핵무기의 효과』의 그래프에서 읽을 수 있다.[14][15]

글래스톤과 돌란의 데이터[16]를 이용하여 1kt 위력의 탄두가 최적 고도에서 폭발할 때 폭심지에서 거리 R_1과 초과 압력 $H(psi)$를 〈표 6-3〉의 내용을 함께 그린 것이 〈그림 6-2〉이다. R_1은 우리가 얻고자 한 폭발력 1kt 탄두의 살상반경(또는 파괴반경)을 의미한다. 임의 폭발력 Y(kt)에 대한 살상반경은 식 (6-1)을 사용하여 얻을 수 있다. 〈그림 6-2〉에서 과압이 $1psi$ 이상 $2psi$ 미만, $2psi$ 이상 $5psi$ 미만, $5psi$ 이상 $12psi$ 미만, $12psi$ 이상인 지역의 면적을 구할 수 있다.

각 과압 구간에 해당하는 지역의 인구밀도 분포를 알면 〈그림 6-2〉와 〈표 6-3〉을 사용해 임의 폭발력 Y(kt)를 가진 탄두 폭발에서 대략적인 사상자 수를 예측할 수 있다. 유사한 방법으로 ICBM 사일로나 지하 깊숙이 있는 지휘부와 같이 파괴강도가 매우 높은 구조물의 파괴반경 $R_Y(H)$도 글래스톤과 돌란의 $R_1(H)$ 데이터를 이용하여 구할 수 있다.

---

13) 핵폭발력은 같은 폭발력을 낼 수 있는 TNT 무게로 표시하는 것이 관례로 되어 있다. 1kt는 TNT 1000톤에 해당하는 폭발력을 가진다는 의미이고, 1Mt은 TNT 1백만 톤이 폭발하는 폭발력을 의미한다.

14) Samuel Glasstone and Philip J. Dolan, *The Effects of Nuclear Weapons*, 3rd Edition (U.S.A. DoD. and ERDA, 1977), pp.110–115.

15) 폭발은 최적 고도optimum height of burst에서 폭발하는 것으로 가정했다.

16) Samuel Glastone and Philip J. Dolan, *The Effects of Nuclear Weapons*, 3rd Edition (U.S.A. DoD. and ERDA, 1977), pp.108–126.

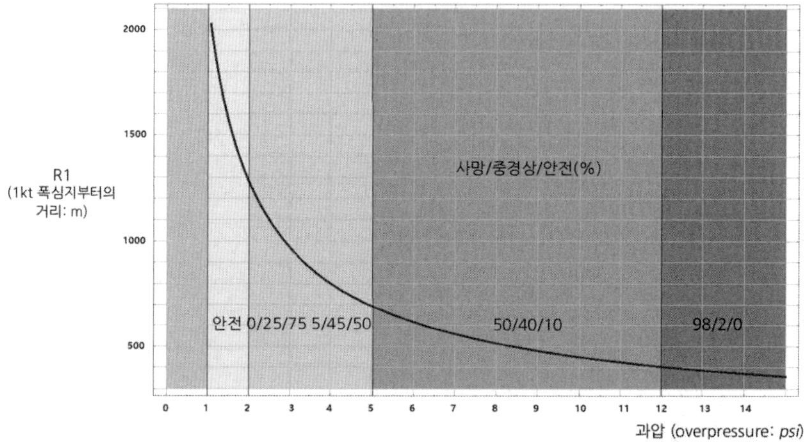

그림 6-2 최적 고도에서 폭발한 것으로 가정한 1kt 폭발 시 초과 압력 대 살상반경 그림에 〈표 6-3〉의 사상자 정보를 겹쳐 나타냈다.

제2장에서는 탄도탄 사일로, 견고요새 같은 시설물을 무력화하는 확률을 소개하도록 하겠다.

제 2 장

표적 파괴확률

1. 단발 파괴확률

우리는 지금까지 폭발력 Y(kt)를 가진 탄두가 폭발할 때 폭심지로부터 거리 $R_Y(H)$ 내의 파괴강도가 H인 표적이 파괴된다고 가정하고 $R_Y(H)$를 H와 Y의 함수로 표시했다. 지금부터는 ICBM 1기를 발사해 파괴반경이 $R_Y(H)$인 표적을 파괴할 수 있는 '단발 파괴확률(SSKP: single shot kill probability)' P_K를 구해보겠다. $R_Y(H)$와 H 및 Y의 관계는 탄두 운반수단과는 무관한 탄두 폭발력과 표적의 강도에만 관련한 데 비해 SSKP는 탄도탄의 정확도를 나타내는 CEP와 탄두와 표적의 상호작용을 나타내는 $R_Y(H)$와 CEP 간의 관계이다.

표적과 탄두 간의 상호작용을 수식으로 표현하기 위해 '손상함수damage function' $D(x,y)$를 다음과 같이 정의하자. $D(x,y)$는 표적과 탄두 사이의 상대거리가 $r(=\sqrt{x^2+y^2})$일 때 표적이 파괴될 확률이다.

파괴확률 P_K는 $D(r)$을 탄도탄의 '빗맞은 거리miss distance'에 대해 평균을 취함으로써 얻을 수 있다. $f(x,y)$를 표적에 대한 탄착점weapon impact point의 분포함수, 즉 '탄착점 오차분포'를 나타내는 함수라 하자. SSKP P_K는 다음과 같이 표현할 수 있다.17)

$$P_K = \iint D(x,y) f(x,y) dx dy, \qquad (6\text{-}2)$$

여기서 적분은 전체 x, y 평면에 대한 것이다. 우리는 여기서 개념적으로 가장 간단한 경우로 파괴반경 R이 고정된 경우를 생각해보기로 하겠다.

$$D(r) = \begin{cases} 1; & r \leqq R \\ 0; & r > R \end{cases} \qquad (6\text{-}3)$$

이 경우 $r \leqq R$이면 $D(r) = 1$이고, $r > R$이면 $D(r) = 0$으로 놓을 수 있다.18) 만약 탄착점 오차가 '원형정규circular normal' 분포이고 표적을 영점으로 잡으면 2차원 탄착점 분포함수 $f(x,y)$는 다음과 같이 잡을 수 있다.

$$f(x,y) = \frac{1}{2\pi\sigma^2} e^{-\frac{r^2}{2\sigma^2}}, \quad r = \sqrt{x^2 + y^2}.$$

이 경우 P_K는

17) J. S. Przemieniecki, *Mathematical Methods in Defense Analysis*, 3rd Edition (AIAA, 2000), pp.34-38.

18) 이러한 함수를 'cookie-cutter function'이라고 한다.

$$P_K = 2\pi \int_0^R r f(r)\, dr$$
$$= 1 - e^{-R^2/2\sigma^2}. \qquad (6\text{-}4)$$

원형정규분포인 경우 CEP(circle of error probable)는 σ로 다음과 같이 표시할 수 있다.

$$CEP = \sigma \sqrt{2\ln 2} \qquad (6\text{-}5)$$

SSKP를 나타내는 식은 CEP를 이용해 다음과 같이 잘 알려진 공식으로 다시 쓸 수 있다.

$$P_K = 1 - \left(\frac{1}{2}\right)^{\frac{R^2}{CEP^2}}. \qquad (6\text{-}6)$$

CEP는 탄착점의 50%는 표적을 중심으로 그린 원 안에 있고 50%는 밖에 분포하는 원의 반경이다. 식 (6-6)에 의하면 R=CEP이면 파괴반경이 R인 표적이 파괴될 확률이 50%라는 의미이기도 하다.

2. 다발 파괴확률

지금까지 하나의 표적에 한 발의 탄도탄을 발사해서 표적을 파괴할 수 있는 확률 P_K를 어떻게 구하는지를 알아보았다. 다음에는 CEP가 서로 다른 N기의 탄도탄을 한 표적을 겨냥해 발사할 경우 그 표적의 파괴확률을 구해보자. 이러한 파괴 확률을 '다발 파괴확률

(MSKP: multiple shot kill probability)'이라고 한다. Q_i를 i번째 탄도탄이 표적 파괴에 실패할 확률 $1-P_{Ki}$라 하자. N기의 탄도탄 발사는 서로 독립적인 사상이라 가정할 수 있다. 따라서 N기의 탄도탄을 발사해서 지정된 표적을 파괴할 수 있는 확률은 1에서 N기의 미사일 전체가 실패할 확률을 빼줌으로써 얻을 수 있다.[19]

$$
\begin{aligned}
P_K &= 1 - Q_1 Q_2 \cdot \cdot \cdot Q_N \\
&= 1 - \left(\frac{1}{2}\right)^X, \qquad (6\text{-}7) \\
X &= \Sigma_{i=1}^{N} R_i^2 / CEP_i^2.
\end{aligned}
$$

만약 초과 압력이나 폭발 구덩이 크기와 같이 '스케일 법칙'이 파괴반경을 결정하는 경우라면, 식 (6-1)의 도움을 받아 R_i를 Y_i로 표시할 수 있고 X는 다음과 같이 다시 쓸 수 있다.

$$X = R_1^2 \cdot [\Sigma_{i=1}^{N} Y_i^{2/3} / CEP_i^2] \qquad (6\text{-}8)$$

여기서 R_1만이 강도 H를 통해 표적에 관련되고, 식 (6-8)의 나머지 인자들은 탄두의 위력과 탄도탄 정확도에만 관계되는 양이다. 대괄호 안의 양은 표적에 무관한 N개로 구성된 탄도탄 그룹의 전체 효용성을 정의한다고 볼 수 있다. 만약 N개의 탄도탄이 모두 같은 종류이고 같은 탄두를 탑재한다면 X는 더욱 간단한 수식으로 표현될 수 있다. $CEP_i = CEP$와 $Y_i = Y$이라 놓으면 식 (6-8)은 다음과 같이 간단히 표현할 수 있다.

19) ibid., pp.32-34.

$$X = N \frac{R_Y^2}{CEP^2} \quad . \qquad (6\text{-}9)$$

식 (6-6)과 (6-9)에서 드러나듯이 P_K에 관한 한 CEP를 반으로 줄이는 것은 탄두 수를 4배 늘리는 것과 대등하다. 탄두 폭발력을 늘려서 같은 효과를 얻으려면 폭발력 Y를 8배 높여야 한다.

탄도탄이 같은 CEP를 가진다면 위력이 Y인 탄두 N개를 사용하는 대신 위력이 NY인 대형 탄두 1기를 사용할 경우

$$X = R_1^2 \cdot N^{2/3} \frac{Y^{2/3}}{CEP^2} \qquad (6\text{-}10)$$

이 되어 N개의 탄두를 사용할 때보다 X 값이 $N^{1/3}$배만큼 작아진다. 이 경우는 N개의 탄두를 사용하든 단일탄두를 사용하든 모두 단일 표적을 공격할 때를 가정했지만, CEP가 충분히 작아서 N개 중에 하나의 탄두만 사용해도 표적을 파괴할 수 있다면 나머지 탄두들은 다른 표적들을 겨냥하는 데 효과적으로 사용할 수 있다. 따라서 이미 우리가 잘 알고 있는 바와 같이 단일탄두의 위력을 늘리기보다는 MIRV를 채택하는 것이 유리하고, 그보다 더 효과적인 '대핵전력공격counterforce attack' 능력은 CEP를 줄임으로써 가능해진다.

미국과 러시아가 보유한 전체 핵전력을 비교하든가, 아니면 어느 특정 부대의 핵전력을 비교하려면 '대군사 핵능력(CMP: counter military potential)'이라는 물리량을 정의하면 편리하다.

$$CMP = \Sigma_{i=1}^{N} Y_i^{2/3} / CEP_i^2 \qquad (6\text{-}11)$$

CMP는 핵전력을 비교하기 위해 사용하는 몇 가지 파라미터 중의 하나다. 위력은 kt로, CEP는 m로 잰다. CMP는 여러 가지 종류로 구성된 핵전력의 전체 효과를 표적의 특성과 무관하게 따져볼 수 있게 하는 물리량으로 CEP에 아주 민감하다. 구소련은 Y 값이 큰 탄두들을 많이 비축한 반면, 미국은 Y 값은 비교적 작지만 CEP가 구소련 것보다 훨씬 작기 때문에 CMP 전력상으로는 미국이 오히려 구소련보다 훨씬 강력했다는 결론을 내릴 수 있었다. 그러나 1980년대에 들어와서는 구소련 탄도탄의 CEP가 급격히 향상되고 탄두 수도 증가하여 미·소의 CMP 전력은 평형 또는 구소련의 우위로 돌아섰음을 알 수 있다. 핵전력을 비교하는 또 다른 파라미터로는 '등가 메가톤EMT: equivalent megatons' 개념이 있다.

$$EMT = \Sigma_{i=1}^{N} Y_i^{2/3} \quad . \tag{6-12}$$

R_i^2은 $Y_i^{2/3}$에 비례하므로 EMT는 결과적으로 전체 탄두의 '파괴면적lethal area'을 효과적으로 정의하는 양으로 볼 수 있다.

지금까지는 모든 탄도탄을 성공적으로 발사했고, 일단 발사된 탄도탄의 반은 표적 중심으로부터 CEP 반경 내에 도달하고, 도달된 탄두는 반드시 설계대로 폭발한다고 가정했다. 그러나 실제 상황은 이렇게 이상적으로 전개되지는 않을 것이다. 일반적으로 탄도탄이 표적을 파괴할 확률은 탄도탄이 발사되어 표적 상공에 도달할 확률과 예정대로 폭발하여 표적을 파괴할 확률의 곱으로 나타낼 수 있다. 후자는 우리가 이미 자세히 논의한 P_K이고, 전자는 탄도탄이 표적에 도달할 확률 P_M과 탄두가 예정된 고도에서 예정된 폭발력으로 폭발할 확률 P_{Det}의 곱으로 표시할 수 있다. P_M은 다시 탄도탄이 발사에 성공할 확률, 표적까지 비행을 성공적으로 마칠 확률 및 대탄도탄 요격에서 살아남을 확률의 곱으로 나타낼 수 있다.

$$P_{SSKP} = P_M \cdot P_{Det} \cdot P_K \ .$$
$$P_M = P_{Launch} \cdot P_{Flight} \cdot P_{Penetration} \qquad (6\text{-}13)$$

P_{Launch}는 제때에 성공적인 발사를 할 수 있는 확률로 평소의 미사일의 정비상태, 로켓연료 종류, 탄도탄 발사요원들의 평소 훈련 정도, 탄도탄의 완성도, 평소 경계 수준 및 적의 선제공격이나 사보타주에 대한 대비 정도에 따라 결정된다. P_{Flight}는 부스트 단계에서는 단 분리, 유도조종, 연소종료 등 여러 과정이 차질 없이 진행될 확률을 나타내며, 장기간에 걸친 비행시험을 통한 부품과 시스템의 결함을 제거함으로써 값을 끌어올릴 수 있다. 부스트 단계가 끝나면 PBV(post boost vehicle)에 의한 위치 보정과 RV(reentry vehicle) 분리가 뒤따른다. 이 과정이 끝나면 15~25분간 진공 중에서 자유낙하비행이 있고 그 후에 대기권으로 재돌입하는 단계가 있다. 이 모든 과정에서 전기적, 기계적으로 모든 부품과 소프트웨어들이 완벽하게 작동할 확률이 바로 P_{Flight}이다. 한편, $P_{Penetration}$은 부스트 단계에서 종말단계terminal phase에 이르는 전 과정에서 상대방이 배치했을 수도 있는 갖가지 탄도탄 방어망을 온전하게 돌파할 수 있는 확률이다. 따라서 탄도탄의 신뢰도 P_M은 이 세 가지 확률의 곱으로 주어진다. 이렇게 해서 표적에 당도한 탄두가 의도했던 대로 작동할 확률이 P_{Det}이다. P_{Det}는 탄두의 적법한 사용을 인가하는 'PAL(permissive action link)'과 신관 및 핵장치의 신뢰도로 결정된다.

초창기 ICBM의 P_M은 여러 가지 요인에 의해 아주 낮았던 것으로 알려졌다. 100% 관성유도full inertial guidance를 사용하기에는 기술적으로 준비가 안 되었던 탓에 미국이나 구소련은 관성유도를 레이더 또는 전파지령 유도로 보완할 수밖에 없었다. 따라서 여러 개의 탄도탄과 공통 유도 레이더와 발사통제센터를 모두 한곳에 배치했다. 더불어 액체연료 취급시설, 저장시설 및 펌프시설 등이 한꺼번에 배치되어 전략적으로 아주 취약한 시설물이 되었다. 탄도탄의 보관을 지상에 하든 지하 사일로에 하든지에 상관없이 발사하려면 모두 지상으로 나와야 했고, 액체연료를 주입하고 발사준비를 하는 데 걸리는 시간이 너무 길어 선제공격이나 사보타주를 당할 위험도 아주 높았기 때문에 P_M이 아주 낮았을 것으로 판단된다. 단 한 발의 핵폭탄으로 여러 발의 탄도탄과 시설들이 한꺼번에 파괴될 수 있었다. 더구나 당시에는 기계적, 전기적 결함이 많아 발사 후에 탄도탄이 궤도를 이탈하거나 폭발되는 일이 잦았다. 미국의 아틀라스나 타이탄-I도 취약했지만, 구소련의 R-7 계열의 ICBM 역시 신뢰도가 낮았다. 비록 4기의 발사대가 플레세츠크Plesetsk에 설치되어 뉴욕, 워싱턴 D.C., 로스앤젤레스 및 시카고를 표적으로 삼았지만, 그 유효성은 의문스러웠다. 그러나 미국과 구소련/러시아는 그 후 60여 년에 걸쳐 꾸준히 노력한 결과, 지금은 ICBM 설계 및 제작기술이 원숙한 단계에 도달했고, 배치 운용방법과 ABM 대응수단countermeasure 기술도 완벽해져 P_M 값은 0.9를 상회할 것으로 판단한다.

초기에는 탄도탄의 정확도를 나타내는 CEP가 10,000km 사거리를 기준으로 할 때 2~5km 내외였다. 5Mt 탄두를 탑재할 경우 파괴반경은 초과 압력 12psi에 대해서 6.84km, 초과 압력 5psi에 대해서는 12.19km였다. 따라서 샙우드Sapwood R-7은 도시와 같은 연표적에 대해서는 효과적이었지만 H>100psi급 군사용 견고표적에는 효과가 별로 없었다. 미국의 미니트맨-III나 러시아의 R-36M2(SS-18Mod 5,6) ICBM은 모두 H가 2000psi 이상의 견고한 사일로에 배치되어 있다. 현재 미국의 유일한 SLBM인 트라이던트-II D5에 탑재한 MIRV의 CEP는 90m 정도로 추정되므로 어떠한 지상의 목표나 지표 가까이 묻혀 있는 '슈퍼 사일로super silo'와 같은 초강도 견고표적도 파괴할 수 있다.

트라이던트-II D5로 R-36M2 사일로를 공격하는 경우를 가상해보자. D5의 CEP는 90m이고 W-88 탄두의 폭발력은 475kt로 가정하자.[20] H=2000 psi 표적의 R_1은 36.8m이므로 R_Y는 287m로 예상된다. 따라서 P_K =0.999이므로, D5의 W-88 1기로 2000psi급 사일로를 파괴할 확률은

$$P_{SSKP}(2000\ \text{psi}) = 0.999 \cdot P_M \cdot P_{Det}$$

가 되고, P_M과 P_{Det}가 각각 0.9 이상이라고 가정하면 1기의 RV로 슈퍼 사일로를 파괴할 수 있는 확률은 0.8 이상이라고 볼 수 있다. 그러나 미국(아마 러시아도 비슷한 운용개념을 가졌다고 본다)의 대핵전력counterforce 운용개념은 '교차사격cross targeting'이다. 교차사격이란 두 기의 탄도탄에서 분리된 2개의 RV가 동일한 표적을 공격하는 전법이다. 2개의 W-88로 공격하는 경우 파괴확률은 다음과 같이 구할 수 있다.

$$P_{K-CT}(2000\,psi) = 1-(1-P_K(2000\,psi))^2 > 0.96$$

20) D5 SLBM에는 폭발력이 475kt인 W-88과 100kt인 W76/76-1 등 3가지 탄두가 탑재되었다.

따라서 트라이던트 D5나 피스키퍼의 단 한 번의 교차사격으로 러시아의 M-36M2 사일로가 무력화될 수 있다.

한편, 러시아의 미래 ICBM 전력의 근간이 될 것으로 예상되는 토폴-M, 야르와 M-36M2로 미니트맨-III 사일로를 공격하는 경우를 생각해보자. 먼저 토폴-M의 경우 Y=550kt이고 CEP=250m 정도로 추정하고 있다. 이 경우 $R_Y(2000\,psi)$=300m이고 $P_K(2000\,psi)$=0.63이며 P_M을 0.8로 가정하면 최종 SSKP는 약 0.51이 된다. 0.96 이상의 확률로 미국의 사일로를 파괴하려면 대략 5발의 탄두가 필요하다. 반면 R-36M2(SS-18 Mod 6)인 경우는 CEP=250m, Y=20Mt로 보고되고 있다.[21] 따라서 $R_Y(2000\,psi)$는 1000m나 되고, $P_K(2000\,psi)$는 1이 된다. 사실 이 경우 $P_K(2000\,psi)$는 별로 의미가 없는 양이다. 지표 폭발 시 건조한 바위에 대한 폭발 구덩이의 반경이 400m가 넘기 때문에 어떠한 '슈퍼 사일로'라 해도 공격받은 후에는 큰 구멍 외에는 아무것도 남는 것이 없을 것이다. 그러나 이 경우에도 P_M이 0.8~0.9로 예측되기 때문에 전체 효과로는 트라이던트 D5와 대동소이하다고 판단한다.

---

21) R-36M2에는 20Mt급 단일탄두를 탑재하거나 750kt급 MIRV 10기를 탑재하는 두 가지 버전이 있다.

7부

현대식 탄도탄의 전략적 의미

제 1 장

현대식 탄도탄의 특성과 역할

1. 짧은 반응시간

속력, 사거리 및 정확도는 현대식 탄도탄의 대표적인 특징이다. 〈표 7-1〉은 탄도탄을 MET로 발사할 때 최대사거리, 연소종료 순간 국지수평면에 대한 각도와 고도, 자유낙하 비행시간 및 속력을 표시하고 있다. 〈표 7-1〉은 발사지점과 표적지점을 연결하는 MET를 미리 설정하고, 적절한 연소종료 고도에서 설정된 MET로 진입한다는 가정 후에 계산한 어림값이다.

최소에너지탄도 MET는 주어진 사거리를 가장 작은 v_{co}로 비행하는 탄도를 말하며, 우리가 일상생활에서 경험하는 45°로 던진 공이 가장 멀리 날아가는 현상을 둥근 지구로 확장한 경우로 보면 된다. 주어진 탄도탄으로 가장 멀리 갈 수 있는 탄도가 MET다. 지구는 무한히 편평하고 공기가 없으며 중력이 항상 일정한 세기로 밑으로 당기면 던진 공이나 포탄은 포물선을 따라 움직이며, 손을 떠난 공이나 포탄의 포구 속력이 일정하더라도 수평면에 대한 속도방향(비행경로각)에 따라 땅에 떨어진 거리(사거리)는 큰 차이를 보인다. 그러나 정해진 속력으로 가장 멀리 던질 수 있는 각도는 수평면에 대해 45°일 때다.

탄도탄	최대 사거리 (k/m)	연소종료 고도 h_{bo} (km)	자유낙하 시간 (분)	최대고도 $h_{\max}$ (km)	연소종료 비행경로각 (°)	연소종료 속력 (km/s)
SRBM	1000	100	6.979	239.938	37.2233	2.74686
MRBM	3000	120	14.217	655.21	35.7654	4.62114
IRBM	5500	150	21.134	1040.52	31.0356	5.83354
ICBM	10000	180	31.054	1319.48	21.6022	6.95516
	11000	200	32.676	1305.82	19.3726	7.08689
	12000	210	34.145	1264.51	17.1909	7.20769
	13000	220	35.366	1195.81	15.0003	7.30733

표 7-1 최대사거리 탄도의 특성. SRBM, MRBM, IRBM 및 ICBM이 가져야 할 연소종료 속력, 최대고도, 자유낙하 비행시간 등의 추정치를 나타냈다. 자유낙하 시간 더하기 연소시간이 총 비행시간이 된다.

지구 반경 6371km에 비해 사거리가 아주 작은 경우에는 지구는 국소적으로 편평하다고 가정할 수 있다. 따라서 사거리가 수십km 미만인 경우에는 지구는 편평하고 탄도는 포물선으로 근사할 수 있으며 포신이 수평선에 대해 각도가 45°일 때 포탄의 궤도는 MET가 된다.[1)] 이와 같은 MET 개념은 사거리가 지구 반경에 비견되는 대륙간탄도탄에도 존재한다. 다만, 편평 지구 모델에서는 초기 속도의

1) 공기마찰 때문에 이 경우에도 실제 최대 사거리각은 45°에서 조금 벗어난다.

각도가 수평면에 대해 항상 값이 45°이지만, 실제 지구에서 MET의 연소종료 속도가 국지수평면과 만드는 각 γ_{co}는 고정된 값이 아니라 사거리와 연소종료 고도의 함수로 근사적으로 $\gamma_{co} \approx (\pi - \phi)/4$로 표시할 수 있다. 여기서 $\phi = s/r_E$로 정의된 '사거리각'이고 s와 r_E는 각각 사거리(궤도를 지표면에 투영한 지적선의 길이)와 평균 지구 반경 6371.0km를 나타낸다. 〈표 7-1〉에 제시한 값은 식 (2-35) 및 (3-13)에서 $r_T = r_E$, $r_{co} = r_E + h_{co}$로 놓고 개략적으로 푼 값이다.[2)]

〈표 7-1〉에서 보듯이 사거리가 1000km 미만인 SRBM이라도 연소종료 속력은 음속의 8.4배인 2.85km/s나 되고, 1,000km를 비행하는 시간 8분밖에 걸리지 않는다. ICBM인 경우 연소종료 속력은 훨씬 빨라 7.0km/s와 7.3km/s 사이 값을 갖는다. ICBM이 10,000km를 비행하는 데 소요되는 시간은 32.9분이고, 13,000km를 비행하는 데는 38.2분이 소요된다. 실제로는 이보다 시간이 조금 더 걸린다. 3단 고체로켓으로 추진되는 ICBM은 연소시간이 보통 3분 정도 걸리지만, 2단 액체로켓으로 추진되는 탄도탄의 대략적인 연소시간은 4~5분으로 추정된다.[3)] ICBM이 연소가 종료될 때 고도는 180km에서 350km 사이가 되며 표적방향으로 움직인 거리는 300~500km 정도일 것으로 본다. 즉, 로켓에 의한 가속운동을 하는 동안의 평균속력은 연소종료 속력보다 훨씬 작고, 자유낙하 구간은 실제 사거리에서 300~500km를 뺀 거리이며, 총 비행시간은 〈표 7-1〉에 준 연소종료 후 자유낙하 시간에 연소시간 2~5분을 더한 시간이 된다.

SRBM, MRBM, IRBM 및 ICBM을 사용하면 이론상으로는 지구

---

2) 좀 더 정확한 근사적인 모의계산을 위해서는 3부와 4부에서 개발한 수식을 사용해야 한다.

3) 구소련의 토폴-M에 기반을 둔 고체로켓의 동력 비행시간은 훨씬 짧아 2분 남짓한 것으로 알려져 있다.

상의 대부분 주요 표적을 5분에서 40분 안에 가격할 수 있다. 현재의 기술로 톤 단위 페이로드를 40분 안에 13,000km까지 운반할 수 있는 방법은 탄도탄밖에 없다. 빛 속도로 파괴력을 전달하는 '레이저 무기laser beam weapon'가 있지만, 아직까지는 에너지가 미약하고 가시선line of sight 내에 있는 표적에만 사용할 수 있으므로 지평선 아래에 있는 표적은 원리적으로 가격할 수가 없다.4) 탄도탄의 자유낙하 구간의 속력은 아음속 순항미사일이나 B-52H 같은 전략폭격기에 비해 20배 이상 빠르고, 초음속 폭격기에 비해도 10배 이상 빠르다. 그러나 발사되고 난 후 표적까지의 비행시간이 짧다고 발사명령 수령 후 표적 파괴까지의 시간이 짧은 것은 아니다. 초창기 ICBM은 연료 및 산화제 주유와 자이로gyroscope 정렬에 많은 시간이 소요되었다. 우리가 '반응시간reaction time'이라고 하는 시간은 공격명령을 접수한 후 명령의 진위를 파악하고, 탄도탄이 이륙할 때까지 소요되는 준비시간과 비행시간을 합친 시간을 말한다. 액체산소를 산화제로 사용했던 제1세대 ICBM의 비행시간은 현대식 ICBM과 마찬가지로 30~40분이었지만, 준비시간이 너무 길었던 탓에 상대방의 선제공격에 아주 취약했다. 구소련의 첫 번째 ICBM R-7은 발사 준비시간이 거의 24시간이었다고 한다.5) 그러나 제2세대 미사일은 저장 가능한 액체추진제 로켓을 사용하거나 고체로켓을 사용함으로써 발사 준비시간이 자이로 정렬시간과 거의 같게 되었다. 반응시간을 단축하려면 수 년 동안 연속적으로 작동할 수 있는 자이로를 사용하거나, 아니면 정렬시간을 수 분대로 줄일 수 있는 자이로를 사용해야 한다.

사일로에 배치된 현대식 탄도탄은 발사명령 접수 후 수 분 안으로 발사할 수 있고, 사거리에 따라 다르기는 하지만 탄도탄은 최대

4) 위성에 탑재된 레이저 무기는 광범위한 영역을 조준할 수 있다.

5) Steven J. Zaloga, *The Kremlin's Nuclear Sword* (Smithsonian Institution Press, 2002), p.50.

40분 안에 13,000km 밖의 표적까지 페이로드를 운반할 수 있다. 물론, 표적을 무력화시킬 수 있느냐 없느냐 하는 문제는 사거리와는 별도로 탄도탄의 페이로드와 정확도에 달려 있다.

2. 탑재질량 대 이륙질량

1부 제2장에서 탑재질량과 이륙질량은 비례관계에 있음을 정성적인 방법으로 살펴보았다. 탑재질량과 이륙질량 간의 정량적인 관계는 식 (7-1)에 의해 결정된다.[6] Δv_{cap}는 로켓 단 수와 각 단의 연소가스 배출속도(또는 I_{sp_k}) v_{ek}와 비활성 질량 m_{sk} 대 단의 총질량 m_k의 비 $\epsilon_k(=m_{sk}/m_k)$ 및 각 단의 연소시점과 종료시점의 탄도탄 질량비 $\omega_k(=M_{k+1}/M_k)$로 정해진다.

$$\Delta v_{cap} = -\sum_{k=1}^{N} v_{ek} \ln\left[(1-\epsilon_k)\omega_k + \epsilon_k\right] \tag{7-1}$$

$$M_k = m_k + M_{k+1}$$

$$M_{N+1} = m_L$$

여기서 m_L은 탑재질량이고, $M_0(=\sum_{k=1}^{N} m_k)$는 탑재질량을 제외한 로켓의 총질량, $M_1(=m_L+M_0)$은 탄도탄의 이륙질량이다. ϵ_k는 각 단의 비활성 질량과 추진제 질량의 비에 의해 결정되며 사용한 소재와 가공기술 및 설계능력에 좌우된다. 배출속도 v_{ek}는 추진제, 연소실

6) 정규수, 『로켓 과학 I: 로켓 추진체와 관성유도』(지성사, 2015), pp. 208-222; 식의 유도와 시스템 최적화에 흥미 있는 독자는 참조하기 바란다.

압력, 노즐 확장비 등에 관련된 양이다. ω_k는 탄도탄이 몇 단 로켓으로 추진되는지, Δv_{cap}이 최적화가 되도록 설계되었는지, 비활성 물질은 얼마나 사용했는지 등에 관련된 양이다.[7]

설계기술과 소재가 발전함에 따라 탑재질량이 같은 탄도탄의 이륙질량이 감소했을 것은 확실하다. 각 나라가 보유한 ICBM급 사거리(~10,000km)인 탄도탄의 설계 데이터를 알 수는 없지만, 제1세대 ICBM부터 지금까지 개발된 탄도탄의 탑재질량 대 이륙질량 비의 변화를 살펴보면 탄도탄 개발에 숨은 설계기술과 소재 및 가공기술의 발전상을 엿볼 수 있다.

〈그림 7-1〉은 미국이 개발한 고체로켓 ICBM 7종의 탑재질량과 이륙질량의 비(TW/LW)를 이륙질량에 대한 % 단위로 그렸다. 1962년도부터 배치된 제1세대 고체로켓 탄도탄인 미니트맨-I의 TW/LW는 1.4%로 낮았지만, 1965년에 배치된 2세대 미니트맨-II에서는 더 강력한 2단 로켓을 사용함으로써 TW/LW는 2.4%로 증가한 것을 알 수 있다. 1970년도에 배치되기 시작한 3세대 미니트맨-III은 MM-II의 3단을 바꾼 것으로 TW/LW는 3.3%로 증가했다. 10여 년에 걸쳐 미니트맨 시리즈의 TW/LW는 2.3배 이상 증가한 것을 볼 수 있다.

1979년에 등장한 트라이던트-I의 TW/LW는 4.85%로 도약했고, 1990년에 취역한 트라이던트-II에서는 4.95%로 증가했다. 1991년 시험비행에 성공했지만, 미·소가 화해 분위기로 접어들면서 배치계획이 백지화된 미지트맨(MGM-134A, Midgetman)의 TW/LW는 3.30%로 줄어들었다. 하지만 이륙질량이 13.6톤, 탑재질량이 0.45톤, 사거리가 11,000km에 CEP가 90m임을 감안하면 미지트맨은 경이적인 미사일이라 할 수 있다. 이것은 이륙질량이 29.6톤인 미니트맨-I보다도 탑

7) ibid.

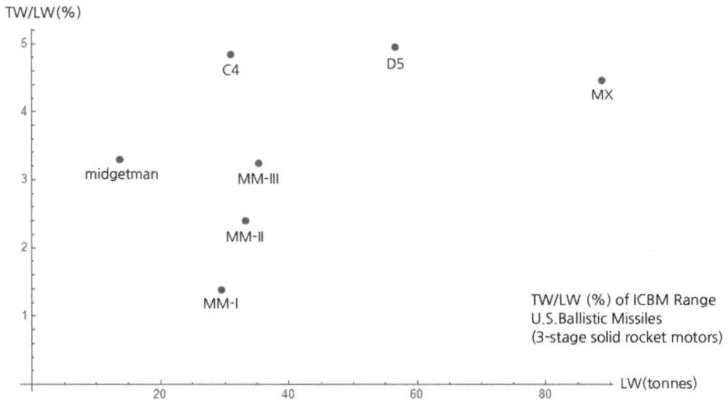

그림 7-1 미국이 개발했거나 배치했던 고체로켓 ICBM의 TW/LW를 LW에 대해 % 단위로 나타냈다.

재질량이 10% 이상 무겁다. 이륙질량은 1968년 작전 배치된 사거리가 2400km인 구소련의 SLBM R-27의 14.2톤보다 가볍다.

〈그림 7-2〉는 구소련/러시아가 개발했거나 배치한 주요 3단 고체로켓추진 ICBM의 TW/LW를 보여준다. RT-2는 OKB-1(Experimental Design Bureau)의 코롤레프S. P. Korolev가 미국의 미니트맨에 대응하기 위해 야심적으로 개발한 3단 고체로켓 추진 ICBM이었으나 고체 추진제의 수명이 짧고 탑재질량이 작아(600kg) 양산경쟁에서 UR-100에 밀려 60기 생산에 그쳤다. RT-2의 TW/LW는 미니트맨-I과 같은 1.18%로 2단 액체로켓 R-7A의 1.09%와 동일하다. 그 후 미국의 미니트맨 시리즈와 거의 대등한 성능을 가진 육지 이동식 3단 고체로켓 ICBM의 TW/LW 값은 토폴이 2.22%, 토폴-M 2.54% 및 야르 2.44%로 2.5%대에 머물러 있다. 미니트맨-III의 TW/LW가 3.25%인데 비해 토폴-M이나 야르의 TW/LW는 미니트맨-II와 같다. 아마도 기동성 RV의 질량이 순수 '탄도ballistic RV'의 질량보다 커야 되기 때문으로 추정한다. 도로 이동식 또는 야지 이동식 ICBM의 특성 때

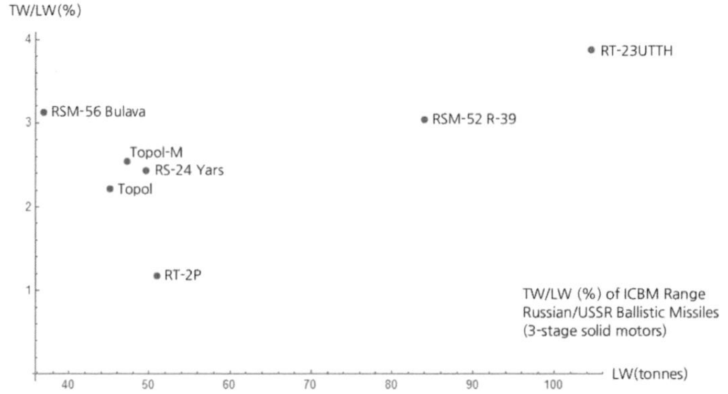

그림 7-2 구소련/러시아의 고체로켓 ICBM의 TW/LW를 LW에 대해 % 단위로 나타냈다.

문에 구소물의 무게가 더 무서울 것으로 판단되며 또 다른 이유는 추진제 제조기술이 미국에 뒤진 것일 수도 있다.

구소련은 1989년에는 RT-23UTTH 열차 이동식 3단 고체 ICBM을 배치했고, 구소련의 고체 ICBM으로는 처음으로 TW/LW 값이 3.88%에 도달했다. 초대형 SSBN에 탑재하기 위해 개발한 3단 고체 ICBM RSM-52 R-39 역시 3.04%를 넘겼으나 트라이던트-I/II의 4.9%에는 미치지 못했다. 러시아가 우여곡절 끝에 개발에 성공한 야심작 RSM-56 불라바Bulava의 TW/LW는 3.13%로 트라이던트-I보다 훨씬 낮았다. 고체로켓 ICBM 기술에 관한 한 미국이 상당한 우위를 차지하고 있는 것으로 보인다.

〈그림 7-3〉은 구소련/러시아의 주요 액체추진 ICBM의 TW/LW를 LW에 대한 데이터를 보여준다. 이륙질량이 276톤인 R-7A의 탑재량은 3톤이었다. 따라서 TW/LW는 1.09%로 미니트맨-I보다 낮다.

구소련/러시아의 ICBM 사거리를 가진 2단 액체로켓 탄도탄의

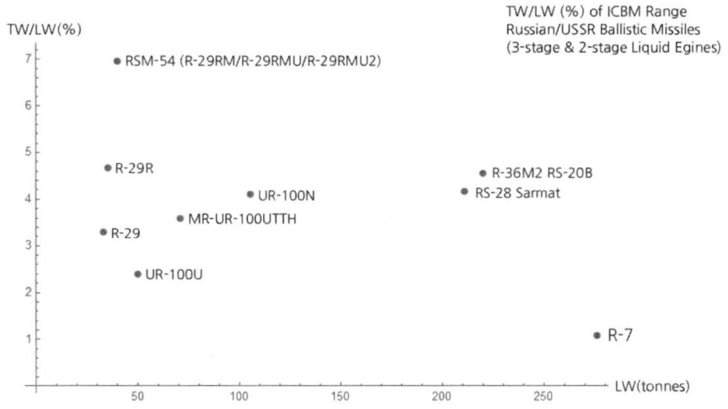

그림 7-3 구소련과 전략 자산을 인계한 러시아가 보유한 주요 액체로켓 ICBM과 SLBM의 TW와 LW의 비

TW/LW는 UR-100U의 2.4%를 거쳐 3.3%와 4.6% 사이 값으로 높아졌다. 1980년대 초 이후 구소련의 2단 액체로켓 ICBM과 SLBM은 미국의 3단 고체로켓 ICBM과 탑재질량 대 이륙질량 비가 같아졌다. 액체추진제 역시 NTO/UDMH를 사용하므로 발사 준비시간도 고체로켓과 동일하다. 아마도 2단 액체로켓 ICBM의 현실적인 TW/LW의 한계는 5% 정도로 추정된다. 1986년을 경계로 구소련과 러시아는 액체로켓 ICBM에 3단을 추가함으로써 이러한 TW/LW의 벽을 깼다. 탑재량 2.8톤, 이륙중량 40.3톤의 RSM-54 R-29RM 시틸Shtil은 마침내 TW/LW를 7.0으로 올려놓았다. 이 후 R-29RM의 발달형 R-29RMU 시네바Sineva와 R-29RMU2 라이네르Layner 역시 TW/LW는 7.0 근방 값을 가진다. 이보다 더 높은 TW/LW 값을 얻기 위해서는 비추력(I_{sp}: specific impulse)을 대기압에 무관하게 최적화한 노즐을 사용하고 m_L을 최적화하는 $\omega_k (= M_{k+1}/M_k)$를 사용해 설계하면 좀 더 큰 값을 얻겠지만, 현실적인 한계는 7보다 별로 더 크지 않을 것으로

본다. 물론 시스템이 복잡하고 고장 날 확률이 높아지고 경제성이 떨어지는 단점을 무시하고 제4단을 추가하면 더 큰 TW/LW를 얻을 수도 있겠지만, 득은 그리 크지 않을 것으로 본다. I_{sp}가 더 높은 추진제를 사용하는 것이 해답일 수도 있으나 우주발사체에는 적합하겠지만 탄도탄용 추진제는 선택의 폭이 크지 않다.

이상의 분석을 통해 우리는 다음과 같은 결론을 조심스럽게 내릴 수 있다.

$$\begin{cases} TW/LW_{2StageLiquid} < 5.0\,\% \\ TW/LW_{3StageLiquid} < 7.5\,\% \\ TW/LW_{3StageSolid} < 5.5\,\% \end{cases} \tag{7-2}$$

식 (7-2)를 이륙질량 LW(=M_1)에 대해 풀면 다음 식을 얻는다.

$$\begin{cases} M_{1_{2StageLiquid}} > 20.0\ m_L \\ M_{1_{3StageLiquid}} > 13.3\ m_L \\ M_{1_{3StageSolid}} > 18.2\ m_L \end{cases} \tag{7-3}$$

탄도탄이 표적을 무력화시키는 능력은 탑재질량 m_L과 CEP에 달려 있고, 표적이 살아남을 확률은 표적의 파괴반경 R_{lethal}에 의해 결정된다. m_L이 크면 탄두 위력이 커지든가, 아니면 대탄도탄 방어망을 돌파하는 다양한 방법을 채택할 수 있는 여유가 생긴다. 식 (7-2)과 (7-3)은 이륙질량 M_1 값이 충분히 커서 $v_\infty = \Delta v_{cap} - v_{ags}$ 값이 최소한 7km/s 이상인 경우를 말하는 것이지, 1kg의 탄두를 실고 20kg 무게의 로켓이 10,000km를 비행한다는 의미는 아니다. 이러한 이유로 13.6톤 무게의 미지트맨이 0.45톤의 탄두를 11,000km 밖으로 날릴 수 있다는 것을 경이롭게 보는 것이다.

3. 발사대기 상태 유지율

가용탄도탄 비율이란 현재 배치한 탄도탄 중 몇 %가 즉시 사용할 수 있는 상태에 있는지를 말한다. 모든 장비와 마찬가지로 탄도탄도 고장 날 수 있다. 낡은 부품을 미리 교환하여 고장을 막고, 정기적으로 전체 시스템을 오버홀 하는 계획된 정비기간도 필요하다. 정비기간 중에 있는 탄도탄들은 비상사태가 일어나도 사용할 수 없다. 따라서 탄도탄을 배치하고 운용하는 중에 탄도탄을 발사하라는 명령이 접수되어도 일정량의 탄도탄은 사용할 수 없는 상태에 놓여 있다. 특히 ICBM은 가능한 한 모든 미사일을 '발사대기 상태hard alert: launch-ready status'로 유지하기 위해 계획된 정비기간도 최소로 하고, 고장이 나면 블록을 통째로 교체remove & replace하여 수리시간을 줄이고, 발사요원은 2인 1조로 24시간 교대 근무를 하게 함으로써 발사대기 상태에 있는 ICBM 비율을 최대로 유지하고 있다. 미국이나 러시아나 발사대기 상태의 탄도탄은 수 분 내에 발사할 수 있다.

한 예로 미니트맨-III는 상시 발사대기 상태 비율이 아주 높다. 노스다코타North Dakota의 '미노트 공군기지Minot Air Force Base'의 제91 비행단은 2003년 99.73%의 발사대기 상태를 기록했고, 2005년에는 99.82%를 기록했으며, 노스다코타의 또 다른 비행단도 1996년 99.76%의 기록을 세웠다.[8] 전체적으로 미니트맨-III의 발사대기 상태의 미사일 비율은 거의 100%에 이르고 있다. 'New START'에 따라 현재 배치된deployed launcher 400기 가운데 398에서 390기의 미니트맨-III는 항상 수 분 안에 발사할 수 있는 상태를 유지한다는 의미다. 평균 95%라면 380기의 미니트맨-III가 항상 발사대기 중이란 의미다. 사일로에 배치된 ICBM은 항상 발사대기 상태를 유지하지만, SLBM은 대기 상태 비율이 많이 떨어진다.

미국은 현재 '오하이오급Ohio Class' SSBN 14척 중 2척은 항상 1년씩 '건선거dry dock에서 정비overhaul'를 받고 있으므로 정비 중인 2척의 SSBN에 탑재한 SLBM은 작전 배치된 탄도탄 수에서는 아예 제외된다. 나머지 중 평균 3~4척의 SSBN은 25일간 정비와 재보급을 받기 위해 부두에 정박하기 때문에 8~9척만 '초계항해deterrence patrol'를 하며, 이 중 4척만 '발사대기 상태'를 유지한다. 결과적으로 평시에는 96기의 트라이던트-II D5만이 발사대기 상태를 유지하지만, 긴장이 고조되면 초계중인 나머지 4~5척도 빠른 시간 안에 발사대기 상태로 전환할 수 있다. 'New START'에 따라 실전 배치된 것으로 집계되는 SLBM은 12척에 탑재된 288기의 트라이던트-II D5다. 288기의 SLBM 중 4척에 탑재된 96기의 SLBM과 384발의 탄두는 발사대기 상태를 유지하고 나머지 초계중인 4~5척에 탑재된 96~120기의 SLBM과 384~480발의 탄두는 필요한 경우 빠른 시간 안에 발사대기 상태로 전환할 수 있다. 따라서 통상시의 발사대기 비율은 67%가 된다. 비상시에는 부두에서 25일간 정비를 받던 SSBN 중 1~2기가 초계항해에 합류할 수 있으므로 발사대기 비율은 83%로 높아진다.

러시아의 ICBM은 사일로 배치식과 이동식 ICBM으로 구성되었기 때문에 평시에는 발사대기 상태 비율이 50% 정도로 추정된다. 그러나 비상시가 되면 이동식 미사일들이 분산 배치되고, 경계상태가 발

---

8) Minot's Rough Riders shatter alert rate record,
http://www.missilenews.com/space-command-news/minots-rough-riders-shatt.shtml

사대기 상태로 전환되므로 발사대기 비율은 대략 80% 정도로 올라갈 것이라는 판단이다. 현재 러시아는 Project 667BDR(Delta III) 3척, Project 667BDRM(Delta IV) 6척, Project 941(Typhoon) 1척 및 Project 955(Yuri Dolgorukiy Class) 3척 등 모두 13척의 SSBN을 보유하고 있으나 667BDR 1척, 667BDRM 1척은 정비 중이라 한 척에 탑재한 SLBM은 'New START' 규정에 따르면 배치된 탄도탄이 아니다. 941은 '불라바'의 시험발사용으로 개조되었으므로 'New START'에 따라 '배치되지 않은non-deployed' SSBN으로 분류된다.[9] 평상시 발사대기 비율은 미국보다 낮은 4~5척만 초계 중이라는 가정 아래 45% 정도로 볼 수 있다. 비상시에는 2척 정도가 전략초계strategic patrol에 추가 배치될 것으로 보여 65%의 발사대기 비율을 예상할 수 있다.

현재 미국이나 러시아의 3원 핵전력의 마지막 축인 전략폭격기는 일상적인 '공중초계(airborne alert, 또는 체공대기)'는 하지 않고 있다. 따라서 평상시 전략 폭격기의 비상대기 비율은 미국과 러시아 모두 0%이고, 비상 시기에도 단기간에 발사대기 비율을 많이 높이기는 힘들 것으로 판단한다. 따라서 현재 시점에서 '발사대기' 상태를 유지하는 가용 무기는 오직 탄도탄뿐이다.

9) Russian Strategic nuclear forces, http://russianforces.org/navy/

제2장

CEP와 표적 파괴확률

1. CEP가 지배하는 파괴확률

원형공산오차 CEP(circular error probable)는 원의 중심을 표적으로 발사한 포탄이나 탄도탄의 50%가 내부에 떨어지는 원의 반경으로 정의된 양이고, 탄도탄의 정확도를 가늠하는 척도로 사용된다. 탄도탄의 정확도를 CEP로 표시하면 특정 점표적을 향해 탄도탄 1발을 발사하여 표적을 무력화시킬 수 있는 확률을 의미하는 단발 파괴확률 P_{SSK}(single shot kill probability)를 쉽게 표시할 수 있다. 6부 제2장에서 소개한 결과를 종합하면 한 발 또는 여러 발을 발사하여 표적을 파괴할 수 있는 확률은 다음과 같이 표시할 수 있다.

$$
\begin{cases}
P_{SSKP} = P_M \cdot P_{Det} \cdot P_K \\
P_{DSKP} = 1-(1-P_{SSKP})^2 \\
P_K \quad = 1-\left(\frac{1}{2}\right)^{R_{lethal}^2/CEP^2} \\
P_M \quad = P_{Flight} \cdot P_{Pen}
\end{cases}
\tag{7-4}
$$

여기서 R_{lethal}은 표적 파괴반경lethal radius으로 탄두가 표적에서 거리 R_{lethal} 이내에 폭발하면 표적이 파괴된다는 의미로 쓰인다. 핵탄도탄의 파괴반경은 '블래스트'에 의해 결정되므로 $R_{lethal}=R_Y$가 된다. 탄도탄이 발사된 후 요격당하지 않고 표적 상공의 예정된 탄두 폭발고도 h_{HOB}(hight of burst)에 도착할 확률이 P_M이고, P_{Det}는 탄두가 h_{HOB}에서 예정된 폭발력으로 폭발할 확률이다. P_K는 주어진 CEP를 가진 미사일 한 발이 표적에 도달하여 탄두가 폭발했을 때 표적 파괴반경이 R_{lethal}일 때 표적이 파괴될 확률을 나타낸다. P_{Flight}는 발사 버튼을 누른 후 탄도탄이 고장 없이 표적 상공에 도달할 확률이고, P_{Pen}은 방어미사일에 의해 요격되지 않을 확률이다. 식 (7-4)에서 P_{DSKP}는 두 개의 탄두로 하나의 표적을 공격할 때 표적이 파괴될 확률을 의미한다. 특히 두 기의 다른 미사일에서 RV 한 기씩을 같은 표적에 조준하는 것을 교차사격(CT: cross targeting)이라 한다. 이러한 조준방법은 미국이나 과거 구소련과 현재 러시아가 통상적으로 채택하는 공격계획이다. CT는 하나의 미사일이 표적에 도달하지 못하더라도 다른 하나의 미사일에 탑재한 탄두로 공격함으로써 온전한 표적이 남지 않도록 하는 데 목적이 있다. 다탄두 미사일에서는 교차사격이 아주 유용한 공격방법이 된다.

R_{lethal}은 탄두와 표적의 특성에 의해 결정되는 양으로 운반체인 탄

도탄과는 무관하게 결정되는 반면, CEP는 탄두나 표적에 무관하고 탄도탄과 RV의 설계와 유도장치 및 기상조건에만 관련되는 파라미터다. RV는 재돌입 과정에서 공기마찰로 발생하는 높은 온도(열 충격, thermal shock)와 기계적 충격으로부터 내부의 연약한 탄두를 보호하는 케이스라고 보면 된다. 미국이나 구소련/러시아나 다 같이 RV는 국방부에서 탄도탄 설계/개발기관을 통해 개발/생산/운용 및 관리하지만, 탄두는 군부가 아닌 민간기구에서 설계/개발/생산을 담당하고 있다. 미국은 에너지부(DOE: Department of Energy)에서 산하 연구기관을 통해 연구/개발을 수행한다. 현재 러시아의 탄두 연구/개발은 로스아톰(Rosatom State Nuclear Energy Corporation)이라는 국영기업체state corporation에서 산하 연구기관을 통해 관장하고 있다. 미국이나 러시아의 핵탄두는 민간기구가 관장하고, 운반체와 재돌입체는 군에서 관장한다는 것이 흥미롭다.

탄두는 대량 살상무기와 재래식 탄두로 분류할 수 있다. 대량 살상무기는 다시 핵무기와 화학무기 및 생물무기로 나뉘며 재래식 탄두 역시 고폭탄두high explosive warhead와 집속탄두cluster bombs 등으로 나눌 수 있다. 사거리가 2000km 이상인 탄도탄에 재래식 탄두를 탑재하는 것은 아주 특수한 경우가 아니면 결코 군사적으로나 경제적으로 큰 의미를 부여할 수 없다. 일반적으로 특수한 경우를 제외하면 장거리 재래식 탄도탄은 대도시에 대한 무차별 공격으로 심리적인 공포를 유발하는 테러 무기로서의 목적은 달성하겠지만, 전쟁의 향방을 바꿀 수는 없는 아주 값비싼 무기다. 이와 같은 이유로 군사적으로 위협적인 재래식 탄도탄의 사거리는 200~500km로 제한되는 것이 보통이고, 사거리가 1000~3000km인 재래식 탄도탄은 종말유도를 하지 않는 한 그 자체로는 군사적인 의미가 그리 크지 않다. 사거리가 3000km 이상의 재래식 탄도탄은 핵탄도탄으로 가기 위한 중간단계로 보는 것이 타당하며, 우리가 예외로 여지를 남겨둔 특수한 경우란 CEP가 1~10m 내외의 초정밀 탄도탄을 가리킨다. 과거에는 꿈도 못 꾸었지만, 과학기술의 발전은 사거리 10,000km, CEP가 10m인 탄도탄이 현실로 다가왔다. 탄도를 따라 낙하하는 자유낙하 재돌입체(ballistic RV)를 종말유도되는 기동성 재돌입체(MaRV: maneuverable reentry vehicle)나 극초음속 비행체로 대체함으로써 10m 내외의 CEP를 달성할 수 있는 날이 가까워졌다고 판단한다.

실제로 중국이 배치하기 시작한 DF-21D 대함 탄도탄과 미국의 트라이던트-II D5에 탑재한 W76-1/Mk4A가 그러한 예라고 볼 수 있고, 미국이 개발을 목표로 연구하고 있는 CPGS(conventional prompt global strike)는 차세대 초정밀 극초음속 재래식 미사일 시스템이라고 볼 수 있다.10) CPGS와 같은 미사일은 주변 피해를 최소로 하면서 시급한 처리가 관건인 표적(TCT: time critical target) 제거를 첫 번째 목표로 하고 있다. 이러한 초정밀 세계미사일은 사실 W76-1/Mk4A에 100kt의 W76-1이 탑재되어 있으므로 재래식 탄두가 아니지만, Mk4A의 CEP는 GPS급11)으로 추정되므로 핵탄두가 아니라 텅스텐 막대기를 탑재해도 같은 무게의 TNT 탄두에 비견되는 파괴력을 가진다.12) 특히 지하 요새를 파괴하는 데는 텅스텐 탄두가 훨씬 유리할 수도 있다.

이러한 이유로 오하이오급 SSBN에 탑재한 24기의 트라이던트-II

---

10) Committee on Conventional Prompt Global Strike Capability, "U.S. Conventional Prompt Global Strike: Issues for 2008 and Beyond", (The National Academies Press, 2008).

11) http://www.strategypage.com/militaryforums/23-2062.aspx#startofcomments

12) 1kg의 물체가 3km/s의 속력으로 움직일 때 운동에너지는 4.5MJ이고, TNT 1kg이 정지한 상태에서 폭발할 때 폭발력은 4.184MJ이다. 따라서 텅스텐 1톤보다 TNT 1톤을 싣는 경우 폭발력은 2배이지만(TNT의 운동에너지+폭발력), 텅스텐은 지하 침투력이 있으므로 지하 벙커를 파괴하는 데는 텅스텐이 같은 무게의 TNT보다 훨씬 유리하다.

D5 중 2기를 텅스텐 탄두를 탑재한 재래식 트라이던트-II로 대체하는 CTM(conventional trident modification)을 연구해왔고, 국회가 예산만 배정하면 2년 내에 배치할 수 있을 정도로 진척되었지만, 아직까지도 핵 모호성을 염려하는 국회 승인을 얻지 못하고 있다. 10,000km 사거리에 CEP ~10m인 종말유도 탄도탄terminal homing ballistic Missile을 개발하는 것은 현재의 기술로도 가능한 것으로 보인다. 이러한 '초정밀 재래식conventional precision ICBM' 또는 '초정밀 재래식 IRBM'은 시간을 다투는 표적 TCT(time critical target)와 대량 살상무기 지하 저장소를 무력화시키는 방안으로 거론되고 있다.

러시아도 극초음속 활공hypersonic glide vehicle MIRV 아반가르트Avangard Yu-74를 개발하여 UR-100UTTKh, R-36M2 및 초대형 탄도탄 '사르마트Sarmat'에 탑재할 것으로 추정하고 있다.

탄두가 핵탄두라면 폭발이 일으키는 충격파와 이에 뒤따르는 폭풍, 열복사선, 방사선 및 방사능 낙진이 인명 살상의 요인이 된다.[13] 그러나 군사적인 의미에서 표적의 무력화는 즉각적이어야 하고, 즉각적인 표적의 무력화는 물리적인 파괴를 의미한다.[14] Mt급 탄두의 경우 연표적soft target에 대해서는 오히려 열선 피해 범위가 훨씬 크고, 지표 폭발인 경우 낙진 피해가 훨씬 광범위하게 미치지만, 군사적인 피해 산정에서는 충격파와 폭풍에 의한 과압過壓이 표적을 물리적으로 파괴하는 주 메커니즘이다.

표적의 종류나 강도는 적이 협조하지 않는 한 탄두 설계자나 탄도탄의 설계자가 조정할 수는 없는 파라미터다. 따라서 주어진 표적

---

13) 핵폭발과 핵무기 효과에 대해 좀 더 자세한 내용을 원하는 독자는 Samuel Glasstone과 Philip J. Dolan이 편집한 *The Effects of Nuclear Weapons*, 3rd Edition (Knowledge Publication, 1977)을 참조하기 바란다.

14) 중성자 폭탄, EMP 폭탄 등은 별도의 목적을 가진 것으로 일반적인 표적 무력화는 다른 개념이다.

을 최소 수량의 탄도탄으로 파괴하기 위해서는 파괴반경 R_{lethal}을 늘리거나 아니면 CEP를 줄여야 한다. 핵탄두에서 R_{lethal}을 늘리는 방법은 폭발력 Y를 늘리는 것이고 CEP를 줄이는 것은 탄도탄의 정확도를 늘리는 것이다. 폭심지에서 거리 R인 지점에서 압력은 Y/R^3 비례한다. 따라서 R_Y는 $Y^{1/3}$에 비례하는 것을 알 수 있고, Y=1kt일 때 파괴반경을 R_1이라 한다면, R_1은 표적의 파괴에 필요한 과압 H (파괴강도)만의 함수로 결정되고, P_K는 다음과 같이 표현된다.[15)]

$$\begin{cases} P_K = 1 - \left(\dfrac{1}{2}\right)^Z \\ Z = \left(\dfrac{Y^{1/3} R_1}{CEP}\right)^2 \end{cases} \tag{7-4}$$

여기서 R_1은 파괴강도 H에 의해 완전히 결정되는 양이므로 식 (7-4)에서 우리가 조절할 수 있는 파라미터는 폭발력 Y와 CEP뿐이다. 이 두 파라미터 중 어느 것을 조정하는 것이 P_K 값을 올리는데 경제적으로 또는 기술적으로 유리한지 판단하는 것이 중요하다.

식 (7-4)에서 Y 값이 8배로 증가한 효과는 CEP가 1/2로 감소한 것과 같다는 것을 알 수 있다. CEP를 1km에서 100m로 줄이면 Y를 1000배 늘리는 효과와 같다. 보기를 들어 설명해보자. 지금 미국의 미니트맨-III의 사일로의 특성은 다음과 같다.

$$\begin{cases} H = 2000\,psi \\ R_1 \simeq 37\,m \end{cases} \tag{7-5}$$

15) 자세한 설명은 6부 제2장을 참조하기 바란다.

CEP가 다른 여러 가지 탄도탄으로 H가 2000psi인 사일로를 공격할 때 파괴확률이 99%가 되는 폭발력 Y를 구해보자. 탄도탄의 탄두를 지상에서 폭발시킬 때 H가 2000psi인 표적을 1kt 탄두의 파괴반경은 $R_1 \simeq 37$m이다.[16]

P_K =0.99이면, Z=6.644가 되고 kt 단위로 잰 폭발력 Y는 다음과 같다.

$$\begin{cases} Y = \left(\sqrt{Z}\dfrac{CEP}{R_1}\right)^3 \\ \quad = 3.38\times 10^{-4}\,CEP^3 \end{cases} \tag{7-6}$$

CEP가 380m, 200m, 100m 및 10m인 경우 Y는 각각 다음과 같은 값을 갖는다.

$$\begin{cases} Y = 18.6\,Mt, & CEP = 380\ m \\ \quad = 2.7\,Mt, & CEP = 200\ m \\ \quad = 338\ kt, & CEP = 100\ m \\ \quad = 246\ kt, & CEP = 90\ m \\ \quad = 338\ t, & CEP = 10\ m \end{cases} \tag{7-7}$$

2. 미국과 구소련 ICBM/SLBM CEP의 변천

1960년대 초에는 대형 3~5Mt급 탄두를 3~4톤 무게로 만들 수는 있었지만, CEP가 1km 미만인 탄도탄을 만들 수는 없었다. 그러나 시간이 지나면서 유도조종 기술이 발전하여 미국과 구소련 탄도탄의

16) Samuel Glasstone과 Philip J. Dolan, *The Effects of Nuclear Weapons*, 3rd Edition (Knowledge Publication, 1977), p.111.

CEP는 줄어들어 지금은 대략 90~300m로 접근해 있다. 〈그림 7-4〉와 〈그림 7-5〉에는 1960년대 초부터 1990년도까지 미국과 구소련의 ICBM과 SLBM의 CEP를 나타냈다. 여기에 그린 모든 탄도탄은 '자유낙하 재돌입체ballistic RV'를 사용했다. 이러한 RV는 표적에 도달할 때까지 외부에서 정보를 받지 않으므로 방어 측에서는 직접 요격하는 방법 외에는 RV를 무력화시킬 다른 대응책을 마련하기가 쉽지 않다. 이러한 이유로 거의 모든 ICBM과 SLBM의 RV는 '자유낙하 RV'를 채택하고 있다. 보강된 미니트맨-II의 사일로같이 H가 2000 psi 또는 그 이상의 강도를 가진 표적을 공격하여 한 번에 완벽히 무력화한다는 것은 CEP가 200m 이하가 되지 않는 한 어려운 확률 게임이 된다. 구소련/러시아의 막강한 R-36M2의 단일탄두 모델에 탑재했던 20Mt 탄두를 사용해도 $H=2000psi$인 피스키퍼 사일로를 단발로 파괴하려면 CEP는 최대 380m를 초과하면 안 된다. 미국의 가장 강력한 탄두 W-53/Mk4의 9Mt으로 공격해도 99%의 확실한 파괴를 위해서는 CEP가 290m를 넘어서지 않아야 한다. 그러나 실제로 타이탄-II의 CEP는 약 900m로 알려져 왔다.

따라서 타이탄-II는 '도시 파괴용city buster'이지 '대핵전력 무기counterforce weapons'는 아니었다. 반면, 근 25년 후에 배치된 소련의 R-36M2의 CEP는 220m로 추정된다.[17)18)] 이러한 의미에서 R-36M2의 단일탄두는 50기의 '피스키퍼' 사일로를 겨냥한 대핵전력 무기로 개발되었다고 판단한다. R-36M2의 RV 하나로 피스키퍼의 RV 10개

---

17) Pavel Podvig, edited, *Russian Strategic Nuclear Forces* (The MIT Press, 2004), p.218.

18) 구소련/러시아는 탄도탄의 정확도를 탄두의 98%가 원안에 낙하하는 ME(Maximum Error)로 발표하기 때문에 CEP를 구하려면 2.376으로 나눠야 한다. 구소련/러시아에서 정확도(accuracy)가 500m라고 하면 ME가 500m이므로 CEP는 210m가 된다. Steven J. Zaloga의 *The Kremlin's Nuclear Sword* (Smithsonian Institution Press, 2002), pp.231-240에 정리된 소련 미사일의 CEP는 ME와 CEP가 다 CEP로 표기되었다. 반면 Pavel Podvig, edited, *Russian Strategic Nuclear Forces*에는 모두 ME 값을 주고 있다.

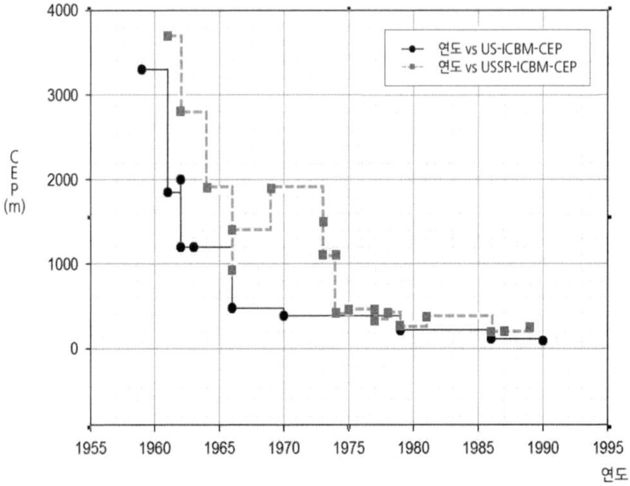

그림 7-4 연도별 미국과 구소련/러시아 대륙간탄도탄(ICBM)의 CEP

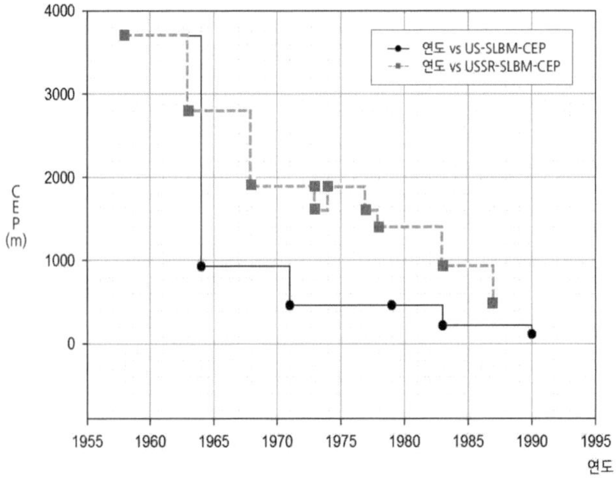

그림 7-5 연도별 미국과 소련/러시아 잠수함발사탄도탄(SLBM)의 CEP

를 제거하니까 'RV 교환율RV exchange rate'은 1 : 10이 된다. 하지만 10기의 700kt MIRV를 탑재한 모델인 경우는 1기의 RV로 피스키퍼 사일로를 무력화시킬 확률이 76.9%이므로 2기의 RV로 교차사격을 할 경우에는 94.7%, 3기의 RV로 교차사격을 하면 확률을 99%까지 끌어올릴 수 있다. MIRV화된 R-36M2 경우의 RV 교환율은 1 : 3.3이 되어 R-36M2에 유리하다.

반대로 피스키퍼 1기로 소련의 R-36M2 10기를 제거할 수 있으므로 R-36M2에 10기의 MIRV를 탑재했느냐 단일탄두를 탑재했느냐에 따라 RV 교환율은 1 : 100 또는 1 : 10이 되므로 피스키퍼는 소련에 악몽과 같은 존재였다.

예전에는 9~20Mt 급으로나 파괴할 수 있었던 견고표적을 300~700kt 급 소형 탄두로 파괴할 수 있기 때문에 탄두의 폭발력과 크기 및 질량이 대폭 줄어들었다. CEP가 충분히 작아지면 소형 탄두로도 군사적 미션을 달성할 수 있기 때문에 추진로켓 크기가 크게 줄어들 수 있다. 그 좋은 예가 MGM-134 미지트맨이다. 미지트맨의 사거리는 11,000km, 질량은 13.6톤, 직경 1.17m, 길이 14m인 초경량 야지 이동식 ICBM이다. W87-1/Mk21 1기를 탑재하며 CEP는 90m로 정밀도는 피스키퍼 LGM-118과 같다. Mk21A의 90m CEP가 자유낙하하는 RV가 현실적으로 도달할 수 있는 최솟값으로 추정된다. 계절 및 시간에 따른 대기밀도 변화와 표적 상공의 바람 등 예측하기 힘든 요인 때문에 50m 이상 90m 미만의 CEP를 원하면 '자유낙하 RV'가 아닌 Mk4A 같은 초정밀 MaRV를 개발해야 한다. Mk4A의 CEP는 GPS급으로 추정된다. MaRV 탄두의 CEP가 1.4m 내외가 되면 재래식 고폭탄두 1톤이나 텅스텐 덩어리도 똑같이 H=2000*psi* 표적을 무력화할 수 있고, 이에 근거해 CPGS 미사일이 제안되고 있다.[19] 식 (7-6)에서 CEP가 DGPS(differential global positioning system) 수준(1~1.5m)으로 작아지면 1톤의 텅스텐 막대기tungsten rod cluster로도 강도 2000*psi*의 사일로를 무력화시킬 수 있다.

결론적으로 현대식 ICBM과 SLBM은 지구상의 거의 모든 주요 표적으로 탄두를 운반할 수 있고, 거의 모든 표적을 제압할 수 있는 정확도와 탄두 성능을 이미 가지고 있다.

---

19) Committee on Conventional Prompt Global Strike Capability, *U.S. Conventional Prompt Global Strike: Issues for 2008 and Beyond* (The National Academies Press, 2008).

제3장

생존력

1. 미국과 구소련/러시아 ICBM급 탄도탄의 성능

생존력Survivability은 적으로부터 선제공격을 당하고도 상대방에게 치명적인 보복공격을 가할 수 있는 핵전력이 살아남을 가능성을 말한다. 이는 어느 특정 핵무기가 살아남느냐 파괴되느냐의 문제가 아닌, 어느 경우에도 상대방을 견제할 수 있는 보복능력이 생존하느냐 아니냐 하는 문제다. 대립하는 두 국가의 전략무기 생존력에서 균형이 맞으면 전쟁은 일어날 수 없다. 제2차 세계대전 이후 미·소 간에 직접적인 전쟁이 일어나지 않은 배경에는 '상호궤멸MAD: mutual assured destruction'이라는 낭떠러지 앞에서 '공포의 균형BOT: balance of terror'을 누구도 먼저 깰 수 없었기 때문이다. 〈그림 1-4〉에서 보았듯이 냉전이 한창이던 1980년대 말 미국은 거의 8000여 발, 구소련은 10000여 발의 전략탄두를 보유하고 있었다. 구소련이 2000여 발이나 더 많은 전략탄두를 가지고 있었지만, 어떤 방식으로 미국에 선제공격을 감행하든지 상관없이 수천 발의 미국 SLBM이 살아남을 것이 확실했고, 그 반대로 미국이 선제공격을 가한다 해도 살아남은 구소련의 미사일로 미국을 폐허로 만들 수 있는 것이 확실했다. 100번의 초토화焦土化나 단 한 번의 초토화나 결과는 마찬가지이기 때문이다. 현재 미국과 러시아 모두 1550발 남짓한 전략탄두를 배치하고 있지만 BOT가 작동하는 것은 1980년대 말이나 지금이나 마찬가지다. 미국과 러시아는 지금까지도 BOT를 잘 유지하고 있다. 역설적이지만, 미국과 러시아 및 중국의 관계는 "탄두가 살아야 사람도 산다"는 말이 맞다.

ICBM에는 두 가지 배치방식이 있다. ICBM은 견고한 지하 사일로에 배치하거나 또는 이동식 발사대를 이용해 배치한다. 둘 다 생존력을 높이기 위한 방법이다. 미국은 미니트맨-III ICBM 전량을 파괴강도가 2000*psi* 이상인 지하 사일로에 배치하고 있지만, 구소련은 사일로 배치식과 도로 이동식 및 열차 이동식 ICBM을 운용했고, 현재 러시아는 사일로 배치식과 야지 이동식 ICBM을 동시에 운용하고 있다. 비록 사일로에 배치한 ICBM의 위치는 완전히 노출되어 있지만 2000*psi* 이상으로 강화된 사일로에 보호된 ICBM을 핵탄두로 공격하여 파괴하기가 생각처럼 쉽지가 않다. 강화된 사일로를 파괴하는 데는 탄두의 폭발력보다 미사일의 CEP가 결정적이기 때문이다. CEP가 90m이면 330kt 탄두 한 발로 99.6% 확률로 파괴할 수 있는 2000*psi* 사일로를 CEP가 380m인 미사일을 사용할 경우 같은 확률로 파괴하려면 25Mt 탄두 한 발이 필요하다. 그러나 CEP가 100m인 탄도탄을 보유한 국가는 미국밖에 없는 것으로 보아도 제작이 매우 어렵다는 것을 알 수 있다. 이러한 사실이 미국과 러시아가 아직도 사일로 배치식 미사일을 계속 유지하는 배경이다. 즉, 사일로의 파괴강도 H를 2000*psi* 이상으로 올리면 사일로 배치식 ICBM도 생존력이 크게 높아지고, 상대방이 굳이 무력화시키고자 마음먹고 공격한다면 여러 발의 탄두 소모를 유도한다고 봐야 한다. 파괴강도 H 값은 비용 대 효과를 고려해 정할 것으로 판단된다.

러시아나 미국의 ICBM 사일로의 견고도는 매우 높다. 미국에서 가장 견고한 ICBM 사일로는 미니트맨-II 사일로를 LGM-118A 피스키퍼용으로 개조한 것으로 파괴강도가 2000*psi*로 알려졌다. 지금 미국이 보유한 유일한 ICBM 미니트맨-III의 사일로의 파괴강도 역시 2000*psi* 정도로 추정한다. 반면 구소련/러시아의 ICBM 사일로의 파괴강도에 대해서는 상당히 엇갈리는 데이터들이 나돌고 있다.[20] 'The U.S. Nuclear Warplan'에 의하면 R-36M2 사일로 타입 III-G의 파괴강도는 ~15,000*psi*, SS-11/SS-19의 사일로 타입 III-G Mod.의 파괴강도는 무려 25,000*psi*로 지나치게 높이 추정하고 있다.[21]

한편, '파벨 포드빅Pavel Podvig'은 러시아에서 최고로 견고한 사일로의 파괴강도를 1500*psi*로 추정하고 있다.[22] 이러한 사일로에는 R-36M, R-36MUTTH, UR-100NUTTH 등이 배치되었고, 지금은 UR-100NUTTKh와 R-36M2와 사일로 배치식 토폴-M 및 야르가 배치된 것으로 추정할 수 있다. 파괴강도 H가 2000*psi*인 경우 1kt 탄두의 파괴반경은 $R_1 \simeq 37m$이고, H=10,000*psi*인 경우는 $R_1 \simeq 21m$이다. 파괴강도 H에 대한 예측이 너무 크게 차이가 나는 상황에서 합리적인 선택은 러시아 ICBM 사일로도 미국과 같이 파괴강도가 2000*psi*

---

20) Matthew G. McKinzie, et al., "The U.S. Nuclear Warplan: A Time For Change", *Natural Resources Defense Council,* June, 2001, p.43.

21) "the us nuclear war plan: a time for change - NRDC", p.44. https://www.nrdc.org/sites/default/files/us-nuclear-war-plan-report.pdf

22) Pavel Podvig, "The Window of Vulnerability That Wasn't: Soviet Military Buildup in the 1970s-A Research Note", *International Security*, Summer 2008, Vol. 33, No. 1: pp.118-138.

라고 가정하는 것이다. 2017년 현재 미국이 보유한 ICBM은 미니트맨-III 400기뿐이다. 2018년 현재 400기의 미니트맨-III 중 일부는 퇴역한 LGM-118 피스키퍼에서 회수한 Mk-21/W-87을 이용한 SERV 모델을 1기씩 탑재하고, 나머지는 Mk-12A/W-78을 1기씩 탑재하고 있다.[23] 하지만 필요할 경우 Mk-12A/W-78은 모두 Mk-21/W-87로 교체할 것으로 보인다. 미니트맨-III는 1970년도에 처음으로 배치되었지만, 끊임없는 개선작업과 발사시험을 통해 신뢰도가 99% 이상으로 평가되고, 최근에는 추진로켓, 관성유도장치, MIRV 버스엔진, 컴퓨터, RV 등을 새로 교체함으로써 최소한 2030년까지 운용할 준비를 끝냈다. 미니트맨-III는 구식 설계에 따라 최신 기술로 제작한 49년이 된 초창기 ICBM이지만, 항상 믿을 수 있는 손에 익은 ICBM이다. 1969년 12월부터 2011년 7월까지의 비행시험에서 열 번 실패하여 성공률이 96.32%로 기록되었으나 대부분이 개발시험 중에 실패한 것이고, 지금은 미사일과 운용기술 모두가 원숙한 단계에 와 있다. 지난 20여 년 동안 신뢰도를 높이기 위해 노후된 부품을 현대식 기술과 소재로 새로 제작했고, 철저한 검사와 비행시험으로 신뢰도를 쌓아 최근 20여 년간 비행시험 성공률은 거의 100%에 이르는 것으로 본다. 그러나 W-78 탄두와 W-87 탄두의 폭발성능 시험을 할 수 없는 상황에서 부품 시험과 전산모의 시험만으로 수명 연장을 해온 터라 탄두 폭발과 폭발력에 대해 100% 신뢰하기는 힘들 것으로 보인다. 이러한 연유로 탄두가 설계된 폭발력으로 작동할 확률을 90% 정도로 가정하는 것이 무난하다고 생각한다. 탄두에 관해 러시아의 상황도 마찬가지일 것으로 판단된다.

---

23) Hans M. Kristensen & Robert S. Norris, *United States nuclear forces*, 2018, Bulletin of the Atomic Scientists_ Vol 74, No 2.
https://www.tandfonline.com/doi/full/10.1080/00963402.2016.1264213#.WHwDhv1-N7s.facebook

〈표 7-2〉은 현재 미국과 러시아가 실전배치한 탄도탄 수와 탑재 탄두 폭발력, CEP, 파괴강도 H 및 탄도탄의 신뢰도 P_M 및 탄두의 신뢰도 P_{DET}의 추정치를 보여준다. 〈표 7-2〉에 제시한 ICBM을 사용해 상대방의 군사적 표적을 공격할 경우 표적이 파괴될 대략적인 확률 또는 생존할 확률을 예측하는 것이 가능하다.

국가	ICBM	사일로/TEL 파괴강도 H(psi)	미사일 수	탄두 수	탄두 폭발력 (kt)	CEP (m)	P_{flight} (%)	P_{det} (%)
미국	Minuteman-III	2000	200	(1×200) Mk-12A/W78	335	180	99	90
미국	Minuteman-III	2000	200	(1×200) Mk-21/W87	300	90	99	90
러시아[24]	RS-20V/R-36M2	2000	46	460 (=10×46)	800	220[25]	97 [26]	90
러시아[24]	RS-18/UR-100NUTTH	2000	30	0(=0×30)	400	350	>92 [27]	90
러시아[24]	RS-12M/Topol	3.5[28]	36	36(=1×36)	800	350	99 [29]	90
러시아[24]	RS-12M1/Topol-M Silo	2000	60	60(=1×60)	800(?)	200	90	90
러시아[24]	RS-12M2/Topol-M Mobile	3.5~5.0	18	18(=1×18)	800	200	90	90
러시아[24]	RS-24/Yars Mobile	3.5~5.0	84	336(=4×84)	100	200(?)	90	90
러시아[24]	RS-24 Yars Silo	2000	12	40(=4×10)	100	200(?)	90	90

표 7-2 미국과 러시아가 현재 운용하고 있는 ICM 성능. 회색은 이동식 미사일을 의미한다.

24) Strategic Rocket Forces, http://russianforces.org/missiles/

25) Pavel Podvig, "The Window of Vulnerability That Wasn't: Soviet Military Buildup in the 1970s－A Research Note", *International Security*, Summer 2008, Vol. 33, No. 1: pp.118-138

26) Reliability of the SS-18 missile, http://russianforces.org/blog/2005/06/reliability_of_the_ss18_missil.shtml

〈표 7-3〉는 하나의 탄도탄으로 공격할 경우 표적을 파괴할 수 있는 단발 파괴확률 P_{SSKP}와 두 개의 탄두로 교차사격할 때 확률 P_{DSKP}를 보여준다.

국가	ICBM		표적 파괴강도(H)에 따른 표적 파괴확률					
			5(psi)		20 (psi)		2000(psi)	
			P_{SSKP} (%)	P_{DSKP} (%)	P_{SSKP} (%)	P_{DSKP} (%)	P_{SSKP} (%)	P_{DSKP} (%)
미국 (400)	Minuteman-III	W78	89.1	98.8	89.1	98.8	66.1	88.5
		W87	89.1	98.8	89.1	98.8	88.5	98.7
러시아 (286)	RS-20V/R-36M2 (SS-18)		87.3	98.4	87.3	98.4	70.0	91.0
	RS-18/UR-100NUTTH (SS-19)		82.8	97.0	82.8	97.04	27.5	47.4
	RS-12M/Topol (SS-25)		89.1	98.8	89.1	98.84	42.1	66.5
	RS-12M1/Topol-M Silo (SS-27)		81.0	96.4	81.0	96.4	69.6	90.8
	RS-12M2/Topol-M Mobile (SS-27)		81.0	96.4	81.0	96.4	69.6	90.8
	RS-24/Yars Mobile		81.0	96.4	81.0	96.4	31.4	52.9
	RS-24/Yars Silo		31.1	52.5	81.0	96.4	31.4	52.9

표 7-3 미국과 러시아가 현재 보유한 ICBM으로 표적 파괴강도가 H=5, 20, 2000psi인 표적을 공격할 때 P_{SSKP}와 P_{DSKP}의 추정치를 보여준다. 회색은 이동식을 의미한다. 다탄두 미사일에서 P_{SSKP}는 하나의 탄두로 하나의 표적을 공격할 때의 결과를, P_{DSKP}는 하나의 표적을 2기의 탄도탄에서 1발씩 조준할 때 표적이 파괴될 확률이다. 5psi의 표적과 20psi 표적 파괴확률이 같은 것은 두 경우 모두 $P_K \simeq 1$이므로 PSSK는 P_M만으로 결정되기 때문이다.

27) History of missile launches and reliability,
http://russianforces.org/blog/2005/01/history_of_missile_launches_an.shtml.
구소련이 2005년까지 실시한 5136번의 발사 중 8%만 실패했다고 한다.

28) Art Hobson, "The ICBM Basing Question", *Science & Global Security*, 1991, V. 2, pp. 153-198. http://scienceandglobalsecurity.org/archive/sgs02hobson.pdf

29) Strategic Missile Forces assess the reliability of missile complex "Topol" as 100%,
https://engineeringrussia.wordpress.com/2015/07/21/strategic-missile-forces-assess-the-reliability-of-missile-complex-topol-as-100/

2. 이동식 ICBM의 생존력 예측

이동식 탄도탄의 생존력을 예측하는 방법을 소개하는 것으로 '로켓 과학' 시리즈를 마치도록 하겠다. 이동식 탄도탄은 상대방의 눈을 피해 이리저리 움직이기 때문에 발견하기가 상당히 어려운 반면, 탄도탄과 TEL의 파괴강도 H가 낮기 때문에 일단 발견되면 쉽게 파괴할 수 있다.[30] 2018년 중순 현재, 러시아가 보유한 286기의 ICBM 중 138기가 이동식 ICBM이다.[31] 'START-I'에 따라 평상시에는 러시아의 모든 이동식 미사일은 야르 9기(또는 6기) 또는 토폴/토폴-M 9기의 이동식 발사대로 구성된 주둔지garrison 내에 배치하도록 제한하고 있다.[32] RS-12M 주둔지는 대략 800m의 직경 안에 놓이고, 대피호와 대피호 사이의 거리는 100m 정도다.[33] 하나의 미사일 사단 안에는 하나에서 네 개의 주둔지가 90km 정도씩 떨어져서 배치되어 있다. 바르나울Barnaul에는 36기의 토폴이 배치되었고, RS-12M2와 이동식 RS-24 야르가 테이코보Teykovo, 노보시비르스크Novosibirsk 요시카르올라Yoshkar-Ola 및 니즈니타길Nizhniy Tagil에 주둔하고 있다. 그러나 국제 정세가 위기상황이라 판단되면 이동식 미사일들은 45km/h의 속력으로 주둔지에서 퍼져나간다.[34]

ICBM으로 공격받는 경우 러시아의 '오코OKO'나 미국의 DSP(Defense Support Satellite) 같은 적외선 위성이 미사일 발사를 탐지하려면 미사일 고도가 10km 이상이 되어야 하므로 적외선 위성은 미사일이 발사되

---

30) TEL은 도로 또는 야지 '이동식 발사대transporter-erector-launcher'를 의미한다.

31) http://russianforces.org/missiles/

32) New START에서도 Yars는 Topol 주둔지를 개조하여 쓰고 있다.

33) Art Hobson, "The ICBM Basing Question", *Science & Global Security*, 1991, V. 2, pp. 153-198.

34) RS-12M은 도로 속력이 45km/h이고, RS-12M1과 RS-24는 야지 속력이 45km/h다.

고 35초 이후에나 발사를 탐지할 수 있다.[35] 지표면과 해수면 등에서는 온갖 요인에 의한 적외선이 방출되므로 적외선 위성이 지표면을 바라보면 로켓에서 나오는 적외선을 배경적외선과 구별하기 힘들다. 이런 문제를 해결하기 위해 오코 위성은 미국의 미니트맨-III가 배치된 지역을 몰니야Molniya 궤도에서 비스듬한 각도로 내려다보도록 설계되었다. 적외선을 방사하는 둥근 지구를 적외선 카메라에서 가리고 차가운 우주를 배경으로 솟아오르는 로켓의 배출가스를 탐지한다. 반면, DSP는 습기가 흡수하는 적외선 밴드를 이용하여 수증기가 많은 고도 10km의 대기층이 지표 근방에서 발생하는 적외선을 완벽히 흡수하고 10km 이상으로 올라온 로켓의 불꽃을 찾아내도록 설계했다. 오코 위성의 탐지고도는 발표된 것을 찾을 수 없지만 로켓의 고도가 충분히 높아져야 지구를 가리는 '가림막' 위로 떠오르는 로켓을 탐지할 수 있을 것으로 본다. 첫 탐지는 아마도 고도가 10km 이상이 되어야 가능할 것으로 본다. 미사일의 위치와 궤도를 개략적으로 결정하기 위해서는 추가로 20초 이상이 소요될 것이므로, 발사 후 1분 이상이 되어야 자국에 위협이 되는 미사일인지 아닌지 결정할 수 있다고 판단된다. 확실한 표적과 궤도를 결정하기 위해서는 지상의 조기경계 레이더에 미사일을 발견하게 될 위치와 시간을 알려줌으로써 미사일을 탐지하고 추적하게 한다.

조기경계 경보위성이 미사일 발사를 탐지하면 주둔지에 있는 이동식 미사일들은 최대한 빨리 산개에 들어간다. 지금까지 알려진 가장 견고한 이동식 ICBM 발사대는 미국이 개발했지만 배치는 하지 않은 미지트맨 MGM-134A의 발사대로 파괴강도는 25~30psi로 추정

35) DSP는 탄도탄이 발사되고 10km 상공에 올라오는 데 소요되는 30여 초가 흐른 후에 탐지하지만, 현재 개발 중인 SBIRS Low는 8km 고도에 올라온 탄도탄의 열을 탐지할 수 있고, 로켓이나 RV를 추적할 수도 있다.

된다. 러시아의 도로 이동식 토폴, 야지 이동식 토폴-M 및 야르의 파괴강도는 이보다 많이 낮을 것으로 보인다. RS-12M과 RS-12M1 또는 이동식 RS-24 파괴강도는 대형 트레일러의 파괴강도 2*psi*보다는 높고 벽돌집의 5*psi*보다는 낮을 것으로 판단하므로 RS-12M 토폴의 파괴강도를 3.5*psi*라 가정하자. 이러한 연표적을 파괴하기 위해서는 과압이 최대가 되는 고도에서 공중 폭발을 시키는 것이 가장 유리하다. 1kt 폭발이 최적 고도에서 일어날 때 과압이 3.5*psi*가 되는 폭심지로부터의 거리는 0.9km 내외다. 따라서 폭발력 Y가 335kt인 미니트맨-III의 파괴반경은 6.3km가 되므로 폭심지에서 6.3km 이내의 파괴강도가 3.5*psi* 미만인 모든 이동식 미사일과 시설이 파괴된다. TEL이 살아남으려면 탄두가 도착하기 전에 폭심지로부터 6.3km 이상 되는 지역으로 산개해야 한다.

미사일 경계경보는 적의 미사일이 실제로 발사되면 발령되는 '발사경보tactical warning'와 발사할 조짐을 알리는 '발사경계경보strategic warning'로 나뉜다. 발사경계경보나 발사경보가 발령되면 이동식 미사일을 탑재한 TEL은 최고속도로 주둔지에서 산개한다. RS-12M은 도로를 따라 45km/h로 질주하고, RS-12M1과 RS-24는 야지를 45km/h로 질주하므로 TEL은 매분당 0.75km 속도로 주둔지에서 멀어진다. 다만 경계경보를 받고 실제로 TEL이 출발할 때까지 시간이 10분 정도는 걸린다고 가정하면, 공격하는 탄두가 주둔지에 도착하기까지 남은 시간은 발사를 확인하는 데까지 걸린 시간 1~2분과 산개준비에 필요한 10분을 탄도탄의 비행시간(35~38분)에서 뺀 시간 24분 정도가 된다. 이 시간이 안전지대로 대피하는 시간이다. 발사경계경보는 공격 측의 의도를 얼마나 빨리 파악하고 경보를 발령하는가에 따라 여유 있게 발할 수도 있고, 발사경보가 발령될 때까지 경계경보가 없을 수도 있다.

우리는 발사경보 후 10분 뒤에 TEL이 0.75km/min으로 주둔지에서 탈출한다는 가정 아래 이 TEL들을 무력화시키는 소요되는 탄두 수를 시간의 함수로 알아보도록 하겠다. 폭발력이 335kt인 미니트맨-III 탄두의 파괴반경 $R_{335kt}(3.5psi)$은 대략 6.3km가 되므로, TEL이 주둔지에서 산개하지 않은 경우는 미니트맨-III 탄두 2발의 교차사격으로 주둔지 하나 안의 모든 ICBM을 무력화시킬 수 있다. RS-24는 4발의 100kt급 MIRV 탄두를 탑재하고 있으며, RS-12M이나 RS-12M1에는 800kt급 탄두 1기씩을 탑재하고 있다. 적의 탄두 1발을 제거하는 데 사용한 탄두 수를 '공격 대가attack price'라 하고, 하나의 공격용 탄두로 제거할 수 있는 표적 탄두 수를 '교환율exchange rate'이라고 한다. 교환율이 1/2보다 작으면 공격 측의 탄두 보유량이 월등히 많지 않는 한 득보다 실이 훨씬 커진다.[36]

현재 러시아가 보유한 138기의 이동식 ICBM은 21개의 주둔지에 배속되어 있다고 가정하자.[37] 토폴은 주둔지에 9기씩 배치하고, 토폴-M 역시 9기씩 배치한다. 야르는 6기씩 배치하기도 하고 9기씩 배치하기도 한다.[38] 아무런 경고도 받지 않는 상태에서 각 주둔지마다 2기의 RV로 선제공격을 받는다면 폭심지에서 6.3km 내의 모든 이동식 미사일은 파괴된다. 이 경우 주둔지 하나를 무력화시키는 데 소요되는 탄두는 2발로 탄두 교환율은 토폴/토폴-M 주둔지에 대해서는 4.5이고, 야르 주둔지에 대해서는 6기 주둔지냐 9기 주둔지냐에 따라 달라진다. 6기 주둔지에 대해서는 교환율이 12가 되지만 9기

36) 핵겨울이 오든지 지구가 낙진으로 덮일지 염려하는 환경문제는 잠시 덮어두자.

37) 주둔지에 9기씩 배치하는 경우와 6기씩 배치하는 경우 138기를 배치하기 위해 필요한 주둔지 수다. 4개의 주둔지에는 9기씩 배치하고 나머지 17개의 주둔지에는 6기씩 배치했다.

38) http://russianforces.org/missiles/

주둔지에 대해서는 18이 된다. 평상시에 경보가 발령된 후 긴급 대피를 하는 데는 준비시간이 필요하다.

조기경보 위성이 미 본토에서 발사한 ICBM을 탐지한 후 35분 이내에 ICBM 탄두가 주둔지 상공에 도달하고, 만약 잠수함이 국경에 접근하여 발사한다면 15분 이내에 탄두가 주둔지 상공에 도달한다. SSBN에서 '저고도 탄도DT: Depressed Trajectory'로 SLBM을 발사한다면 발사한 지 10분 이내에 주둔지에 탄두가 도달할 수 있다.

ICBM이 발사된 후 1분이 지나면 적외선 탐지위성이 발사를 탐지하고, 상부에 보고하고 미사일 경보를 발하려면 아무리 빨라도 5분 정도는 걸릴 것으로 본다. 발사경보 접수 후 출발 준비에 최소한 10분 정도가 필요하다고 가정하면 주둔지의 TEL이 산개를 시작하는 시간은 발사 후 16분이다. ICBM 대신 2500km 거리에서 SLBM을 최소에너지궤도로 발사하면 SLBM은 15분 내로 표적 주둔지에 도달할 수 있다. 만약 SLBM을 DT(depressed trajectory)로 발사한다면 10분 내에 도착하는 것도 가능해 보인다. 트라이던트-II D5를 선제공격용으로 사용하면 이동식 ICBM은 주둔지를 채 떠나기도 전에 단 2발의 475kt 탄두에 의해 99% 이상 무력화될 것이다. 하지만 ICBM으로 주둔지를 공격한다면 사정이 좀 더 복잡해진다. 발사 후 16분이 지나면 이동식 ICBM TEL은 시속 0.75km/m로 주둔지 밖으로 질주를 시작한다. ICBM이 주둔지를 향해 발사된 지 35분이 경과하면 2발의 탄두가 주둔지에 도달한다. 그러나 산개를 시작하고 탄두가 폭발할 때까지 20분간 모든 TEL들은 주둔지에서 15km 떨어진 곳까지 와 있으므로 2발의 탄두로부터는 안전하다. 그러나 공격자는 이러한 상황을 예측하고 〈그림 7-6〉의 회색 원의 중심을 표적으로 7발의 탄두를 배정하면 과압 H가 3.5*psi*가 넘는 반경이 19km에 달한다.

따라서 아직 주둔지 중심에서 15km에 도달한 TEL은 모두 무력화될 수밖에 없다. 이때 토폴과 야르에 대한 교환율은 각각 1.3과 3.4로 7발의 미니트맨-III 탄두로 토폴 탄두 9발을 무력화하거나 야르 탄두 36(=9×4, 또는 6×4=24)발을 무효화할 수 있으니 여전히 크게 득을 보게 된다.

만약 긴장이 고조되어 있는 상태였다면 TEL들은 산개명령을 받는 즉시 산개를 시작할 것이고, 미사일 탐지위성에서 발사가 있다는 신호를 받으면, 진위 여부를 가리기 전에 우선 모든 이동식 미사일들을 주둔지로부터 산개하도록 명령할 것이다. 나중에 오보인 것으로 판명되면 보복발사를 하지 않고 주둔지로 복귀하면 그만이다. 이 경우 주둔지를 향해 미사일이 발사된 지 1분 만에 산개를 시작하여 탄두가 주둔지에 도착했을 때는 분당 0.75km 속력으로 34분간을 달려 나갔

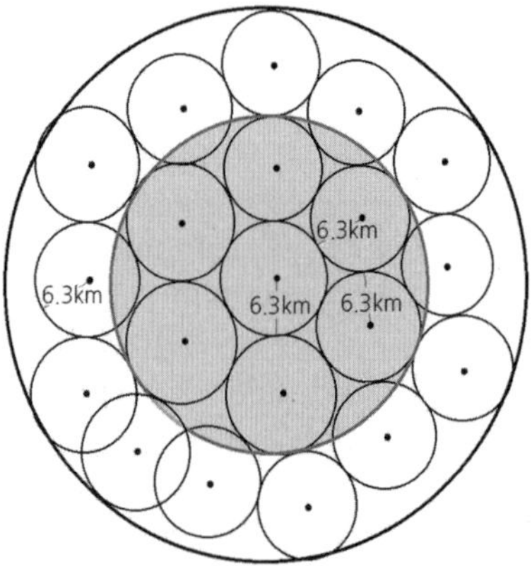

그림 7-6 파괴반경을 가진 원으로 밀집배열(close packing)된 모양. 가운데 7개의 원은 밀집배열을 이루지만 외곽의 원들은 12개로는 부족하고 13개는 남는 형태다. 외곽에는 13개의 원이 필요하다. 원의 중앙에 표시된 점은 공격 측 탄막을 형성하는 탄두들이 목표로 삼는 지점이다. 그림은 이웃하는 탄두 폭발의 충격파와 간섭하여 만드는 충격파가 증폭되는 'Mach stem'은 고려하지 않았다. 실제 피해 범위는 훨씬 넓을 것이다.

으므로 주둔지 중심에서 25.5km 떨어진 곳에 도달한다. 따라서 7발의 탄두 폭발의 위험지역 반경인 19km보다 6.5km 밖에 있으므로 비교적 안전하다. 공격자는 이러한 경우에도 모든 TEL을 제거할 목적으로 〈그림 7-6〉의 외곽 원들처럼 13발의 탄두를 추가로 배정하여 모두 20발의 탄두로 주둔지 하나를 공격한다면 위험지역 반경은 31.5km에 달한다. 발사 후 1분 뒤에 산개를 시작한다 해도 25.5km밖에 갈 수 없으므로 〈그림 7-6〉과 같은 3겹 공격의 위험반경 31.5km를 벗어날 수 없다. 20발의 탄두로 9발의 토폴 탄두를 제거하므로 교환율은 0.45이고, 야르 주둔지 경우는 20발의 미니트맨-III 탄두로 36발 또는 24발의 탄두를 제거할 수 있으므로 교환율은 1.8 또는 1.2가 된다. 단순 산수로만 보면 20발의 탄두로 9기의 토폴을 제거하는 것은 약간 손해이지만, 야르 주둔지를 공격하는 것은 항상 득이 된다. 하지만 335kt 탄두 2.2발로 800kt 탄두 1발을 제거할 수 있으니 득이 된다고도 할 수 있다.

따라서 공격 징후를 탐지해 공격 개시 이전에 떠나지 않는다면 하나의 주둔지에 배치된 토폴(또는 토폴-M)과 야르는 20발의 미니트맨-III 탄두에 의해 모두 무력화될 것이다. 사실 이웃하는 폭발이 동시에 일어난다면 각 폭발에서 생기는 충격파가 서로 충돌하여 훨씬 높은 압력의 마하 파Mach stem를 형성하므로 여기서 예로 들은 위험반경이 훨씬 더 커질 수 있다. 따라서 20발보다 적은 탄두로도 주둔지의 모든 미사일을 무력화시키는 것이 가능하다. 이러한 추산은 사실상 숫자 놀음에 지나지 않고 너무나 황당한 상상처럼 보이지만, 냉전 시대 미국과 구소련의 전략가들이 수천 개의 SLBM과 ICBM 탄두 표적에 우선순위를 할당하는 과정에서 필연적으로 당면할 수밖에 없었던 문제였다.[39]

앞서 소개한 예에서 보듯이 SLBM을 사용한 선제공격에서는 이동식 ICBM 기지뿐만 아니라 여기저기 비행장에 산개한 전략폭격기도 유사한 방법으로 무력화시킬 수 있음을 보여준다. 물론 미·소 냉전 시대에는 탄두 수가 남아돌 정도로 많았기 때문에 이러한 전략도 생각할 수 있었다고 본다. 〈표 7-2〉에서 보듯이 다탄두 미사일은 핵억제력으로는 아주 취약하다. RS-20V인 경우 10기의 탄두를 탑재하여 10개의 목표를 공격할 수도 있지만 미니트맨-III 탄두 2발의 교차사격에 의해 10기의 탄두를 모두 제거할 수 있기 때문에 작은 공격 대가로 큰 위협을 제거하는 효과가 있다. 이러한 이유로 다탄두 미사일은 대핵전력의 매력적인 표적이 되는 것이다.

상대방의 '전략무기'를 제거하는 '대핵공격counterforce attack'에 최적인 무기 시스템은 SLBM이다. SLBM을 탑재한 핵잠수함 SSBN은 상대 국가에 가까이 접근할 수 있기 때문에 목표까지 사거리가 2500km 이내로 짧다. 따라서 SLBM의 비행시간도 15분 이내로 짧아져서 발사경보 시간이 거의 없다. 현대식 SLBM의 최대사거리는 8000km 이상으로 설계된 반면 트라이던트-II처럼 다탄두 수를 8기에서 4기로 줄인 경우 최대사거리는 13,000km 내외가 될 것으로 추정한다. 이러한 사거리 능력을 가진 로켓으로 2500km 내의 표적을 겨냥할 경우 최소에너지궤도보다 속력이 훨씬 빠른 '고에너지궤도'인 '저고도 탄도 DT'를 사용할 수 있다. DT로 사격하는 경우 비행시간은 더욱 줄어 10분 내외가 될 수 있다. DT 공격을 탐지했다 하더라도 폭격기나 이동식 미사일은 대피할 시간도 없고, 반격할 시간이 거의 없다. SLBM은 선제공격용 무기로 상대방의 전략폭격기나 ICBM 전

39) 사실 객관적인 입장에서 보면 서로 상대 국토를 초토화할 정도로 많은 수천 발의 핵폭탄을 터뜨린다면, 설사 직접적인 핵폭발에서 요행히 살아남은 사람은 물론 모든 생명체는 연기와 먼지로 인한 핵겨울nuclear winter, 오염된 물과 식량, 질병에 의해 '대멸종mass extinction level'의 대재앙을 맞는 것은 피할 수 없을 것이다.

력을 무력화시키기에 최적인 무기이지만, SLBM으로 상대방의 지상 무기체계를 제거했다고 해도 상대방 SLBM의 60~70%는 건재할 것이므로 공격을 시작한 당사국도 파멸을 면하기 힘들다. 도크나 항구에 정박 중인 SLBM 외에는 생존할 가능성이 높기 때문이다.

이상의 논의를 통해 이동식 ICBM도 생존력이 SLBM만큼 높지 않음을 보았다. TEL을 찾기는 어렵지만 발견되면 비교적 쉽게 제거될 수 있기 때문이다.

현재 미국과 러시아가 체결한 'New START'에는 각국이 배치할 수 있는 운반체 수는 700이고 배치 여부와 상관없이 운반수단의 총수는 800기로 제한되고, 배치가 허용된 탄두 수는 1550발로 상한이 정해졌다. 'New START'에서 운반체라 함은 육상용 탄도탄 발사대와 SLBM의 미사일 튜브 및 폭격기를 말하고, 배치된 탄두는 미사일 RV/탄두 수와 폭격기 수를 말한다. 폭격기는 폭탄을 몇 개를 싣든 상관없이 하나로 센다. 허용된 탄두 1550발을 700기의 운반체에 어떻게 분배하든 각국의 선택에 맡긴 것이다. 'New START'에는 'START-II'와는 달리 개별 목표 조준이 가능한 다탄두 MIRV 미사일도 허용한다. 그러나 앞서 보았듯이, MIRV 미사일의 수를 늘리면 상대방의 선제공격에 취약해지기 때문에 상호 억제력의 균형이 불안해진다. 미국은 2018년 현재 모든 ICBM은 단일탄두 미사일 400기로 통일했고, 배치된 SLBM은 4기의 탄두를 탑재한 트라이던트-II 288기에 모두 1152기의 RV를 탑재하고 있다. 200기의 공중발사 순항미사일만 탑재하는 B-52H 44기와 전략폭탄 B61-7/-11 및 B83-1 중력폭탄 100발을 16기의 스텔스 폭격기 B-2A에 배당하고 있다. 반면, 역사적으로 ICBM을 중시해온 러시아는 2017년 현재 미국 ICBM 탄두의 두 배에 해당하는 958발을 286기의 ICBM에 배당하고 있으며 미국보다 적은 752기만 SLBM에 할당하고 있다. 200여 기의 공중발사 순항미사일은 55기의 TU-95MS와 TU-160 11기에 배정하고 있다.[40] 러시아는 RS-20V와 같이 한 바구니에 너무 많은 달걀을 넣은 것을 보완하기 위해 138기의 이동식 ICBM을 배치함으로써 전체적으로 미국과 밸런스를 유지하고 있다.

사일로에 배치한 ICBM은 발사명령 수령 시 수 분 내에 대응할 수 있는 능력인 '즉각 대응능력responsiveness'이 뛰어나지만 CEP가 100m급 탄도탄 공격에는 쉽게 무력화된다. 따라서 발사 명령권자는 상대방의 미사일이 자국을 향해 발사되었다는 위성이나 지상 탐지기의 보고를 받는 즉시 발사하고 싶은 유혹에 빠질 수 있다. 이른바 '사용하거나 파괴되거나use or lose' 하는 딜레마가 있다. 이러한 문제점을 보완하기 위해 ICBM의 '배치방법basing problem'으로 도로/야지/철도 배치식 ICBM이 등장하게 되었다. 움직임으로써 생존력은 향상되었지만 아직도 SLBM에 비해서는 많이 취약한 편이다. SLBM의 플랫폼인 SSBN은 바닷속에서 3차원 운동을 하므로 일단 심해에 숨으면 위치 파악이 안 되기 때문에 SLBM의 생존력은 ICBM이나 폭격기에 비해 월등히 높다. 그러나 SSBN에는 핵 명령권자와 원활한 실시간 통신이 되지 않는 문제가 따르고, 이로 인해 위기 시 통제에 문제가 있으리라 본다. SSBN은 들키지 않고 위기를 넘김ride out으로써 상황을 판단한 후 상대방에게 보복공격을 하는 것이 원래 임무다. SLBM의 이러한 보복 능력이 전쟁을 억제하는 역할을 제대로 수행하고 있다. 그러나 은밀성과 SLBM의 정확도가 대폭 증가함에 따라 SLBM은 사후 보복을 위한 억지력이 아닌 최상의 선제공격 무기라고 생각하기에 이르렀다.

---

40) Russian strategic nuclear forces, http://russianforces.org/aviation/

지금까지 모든 탄도탄은 순수한 탄도탄이고 RV는 탄도를 따라 재돌입한다는 가정으로 파괴확률을 계산했지만, 종말유도terminal guidance되는 탄도탄이 등장하는 2020년대에는 MAD나 BOT 개념도 달라지는 대변혁을 앞두고 있다고 본다. 이미 DF-21D, CTM 및 사르마트Sarmat 같은 GPS급 종말유도 미사일이 등장하고 있다.

찾아보기

[ㄱ]

가상 발사위치virtual launch point, launch point off-set • 241
가상 발사점 • 155, 157
가상 비행체virtual ballistic missile • 242
가성비價性比, cost performance ratio • 59, 75
가속도계accelerometer • 140, 153
가우스Carl Friedrich Gauss • 104~5, 130
가우스-바틴Gauss-Battin • 152~3
감속도deceleration • 26, 169, 177, 217, 220, 240, 258, 264~6, 270, 277, 281
개방형 유도pen-loop guidance • 105, 206, 210, 242~3
건 타입gun type assembly • 60
견고표적堅固標的, super hard target • 32, 41, 43, 45~7, 307, 316~7, 343
경계시간alert rate • 80
경계조건boundary condition • 100, 120, 140, 291
고유가속도proper acceleration • 140, 196, 229, 240~1
과압overpressure • 27~8, 41~2, 48~9, 300~1, 304~5, 307~8, 339, 355
관성감지기IMU: inertial measurement unit, inertial sensor • 11, 196
관성력inertial forces • 9, 172, 176, 192, 281
관성유도inertial guidance • 5, 29, 30, 134, 196, 240, 316
관성좌표계inertial coordinate system • 111~2, 134, 136, 139~40, 170~1, 183, 185, 196, 225, 227~8, 230, 236~7, 250~1
교차사격cross targeting • 30, 317~8, 335, 343, 350
구간별 연속함수piecewise continuous function • 179, 211
구조물 질량비(비활성 질량비) • 35, 39
궤도면의 기울기trajectory inclination • 110, 120
궤도모델trajectory model • 10
궤도폭탄fractional orbital bomb • 85
극대점極大點, maximum point • 9
극초음속hypersonic • 148, 258~9, 274~5, 277, 280, 284~5, 337
근점이각近點離角, true anomaly • 109, 111~3, 125, 128, 139, 155, 157, 165, 181, 228, 241
근지점periapsis • 109~13, 124, 128, 139, 157, 165, 181
글래스톤, 새뮤얼Glasstone, Samue • 299, 301, 307~8
기계적 충격mechanical stress • 23, 26, 175~6, 258, 266, 271, 276, 336
기동성 재돌입체MaRV: maneuverable reentry vehicle • 24, 30, 91, 116, 327, 337, 343
기순궤도 유도방식reference trajectory guidance • 107, 212~3, 233
기준궤도reference trajectory • 12, 107, 147, 150, 154~70, 181, 193, 196, 204, 212~3, 220, 232~3, 235, 238~42, 244, 250
기준회전타원체WGS 84 Ellipsoid • 103

[ㄴ]

난류turbulent flow • 172, 281~3, 285
내적inner product, scalar product • 108~9, 226, 247
노르트하우젠Nordhausen • 65
노즐 확장비nozzle exit area ratio • 34, 195, 326

[ㄷ]

다단로켓multistage rocket • 11, 33~4, 38, 52, 70, 200
다발 파괴확률MSKP: multiple shot kill probability • 311
다탄두MIRV: multiple independently targetable reentry vehicle • 31~2, 42~3, 45, 48~9, 56,

86, 88~9, 335, 348, 354, 358~9
단거리 탄도탄SRBM: Short-Range Ballistic Missile • 20, 54, 105
단반경semi-minor axis • 136
단발 파괴확률SSKP: single shot kill probability • 309, 334, 350
단열지수adiabatic exponent • 268
단조감소함수monotonically decreasing function • 225
달무리궤도halo orbit • 9
대군사 핵능력CMP: counter military potential • 313
대기밀도 • 22, 25, 52, 106~7, 148, 168, 175~8, 188~9, 195, 203, 208, 257~8, 260~1, 265, 272~3, 275, 281~2, 285, 343
대기저항air drag • 11, 23~4, 40, 102. 140, 148, 150, 168, 171, 177, 194, 196, 199, 202, 208, 212~3, 217, 230, 240, 258~99, 261, 265~6, 273, 276, 281
대량 살상무기WMD: weapons of mass destruction • 40, 336, 338
대류convection • 265, 288, 290
대륙간탄도탄ICBM: intercontinental ballistic missile • 20, 53~4, 136, 266, 322, 342
대미사일 방어망ABM: Anti-Ballistic Missile Defense • 85, 87~8, 129
대핵전력counter force • 313, 317, 358
대핵표적對核標的, counterforce target • 47~8
델타 유도delta-guidance • 124, 147, 249
동력 비행궤도powered flight trajectory • 133~4, 139, 142~3, 147~8, 153, 155~7, 162, 166, 170~1, 173, 180, 190, 193, 196, 200, 207~8, 212~4, 218, 220~1, 232~3, 235, 238~40, 242~3, 250
동압dynamic pressure • 301
들뜸상태exited states • 269~70
등가 메가톤EMT: equivalent megatons • 314
등가표적countervalue target • 31, 47~9
등온等溫화구isothermal fire-ball • 299, 300

[ㄹ]

라그랑주 승수Lagrange multiplier • 39
라그랑주 포인트L-point, Lagrange point • 8, 9
라베Rabe • 64~6
람베르트 문제Lambert problem • 104, 114, 119, 122~4, 130, 141, 152, 215, 252
람베르트 유도Lambert guidance • 5, 42, 103, 123, 130, 181, 202, 252
레드스톤 조병창Redstone Arsenal • 64
레이놀즈수Reynolds number • 172~3, 176~7, 192, 274, 281
레이닝Laning, Jr., J. Halcomb • 219, 232
리틀 보이Little Boy • 60

[ㅁ]

마스터 오토자이로 컴퍼스master auto-gyrocompass • 136, 138
만유인력gravitational force • 138
맨해튼 계획Manhattan Project • 58, 60
멸종사건E.L.E.: Extinction Level Event • 8
명시적 람베르트 유도full Lambert guidance • 220
명시적 유도explicit guidance • 146, 155, 231
무양력 항력계수zero-lift drag coefficient • 192, 274
무유도 탄도탄unguided ballistic missile • 20
미국 표준 대기 모델 1976U.S. Standard Atmosphere 1976 • 179~80, 188, 260
미니트맨-IIMinuteman-II, MM-II • 86, 89, 90, 326~7, 341, 347
미니트맨-IIIMM-III, Minuteman-III, MM-III • 43, 47, 75, 89, 317~8, 326~7, 331~2, 339, 346~8, 352~4, 356~8
미드코스 구간mid-course phase • 102
미사일 갭missile gap • 78~83, 87
미사일 농장missile farm • 80
미육군항공군U. S. Army Air Forces • 67
미주방공사령부NORAD: North American Aerospace Defense Command • 43
미지트맨LGM-134A, Midgetman • 29, 46~8, 326, 331, 343, 352

[ㅂ]
바틴Battin, Richard • 130, 219, 232
반작용 엔진reaction engine • 37
발사대기 상태hard alert, launch-ready status • 331~3
발사방위각launch azimuth • 120, 134, 253
발사통제실LCC: Launch Control Center • 80, 316
방사능 낙진fall-out radiation • 297~8, 303~4, 338
방사선 • 28, 297~8, 303~4, 338
방위각azimuth • 120, 135~6, 181, 251~2
배출계수transpiration coefficient • 288
뱅가드 위성Vanguard satellite • 78
벡터 외적 조종vector product steering • 157
벡터 외적vector product, cross produc • 222~3, 226~7, 234
병렬로켓rocket cluster • 66
보복공격second strike • 45, 48, 86, 345, 360
보사르트, 카렐Bossart, Karol Jan • 66~7
보존량conserved quantities • 108
부수적 피해collateral damage • 28, 44, 47
분산탄두 • 40
붉은 미니트맨red Minuteman • 76, 85
붉은 타이탄red Titan • 76, 85
브랜드, 티머시Brand, Timothy • 232
블래스트파blast wave • 44, 297~98, 303~4, 335
비가동시간downtime • 80
비스-비바 방정식vis-viva equation • 159, 241
비추력specific impulse • 52, 329
비행경로각flight path angle • 25, 51, 97, 106, 112, 115, 118, 122, 160, 167, 188~9, 193, 199, 201, 208, 210, 215, 251, 259, 278
빗맞은 거리miss distance • 310
빨래줄 유도FBW: fly-by-wire guidance • 147

[ㅅ]
사거리각range angle • 36, 115, 118, 122~3, 154, 161,253, 323
사르마트Sarmat, RS-28 SS-X-30 • 43, 76, 91, 338, 361
사하로프, 안드레이Sakhrov, Andrey D. • 73~4
살상면적lethal area • 303
살상반경lethal radius • 306~8
상호확증파괴MAD: mutual assured destruction • 86
생존력survivability • 345~7, 351, 360
샤이엔 산Mt. Cheyenne • 43
선형작약liner charge • 71
선회하는 노즐swivel nozzle • 67
세계미사일global missile • 83, 337
세레스Ceres • 104
셰벌린Chevaline • 42, 129
소어Thor • 79, 82, 231
속도증분delta v, Δv • 12, 32~3, 194, 209
손상함수damage function • 309
순항미사일cruise missile • 55~6, 133, 324, 360
슈리버, 버나드Bernard Schriever • 69, 79, 81
슈퍼 사일로super silo • 305, 317~8
슈퍼 타이탄-IIsuper Titan II • 85
스케일 높이scale height • 179~80
시털Shtil, RSM-54 R-29RM SS-23 Skiff • 329
실리카 페놀릭 파이버글래스silica phenolic fiberglass • 284
실리카 페놀릭silica phenolic • 292~3

[ㅇ]
아나디르 작전Operation Anadyr • 84~5
아마톨Amatol • 59~61
아브로 랭커스터Avro Lancaster • 61~2
아틀라스Atlas, Atlas-D • 7, 66~75, 79~80, 124, 147, 232, 316
안장점鞍裝點, saddle point • 9
안정화 플랫폼stable platform • 186~7
알레프ℵ, aleph • 147~48, 154~57, 162, 168, 170, 204, 212~3, 238
알소스 작전Operation Alsos • 65
애드 온 부스터add-on booster • 71
야르Yars, RS-24, SS-29 or SS-27 Mod 2 • 32, 91, 246, 318, 327, 347, 351, 353~4, 357~7
양력lifting force • 23, 25, 29, 168, 171~2, 181,

183, 204, 257, 263, 273
어니스트 존Honest John • 20
에너지 소모 조종법EMS: energy management steering • 245~9
엔진 클러스터 • 66, 71
역제곱 중력장 • 102, 104, 123, 152
연료소진 조종PDS: propellant depletion steering • 246
연소종료 속력burn out velocity, cut-off velocity • 32~3, 37, 50, 176, 206~7
연표적soft target • 30, 32, 40, 42~3, 48, 69, 316, 338, 353
열 충격thermal stress • 176, 274, 336
열복사선thermal radiation • 285, 289~90, 297~9, 304, 338
열복사에너지thermal radiation • 298
열분해pyrolysis • 287~8
열전도 • 287~8, 290
열전도도thermal conductivity • 179, 292
열 차폐thermal protection • 23, 169, 281
열 차폐 시스템TPS: thermal protection system • 287
열핵폭탄thermonuclear bomb • 74
예상사격deflection shooting • 145, 252
예상조준offset targeting • 252
오른손 법칙right-hand rule • 228
오소아비아킴 작전Operation Osoaviakhim • 63, 65
요구속도required velocity • 101, 107, 114, 119, 134, 144, 150, 158, 161, 166, 188~9, 193, 196, 215, 220, 231, 244, 252
운동방정식 • 19, 21, 95~8, 100, 133~4, 146, 168, 170, 174, 182, 185~7, 250, 259, 264
원심력centrifugal force • 8, 9, 137~8, 250
원지점apoapsis, apogee • 25, 109, 111, 139, 157, 201
원지점 고도 조건apogee condition • 104, 154
원형공산오차CEP: circle of error probable • 28~30, 40~3, 45~8, 51~2, 309, 311, 313~4, 330, 334~44
원호조종CAS: circular-arc steering • 246
유니스타 천측-관성 항법unistar stellar-inertial navigation • 135
유니폼 로켓uniform rocket • 34~5, 38
유니폼 스테이지uniform stage • 3
유도되는 탄도탄, 유도탄guided ballistic missile • 20, 24
유도조종G&C, guidance & control • 24, 101, 106, 138, 147, 153, 157, 170, 196, 203, 206, 210, 214~6, 227, 231, 315, 340
유도컴퓨터guidance computer • 123, 129, 134, 143, 146~7, 153~4, 174, 189, 196, 202, 219, 231
유효탑재량payload • 7, 46~7, 49, 69, 148, 257~9, 276, 285, 290
융제 생성물ablation product • 288
융제면의 후퇴 속도surface recession rate • 288, 290
융제온도ablation temperature • 278, 280, 284, 287, 289~90
이동식 미사일 • 333, 349, 351~54, 356, 358
이륙질량lift-off mass, launch mass • 32~5, 38~9, 43, 46~7, 174, 188, 195, 325~30
이심근점이각eccentric anomaly • 124~5, 128
이심률 벡터eccentricity vector • 108~10
이심률eccentricity • 103, 109~10, 112, 118, 122~3, 144~5, 156, 241, 244
임의적분상수 • 96

[ㅈ]

자세제어RCS: reaction control system • 31
자유낙하 사거리각free flight range angle • 122, 152, 215
자유낙하궤도free flight trajectory • 19~25, 101~3, 105, 107, 113, 117, 133~4 139~48, 212~7
자유로켓free rocket • 20
장반경semi-major axis • 103, 109, 112, 118, 136
재돌입 구간 • 25, 148~9, 168, 213, 259, 266
재돌입각reentry angle • 168~9, 172, 204
재돌입궤도reentry trajectory • 23, 171, 175, 259, 272, 282

재돌입체RV: reentry vehicle • 25, 87, 102, 171~2, 176~7, 193, 202~4, 213~4, 231, 258~93, 315, 317, 327, 335~7, 341, 343, 348, 352, 354, 361
저고도궤도, 저궤도DT: depressed trajectory • 23, 206, 215, 241, 293, 355, 358
저장 가능한 액체추진제storable liquid propellant • 324
전략무기 • 47, 55, 57, 75, 85~6 129, 345, 358
전력 배가수단force multiplier • 49
전리ionization • 269~70
전술무기 • 55
점성력viscous forces • 172, 281
점표적point target • 27, 41, 43, 47~9, 334
접촉osculation • 12, 147~8, 212
정렬alignment • 134, 136, 138, 140, 324
정상상태steady-state • 287~8
정압static pressure • 27, 267, 300
정체점stagnation point • 176, 267~70, 283~5, 290
제트 베인Jet Vane • 70
조종 파라미터steering parameter • 200, 234, 239
조종력steering force • 24, 148, 171, 240
종말유도terminal guidance • 29, 30, 91, 336~37, 361
준중거리 탄도탄MRBM: Medium-Range Ballistic Missile • 20, 54
중거리 탄도탄IRBM: Intermediate-Range Ballistic Missile • 20, 54
중거리핵INF: Intermediate-Range Nuclear Force • 55, 57
중력가속도 • 21~2, 51, 95, 105, 139, 171, 180~1, 217, 220, 259~60
중력상수gravitational constant • 103, 128
중력회전gravity turn • 106, 188, 200, 210
중성자 증폭형 핵분열폭탄layer-cake design, boosted fission bomb • 69, 72
중성자 탄두radiation enhanced warheads • 303
즉발 방사선prompt radiation • 27, 303~4
증발열heat of vaporization • 288
증산작용蒸散作用, transpiration • 286
지수함수 모델exponential model • 178
지오이드geoid • 139
지적선, 지상궤적ground track • 22, 36, 52, 101, 119~20, 134, 141, 156, 181, 233, 323
지하침투탄두 • 40
직교좌표계Cartesian coordinate system • 95, 113, 139
진동자유도vibrational degree of freedom • 269
질산암모늄AN: Ammonium Nitrate • 59, 61

[ㅊ]

초기 피치기동initial pitch kick • 105, 200, 210, 215, 227, 243
초정밀 장거리 타격CPGS: conventional prompt global strike • 57
최대 과압peak overpressure • 300~2
최대사거리maximum rang • 32, 35~9, 50, 105, 161~2, 196, 202, 321
최소사거리minimum range • 50, 52, 162, 202
최소에너지궤도MET: minimum energy trajectory • 26, 52, 105, 142, 151, 160, 162, 232, 355
최소에너지 기준궤도RMET • 160, 167, 241~2, 244
최소에너지 조건(최소 운동에너지 조건)minimum energy condition • 101, 104~5, 116, 140~1, 144, 201, 218, 244
최적화된 유니폼 로켓 • 34, 38
추력방향각thrust angle • 172, 188
추력변환노즐TVC: thrust vector control • 150, 241
추력중단장치TTP: thrust termination port • 245~6
추진제 소모각fuel depletion angle • 247
충격파shock wave • 27, 42, 192, 193, 267, 276~7, 279~80, 297~8, 300~4, 338, 356~7
층류laminar flow • 172, 176, 268, 281~5
치킨 게임chicken game • 8, 44, 70
칙술루브Chicxulub • 8

[ㅋ]

컷-오프co: cut-off point, engine cut-off • 20, 22~3, 36, 101, 107, 142, 145, 147~51, 161~2, 193~6, 215, 245~6
컷-오프 속도cut-off velocity • 101, 151
컷-오프 위치cut-off position • 134, 147, 151, 213, 233, 242
케플러 궤도Kepler orbit • 19, 20, 104, 110, 123, 143, 208, 235
케플러 방정식Kepler equation • 123~6, 128~9, 245
케플러, 요하네스Kepler, Johannes • 110, 124
코롤레프, 세르게이Korolev, Sergei • 65~6, 78~9, 327
코리올리 힘Coriolis force • 9, 187, 250
코스팅 구간coasting phase • 102
쿠바 위기Cuban crisis • 81, 84~5
크로스 프로덕트 조종CPS: cross product steering • 107, 157, 227, 232~3, 242~46

[ㅌ]

탄도계수ballistic coefficient • 26, 148, 190, 257, 259, 264, 275, 282
탄도미사일ballistic missile • 19, 20, 91
탄도탄 조준targeting • 99
탄도탄의 분류 • 53~4
탄도탄의 자유낙하궤도 • 19, 95, 102~3, 105, 113, 120, 324
탄두warhead • 6, 7, 23, 27~8, 30~2, 40~50, 55, 246, 336, 346
탄두부warhead section • 23, 40, 176, 190, 246
탄두질량 • 28~9, 32, 40~1, 43
탄두폭발고도HOB: hight of burst • 46, 301, 335
탄착점 오차분포firing error • 310
탄착점weapon impact point • 21, 51, 60, 129, 213, 239, 310~1
탐사체probe • 5, 141
탑재질량throw weight • 11, 27, 31~5, 38~40, 43, 46, 195, 325~7, 329~30
토폴RS-12M Topol, RT-2PM, SS-25 Sickle • 20, 327, 349~51, 353~54, 356~57
토폴-MTopol-M, SS-27 Sickle-B • 22, 52, 91, 246, 318, 323, 327, 347, 351, 353~4, 357
트라이던트-II D5Trident-II D5 • 29, 30, 42, 91, 246, 263, 317, 326, 332, 337~8, 355, 358~9

[ㅍ]

파괴강도hardness • 28, 41~2, 301~3, 305,~6, 308~9, 339, 346~47, 349~53
파괴반경lethal radius • 28, 40~2, 46~8, 297, 306~12, 316, 330, 335, 339, 356
파편탄두 • 40
패트 맨Fat man • 60
페이퍼클립 작전Operation Paper Clip • 20, 63
편평 지구flat Earth • 95, 98~101, 121, 151~53, 163, 210, 259, 266, 322
편평 타원체oblate spheroid • 138
평균 이심각mean anomaly • 128
평균자유행로mean free path • 281
폐쇄형 유도closed-loop guidance • 106~7, 145, 210, 212, 243
포물선 • 96, 124, 163, 168, 210, 322
포세이돈Poseidon • 89
폭발력 대 탄두/RV 질량비 • 49
폭발력yield • 27~8, 40~1, 46~51, 301, 304~9, 313~4, 335, 337, 339, 343, 346, 348~9
폭파력brisance • 61
폰 브라운von Braun, Wernher • 7, 20, 60, 63~4, 67, 70
폰 카르만 라인von Karman line • 177
폰노이만 위원회von Neumann Committee • 69
폴라리스Polaris • 20, 42, 88, 124, 129, 231
표적 파괴확률kill probability • 46, 309, 350
표적조준targeting • 24, 143, 203
표준 중력 파라미터standard gravitational parameter • 128, 171, 183
풍선형 추진제 탱크 • 66
프로그FROG • 20

피네뮌데 연구소Peenemünde Army Research Center • 58, 60, 70
피스키퍼Peacekeeper • 29, 30, 43, 75, 91, 263, 318, 341, 343, 348
피오니르Pioneer, RSD-10 SS-20 Saber • 5~7
피치기동pitch maneuver • 106~7, 210, 215

[ㅎ]

항력계수drag coefficients • 25, 191~2, 273~4
항주학astronautics • 10, 177
핵폭발 효과 • 297
홀, 에드워드 대령Col. Hall, Edward N. • 79~81
화구火球, fire ball • 298~300
활공궤도gliding path • 257
회전자유도rotational degree of freedom • 269
회전하는 지구의 영향 • 250
회전하는 회전좌표계co-rotating coordinate system • 111, 183
휠런-자찬Wheelon-Zarchan • 114~5, 153~4

[기타]

ABM 대응수단countermeasure • 89, 316
AIRSAdvanced Inertial Reference Sphere • 29
CPRconstant pitch rate • 106, 211
CPRMconstant pitch rate maneuver • 106
CTMconventional trident modification • 338, 361
DGPSDifferential GPS • 136, 344
EMPelectromagnetic pulse • 303
EMP 탄두 • 40, 303
GEMSgeneral energy management steering • 246
GLONASS • 136
GPSGlobal Positioning Satellites • 136
LFlaunch facility • 80
mho, ℧ • 145~7, 155, 170, 212
Mk-18 • 68, 72
MR UR-100 • 75~6
MX-1593 • 67~8, 72
NBCR 무기 • 40
New STARTNew Strategic Arms Reduction Treaty • 57, 331~3, 351, 359
NZCPSnon-zero cross product steering • 225~7, 230, 235~6, 241
PBVpost boost vehicle • 31, 88, 143, 145, 246, 315
Q-매트릭스Q-matrix • 146, 155~6, 219~20, 230~1
Q-유도Q-guidance • 124, 146~7, 154, 212~3, 215, 221, 230~2, 249
R-29RM Shtil, SS-N-23 Skiff • 29
R-29RMU Sineva, SS-N-23 Skiff • 329
R-29RMU2 Layner, SS-N-23 Skiff • 329
R-36, SS-9 Scarp • 44, 75~6, 85, 147
R-36M, SS-18 Satan • 41, 75~6, 347
R-36M2 Voivode, Voevoda, RS-20V • 43, 49, 75~6, 91, 317~8, 338, 341, 343, 347, 349~50
R-39, R-39UTTH Bark, SS-NX-28 • 91, 328
R-7, Semyorka, SS-6 Sapwood • 66, 70~6, 78, 80, 147, 316, 324
RS-12M1, RS-12M2 Topol-M, SS-27 Sickle-B • 349, 353~54
Scud-B, SS-1C, R-17 Elbrus • 23, 102
SINSship inertial navigation system • 138
SLBMsubmarine launched ballistic missile • 42, 45, 47, 53, 82, 86~7, 89, 91, 137, 202, 317, 329, 332~3, 340~2, 344, 346, 355, 357~60
TELTransporter/Erector/Launcher • 56, 136, 349, 351, 353~7, 359
TNTtrinitrotoluene • 28, 58~62, 72, 267, 279, 297~8, 307, 337
TSTtotal station theodolite • 135
UR-100, SS-11 Sego • 75~6, 85, 87, 90, 327
UR-100NU, SS-19 Stiletto • 75~6
VTGvelocity to be gained, velocity to go • 153~4, 231, 246
W-68/Mk-3 • 89
WDDWestern Development Division • 69, 79
World Geodetic SystemWGS 84 • 136
ZCPSzero cross product steering • 216, 221~2, 225~7, 230, 233, 236~7, 239